MATEMÁTICAS PARA LAS CIENCIAS SOCIALES

Mª Carmen García Llamas

Fº Javier Palencia González

Universidad Nacional de Educación a Distancia
(UNED)

Matemáticas para las Ciencias Sociales

UNED

Ediciones Académicas

Bascuñuelos, 13-P. 28021 - Madrid

ISBN: 978-84-948783-1-2

Depósito legal: M-25046-2018

Imprime: *Copias Centro*. Tel.: 915 322 918
C/San Máximo 31. 28041. Madrid

Impreso en España / Printed in Spain

A los estudiantes de la UNED por su afan de superación

Prólogo

Sin duda las matemáticas son una herramienta de gran utilidad en todas las disciplinas relacionadas con las Ciencias Sociales, y en particular con el turismo. En la actualidad, la facilidad para recoger información sobre distintos aspectos de la actividad humana crea, si cabe, una mayor necesidad de poder expresarla de forma resumida e intuitiva. Para ello las matemáticas suponen una gran ayuda. Eso es lo que se pretende con este texto, ayudar a los estudiantes de turismo a manejar las matemáticas con soltura para obtener el máximo beneficio de su aplicación a las actividades propias del sector.

El texto se estructura en dos grandes bloques. En el primer bloque se comienza con temas de cálculo matricial, resaltando la importancia de este a la hora de representar mediante matrices gran cantidad de información que será más fácilmente manejable. El otro bloque que se aborda hace referencia a técnicas básicas de análisis matemático, encaminadas a mostrar la evolución temporal de los fenómenos objeto de estudio.

La experiencia acumulada en los primeros años de implantación del Grado de Turismo indica que por causas de diversa índole acceden a estos estudios alumnos que o bien llevan tiempo sin cursar asignaturas de Matemáticas o bien no han estudiado este tipo de asignaturas en los últimos años de su vida académica. Esto ha hecho que en el texto se incluya una primera parte de repaso e introducción para facilitar el estudio posterior de los temas que propiamente forman parte del plan de estudios de la asignatura de Fundamentos Matemáticos de las Ciencias Sociales.

Cada uno de los temas que se desarrolla en el presente texto se trata inicialmente desde un punto de vista intuitivo, para a continuación hacer una presentación formal de los distintos conceptos teóricos y finalmente ilustrar estos conceptos mediante ejemplos.

Esta forma de presentar los temas está encaminado a facilitar el aprendizaje autónomo por parte del estudiante, así como la comprensión y la adquisición de las capacidades y habilidades necesarias para superar con éxito la asignatura.

Los autores, docentes de la asignatura con amplia experiencia, completan cada uno de los capítulos con mapas conceptuales, cuestiones de autoevaluación y ejercicios propuestos de forma que los estudiantes puedan avanzar y profundizar en el estudio de la asignatura.

El texto está escrito con la clara intención de hacer ver que las matemáticas, si bien es cierto que necesitan del trabajo personal, no han de suponer para el estudiante un esfuerzo mayor que otras disciplinas.

Los autores

Junio 2018

Índice general

Índice de figuras

Capítulo 1

Conceptos Básicos

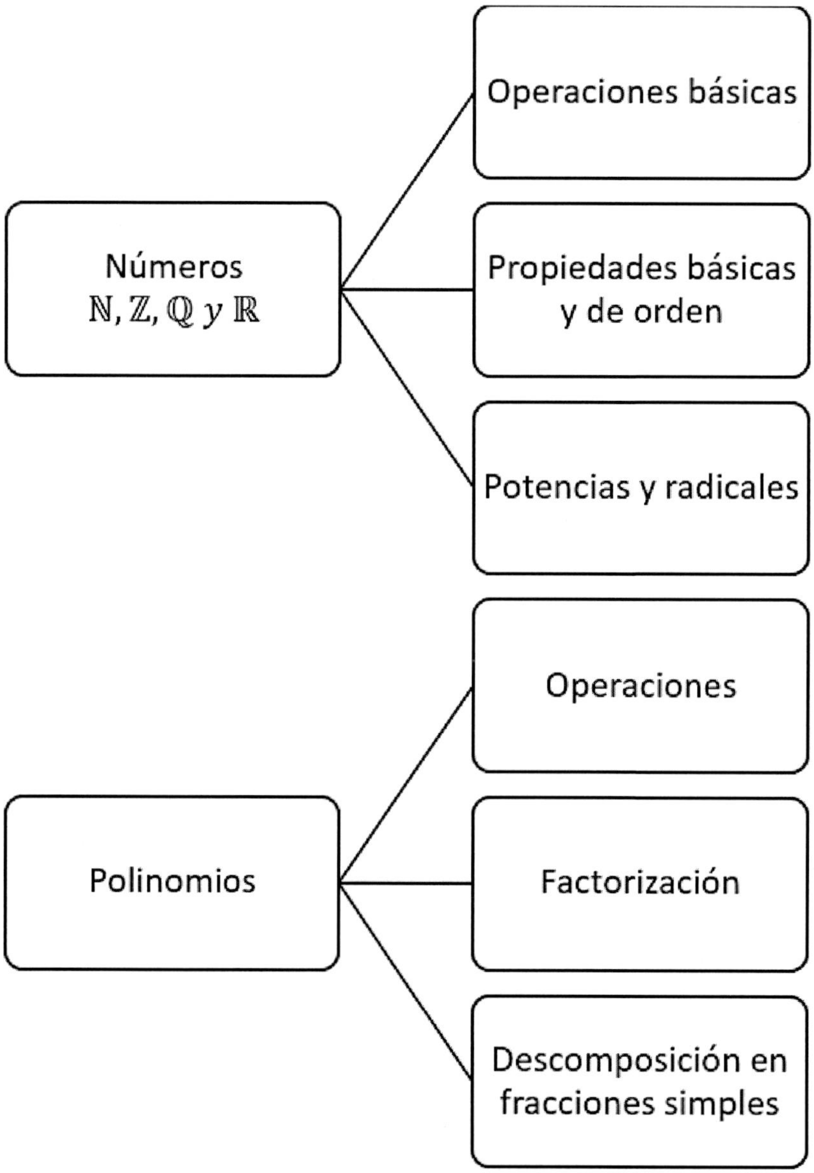

Objetivos

- Revisar los conceptos básicos de los números y sus propiedades.
- Usar las relaciones de orden y escribir los intervalos a partir de desigualdades y viceversa.
- Comprender los conceptos de potencias y radicales.
- Operar con agilidad con potencias y radicales.
- Operar con polinomios.
- Conocer los números combinatorios.
- Conocer el Binomio de Newton y aplicarlo al estudio de polinomios.

1.1. Los números

1.1.1. Los números naturales, $\mathbb{N}$

Desde tiempo inmemorial el hombre ha tenido la necesidad de contar, de forma que podía contar el número de animales que poseía, el número de hijos que tenía, los árboles que había en un bosque, etc...

Es por tanto mediante la necesidad primitiva de contar que se introduce el concepto de número como abstracción, en particular, el concepto de número natural, de forma que se puede hacer una analogía entre los números naturales y los números que sirven para enumerar o contar. Al conjunto de los números positivos que sirven para contar se les denomina **números naturales** y se representan por $\mathbb{N}$.

$$\mathbb{N} = \{1, 2, 3, \ldots\}$$

1.1.1.1. Operaciones con los números naturales

El símbolo $\forall$ significa "para cada elemento", o "para todo elemento".

El símbolo $\exists$ significa "para algún elemento", o "existe un elemento".

El símbolo $\in$ significa "pertenece".

Luego la expresión $\forall x, y \in \mathbb{N}$ se lee: «Para todo elemento x e y pertenecientes al conjunto de los números naturales».

Con el conjunto de números naturales y asociado a la idea de contar aparecen las **operaciones básicas** de la **aritmética** tales como **sumar**, **restar**, **multiplicar**, y **dividir.**

Se dice que el conjunto de los números naturales es **cerrado** respecto de la suma y de la multiplicación, es decir que la suma de dos números naturales es otro número natural y el producto de dos números naturales es otro número natural.

$$\forall x, y \in \mathbb{N} \begin{cases} x + y \in \mathbb{N} \\ x \cdot y \in \mathbb{N} \end{cases}$$

Por otro lado el conjunto de los números naturales no es cerrado respecto de la resta y de la división, pues puede darse el caso de que la resta de dos números naturales no produzca un nuevo número natural, e igualmente puede darse el caso de que la división de dos números no produzca un número natural.

Dos números naturales que se restan producen otro número natural si el **minuendo** es mayor que el **sustraendo**.

1.1.1.2. Divisibilidad

Al efectuar la división de un número natural a entre otro número natural b, podemos definir los siguientes conceptos:

- a es el **dividendo**
- b es el **divisor**
- c es el **cociente**, es decir, el resultado de la división,
- r es el **resto** de la división

Así se tiene que el dividendo puede escribirse en función del divisor, del cociente y del resto: $a = b \cdot c + r$

Cuando el resto es 0 decimos que la división es exacta. Luego en este caso se tiene $a = b \cdot c + 0 = b \cdot c$

Por tanto cuando un número natural a puede escribirse como producto de dos números naturales b y c se dice que a es **divisible** por b y también por

c. Se dice igualmente que a es **múltiplo** de b y de c. A b y c se les denomina **factores** o **divisores** de a.

Dos números naturales que se dividen producen otro número natural si el dividendo es múltiplo del divisor.

Todo número natural a posee al menos dos divisores, el 1 y el propio número a, pues es claro que $a = a \cdot 1$, estos dos divisores se denominan **divisores triviales**.

Ejemplo 1.1. Comprobar si dados los números naturales $x = 4$ e $y = 2$, su suma, su multiplicación, su resta y su división pertenecen al conjunto de los números naturales.

La suma siempre produce un número natural, por tanto

$$x + y = 4 + 2 = 6 \in \mathbb{N}$$

La multiplicación siempre produce un número natural, por tanto

$$x \cdot y = 4 \cdot 2 = 8 \in \mathbb{N}$$

En el caso de la resta se obtiene un número natural si el minuendo es mayor que el sustraendo, lo cuál ocurre en este caso, por tanto

$$x - y = 4 - 2 = 2 \in \mathbb{N}$$

En el caso de la división se obtiene un número natural si el dividendo es múltiplo del divisor, lo cuál ocurre en este caso, por tanto

$$\frac{x}{y} = \frac{4}{2} = 2 \in \mathbb{N}$$

■

Ejemplo 1.2. Comprobar si dados los números naturales $x = 3$ e $y = 4$, su suma, su multiplicación, su resta y su división pertenecen al conjunto de los números naturales.

La suma siempre produce un número natural, por tanto

$$x + y = 3 + 4 = 7 \in \mathbb{N}$$

La multiplicación siempre produce un número natural, por tanto

$$x \cdot y = 3 \cdot 4 = 12 \in \mathbb{N}$$

Para la resta, como el minuendo es menor que el sustraendo, el resultado obtenido no es un número natural:

$$x - y = 3 - 4 = -1 \notin \mathbb{N}$$

Para la división, como en este caso el dividendo no es múltiplo del divisor, el resultado obtenido no es un número natural

$$\frac{x}{y} = \frac{3}{4} \notin \mathbb{N}$$

■

1.1.1.3. Números primos

Un número natural a es **primo** si sus únicos divisores son los triviales, 1 y a. Un número natural que no es primo se denomina **compuesto**. Un número compuesto se puede descomponer en producto de números primos, también denominados **factores primos**.

El **Teorema Fundamental de la Aritmética** establece que todo número natural posee una factorización de números primos única.

Ejemplo 1.3. Comprobar si son primos los números: 4, 15, 27, 37, 49

El 4 no es primo pues es par.

El 15 no es primo pues es múltiplo de 3 y de 5.

El 27 no es primo pues es múltiplo de 3.

El 37 es primo, no es divisible más que por 1 y por sí mismo.

El 49 no es primo, es divisible por 7.

■

1.1.1.4. Reglas de divisibilidad

Las **reglas de divisibilidad** permiten saber si un determinado número natural es divisible por otro dado. Se muestran a continuación algunas de las reglas más utilizadas.

- Divisibilidad por 2: Un número es divisible por 2 si termina en 0, 2, 4, 6, 8. Los números divisibles por 2 se denominan **pares**, y los no divisibles por 2, **impares**.

- Divisibilidad por 3: Un número es divisible por 3, si la suma de sus cifras es múltiplo de 3.
- Divisibilidad por 4: Un número es divisible por 4, si el número que forman las dos últimas cifras lo es.
- Divisibilidad por 5: Un número es divisible por 5 si termina en 0 ó en 5.
- Divisibilidad por 6: Un número es divisible por 6, si es par y la suma de sus cifras es múltiplo de 3.
- Divisibilidad por 7: Un número es divisible por 7, si al número compuesto por todas las cifras menos las de las unidades le restamos el doble de las unidades y el resultado es 0 o múltiplo de 7.
- Divisibilidad por 9: Un número es divisible por 9, si la suma de sus cifras es múltiplo de 9.
- Divisibilidad por 10: Un número es divisible por 10 si termina en 0.

Ejemplo 1.4. Comprobar la divisibilidad de los siguientes números: 15, 27, 48

El 15 es divisible por 3 porque la suma de sus cifras es múltiplo de 3 y es divisible por 5 por terminar en 5.

El 27 es divisible por 3 porque la suma de sus cifras es múltiplo de 3 y es divisible por 9 porque la suma de sus cifras es múltiplo de 9.

El 48 es divisible por 2 por ser par, es divisible por 3 porque la suma de sus cifras es múltiplo de 3, es divisible por 4 porque las dos últimas cifras son múltiplo de 4, es divisible por 6 por serlo de 2 y de 3.

■

1.1.2. Los números enteros, $\mathbb{Z}$

Con la aparición del comercio, los comerciantes vendían y en algunos casos fiaban las mercancías a los clientes que de esta manera se convertían en deudores, y las cantidades que debían eran lo que los comerciantes denominaban números deudos. De este concepto de la deuda y el crédito, concepto en su origen completamente económico, surgieron los números negativos. Y cuando las deudas se cancelaban la cantidad resultante era el 0.

Al conjunto de los números positivos o naturales, de los números negativos y al 0, se les denomina conjunto de los **números enteros** y se representan por $\mathbb{Z}$, procedente del alemán "Zahl" que significa número.

$$\mathbb{Z} = \{\ldots, -3, -2, -1, 0, 1, 2, 3, \ldots\}$$

Se denomina **opuesto** de un número a, al número $-a$, el cual sumado a la cantidad inicial hace que el total sea 0.

$$a + (-a) = 0$$

Se dice que el conjunto de los números enteros es cerrado también respecto de la resta, es decir que la diferencia de dos números enteros es otro número entero, independientemente de que el minuendo sea mayor o menor que el sustraendo.

$$\forall x, y \in \mathbb{Z} : x - y \in \mathbb{Z}$$

Al igual que en el caso de los números naturales, el conjunto de los números enteros no es cerrado respecto de la división. Dos números enteros que se dividen producen otro número entero si el dividendo es múltiplo del divisor.

Ejemplo 1.5. Comprobar si dados los siguientes números enteros: $x = -4$ e $y = 3$, su suma, su multiplicación, su resta y su división pertenecen al conjunto de los números enteros.

La suma siempre produce un número entero, por tanto

$$x + y = -4 + 3 = -1 \in \mathbb{Z}$$

La multiplicación siempre produce un número entero, por tanto

$$x \cdot y = -4 \cdot 3 = -12 \in \mathbb{Z}$$

La resta siempre produce un número entero, por tanto

$$x - y = -4 - 3 = -7 \in \mathbb{Z}$$

En el caso de la división sólo se obtiene un número entero si el dividendo es múltiplo del divisor, lo cuál no ocurre en este caso, por tanto

$$x/y = -4/3 \notin \mathbb{Z}$$

■

Una propiedad que caracteriza a los números enteros es que cualquier número entero o es **par** o es **impar**.

$$\forall x \in \mathbb{Z} : \begin{cases} x \text{ es par} : x = 2k, k{\in}\mathbb{Z} \\ \text{ó} \\ x \text{ es impar} : x = 2k+1, k{\in}\mathbb{Z} \end{cases}$$

A partir de la propiedad anterior se tiene que el **cuadrado**, es decir el producto de un número por sí mismo, de un número par es par y el cuadrado de un número impar es impar.

$$\forall x \in \mathbb{Z} : \begin{cases} x \text{ es par} : x = 2k \Leftrightarrow \\ x^2 = (2k)^2 = 4k^2 = 2(2k^2), k{\in}\mathbb{Z} \\ \\ x \text{ es impar} : x = 2k+1 \Leftrightarrow \\ x^2 = (2k+1)^2 = 4k^2 + 4k + 1 = 2(2k^2+2k)+1, k{\in}\mathbb{Z} \end{cases}$$

1.1.3. Los números racionales, $\mathbb{Q}$

Seguidamente el ser humano se ve en la necesidad de repartir la unidad en partes menores y así para poder repartir terrenos, pesos o volúmenes, aparecen los **números racionales**. El número a/b representa una fracción o quebrado que es en sí el número racional. El número b, que ha de ser un número entero distinto de 0, se llama **denominador** y es la cantidad de partes iguales en que se divide la unidad. El número a es el **numerador** y es la cantidad de partes que se toman. Al conjunto de todos los números racionales se le denomina $\mathbb{Q}$, del inglés "quotient" que significa cociente.

$$\mathbb{Q} = \left\{ \frac{a}{b} : a, b{\in}\mathbb{Z}, b{\neq}0 \right\}$$

Es evidente que $\mathbb{Z} \subset \mathbb{Q}$, pues para cualquier número $a \in \mathbb{Z}$ se puede tomar el número $b = 1 \in \mathbb{Z}$ de forma que

$$\frac{a}{b} \in \mathbb{Q} \Rightarrow \frac{a}{1} = a \in \mathbb{Q}$$

Se dice que el conjunto de los números racionales es cerrado también respecto de la división, es decir, que la división de dos números racionales es otro número racional.

$$\forall a, b \in \mathbb{Q}, b \neq 0 : \frac{a}{b} \in \mathbb{Q}$$

Un número racional se puede representar mediante un **número decimal** con un número finito de cifras decimales o mediante un número **decimal**

periódico, es decir aquel que tiene una parte decimal que se repite indefinidas veces. Para representar una fracción en formato decimal, basta con realizar la división.

Ejemplo 1.6. Sean los siguientes números racionales: 104/20, 10/3. Escribir los números en formato decimal.

Dado un número racional, para escribirlo en formato decimal, basta con efectuar la correspondiente división y se obtiene

$$\frac{104}{20} = 5,2$$

$$\frac{10}{3} = 3,\overset{\frown}{3}$$

■

Entre dos números racionales distintos existen infinitos números racionales, sean p y q número racionales de forma que $p < q$, entonces existe un número $r_1 = \frac{p+q}{2}$ que es racional y se encuentra entre p y q, pero también se encuentran entre p y q los números $r_2 = \frac{p+r_1}{3}$, $r_3 = \frac{p+r_2}{4}$,....

Sin embargo con el conjunto de los números racionales no se consiguen representar todos los números existentes, existen números cuya representación contiene infinitos decimales no periódicos, son los denominados **números irracionales**.

Un caso clásico de número irracional, ya conocido por los griegos, es la hipotenusa del cuadrado de lado 1, cuyo valor es $\sqrt{2}$.

Es fácil comprobar que este número no es racional, y se demostrará por **reducción al absurdo**, es decir se parte de una hipótesis falsa y se llega a una contradicción.

Supóngase que existe un número racional $x = \frac{p}{q} = \sqrt{2}$, donde p y q son números enteros sin divisores comunes, es decir, son **coprimos** o primos entre sí.

Si elevamos ambos lados de la igualdad al cuadrado se tiene

$$x = \frac{p}{q} = \sqrt{2} \Rightarrow \frac{p^2}{q^2} = 2 \Rightarrow p^2 = 2q^2$$

de donde se deduce que como p^2 es múltiplo de 2, p^2 es un número par, y como se ha visto anteriormente esto implica que p es un número par.

Si p es un número par, se puede escribir de la forma $p = 2r$, y por tanto

$$p^2 = (2r)^2 = 4r^2$$

Pero por otro lado se tenía que

$$p^2 = 2q^2$$

luego igualando se tiene

$$2q^2 = 4r^2$$

y operando se llega a que q^2 es par, y por tanto q también lo es:

$$q^2 = 2r^2$$

Lo que está en abierta contradicción con la suposición realizada al principio de que eran coprimos. Por tanto no existe ningún número x racional igual a $\sqrt{2}$.

1.1.4. Los números reales, $\mathbb{R}$

Dentro de los números irracionales distinguimos dos tipos de números.

Por una lado se tienen los números algebraicos, es decir, aquellos que cumplen una ecuación algebraica, como por ejemplo

$$x^2 - 2 = 0$$

de donde se obtiene que $x = \pm\sqrt{2}$.

Y por otro lado se tienen los números trascendentes, de los cuáles algunos conocidos son el número $\pi = 3,1416...$ o el número $e = 2,7182...$

La suma de un número racional y un número irracional resulta en un nuevo número irracional, se puede probar a partir de aquí que entre dos números racionales distintos existen infinitos números irracionales.

Hay que tener en cuenta que en determinados casos la suma de dos irracionales puede producir un número racional. Igualmente en algunos casos el producto o el cociente de dos irracionales puede producir un número racional.

Ejemplo 1.7. Dados los números $x = \sqrt{2}$, $y = 2$, hallar los números siguientes y decidir si son racionales o irracionales:

a) $z = x + y$

$$z = x + y = \sqrt{2} + 2 \notin \mathbb{Q}$$

b) $z = x \cdot y$

$$z = x \cdot y = 2\sqrt{2} \notin \mathbb{Q}$$

c) $z = x + x$

$$z = x + x = \sqrt{2} + \sqrt{2} = 2\sqrt{2} \notin \mathbb{Q}$$

d) $z = x - x$

$$z = x - x = \sqrt{2} - \sqrt{2} = 0 \in \mathbb{Q}$$

e) $z = x \cdot x$

$$z = x \cdot x = \sqrt{2} \cdot \sqrt{2} = 2 \in \mathbb{Q}$$

f) $z = x/x$

$$z = x/x = \sqrt{2}/\sqrt{2} = 1 \in \mathbb{Q}$$

■

Al conjunto que contiene a los números racionales y a los números irracionales se le denomina conjunto de los **números reales** y se representa por $\mathbb{R}$.

Con los números reales se llenan todos los huecos existentes en la recta real, así cualquier punto de la recta se representa con un número real.

Finalmente y aunque no serán de estudio en el presente curso, existen otro tipo de números los denominados **números complejos**, $\mathbb{C}$, y que son aquellos que sirven por ejemplo para resolver una ecuación del tipo: $x^2 + 1 = 0$

Como conclusión se tiene que los naturales forman parte de los enteros, que a su vez forman parte de los racionales, que junto con los irracionales componen los reales, que son a su vez parte de los complejos.

$$\mathbb{N} \subset \mathbb{Z} \subset \mathbb{Q} \subset \mathbb{R} \subset \mathbb{C}$$

A lo largo del curso se entenderá que se trabaja con números reales a no ser que se especifique de forma explícita lo contrario.

1.1.5. Número factorial y combinatorio

1.1.5.1. Número factorial

Se llama **número factorial** n, o factorial de n, y se denota por $n!$, donde $n \in \mathbb{N}$, al producto de los números naturales desde 1 hasta n

$$n! = 1 \times 2 \times 3 \times ... \times (n-1) \times n$$

Por convención se extiende la definición al número 0, y se tiene que

$$0! = 1$$

El factorial representa el número de formas distintas en que se pueden ordenar n objetos distintos, lo que se corresponde con las permutaciones de n objetos distintos.

Dado que n tiene que ser 0 o pertenecer a los naturales, no existe el factorial de un número negativo o de una fracción no reducible.

1.1.5.2. Número combinatorio

Se llama **número combinatorio** o **coeficiente binomial** de n sobre k, y se denota por $\binom{n}{k}$ o por $C_{(n,k)}$, con n y k valores enteros no negativos, al número de maneras distintas en que se pueden tomar k elementos de los n elementos disponibles, es decir el número de combinaciones de k elementos distintos de n posibles. El valor es el dado por la expresión

$$C_{(n,k)} = \binom{n}{k} = \frac{n(n-1)(n-2)\cdots(n-k+1)}{1 \cdot 2 \cdot 3 \cdot \ldots \cdot (k-1) \cdot k} = \frac{n!}{k!(n-k)!}$$

De la definición se deduce que como se escogen k de los n elementos posible, k es siempre menor o igual que n.

1.2. Propiedades de los números

1.2.1. Propiedades básicas

Las operaciones mencionadas de la suma, la resta, la multipicación y la división cuentan con una serie de propiedades que van a facilitar la utilización de las mismas.

1. **Asociativa** de la suma

   Dados tres números reales a, b y c, se tiene:

   $$a + (b + c) = (a + b) + c$$

2. **Conmutativa** de la suma

   Dados dos números reales a y b, se tiene:

   $$a + b = b + a$$

3. **Elemento neutro** de la suma

   Dado un número real a, existe el número 0 de forma que se cumple

   $$a + 0 = 0 + a = a$$

4. **Elemento opuesto** de la suma

   Dado un número real a, existe el número $-a$ de forma que se cumple

   $$a + (-a) = 0$$

5. **Asociativa** de la multiplicación

   Dados tres números reales a, b y c, se tiene:

   $$a \cdot (b \cdot c) = (a \cdot b) \cdot c$$

6. **Conmutativa** de la multiplicación

   Dados dos números reales a y b, se tiene:

   $$a \cdot b = b \cdot a$$

7. **Elemento neutro** de la multiplicación

   Dado un número real a, existe el número 1 de forma que se cumple

   $$a \cdot 1 = 1 \cdot a = a$$

8. **Elemento inverso** de la multiplicación

   Dado un número real $a \neq 0$, existe el número a^{-1} de forma que se cumple

   $$a \cdot a^{-1} = a \cdot \frac{1}{a} = 1$$

9. Propiedad **Distributiva**

   Dados tres números reales a, b y c, se tiene:

   $$a \cdot (b + c) = a \cdot b + a \cdot c$$

10. Ley de **Tricotomía**

    Dado un número real a, se cumple una y sólo una de las siguientes propiedades:

    - $a > 0, a \in \mathbb{R}^+$, es decir, a es positivo.
    - $a = 0$, es decir, a es nulo.
    - $a < 0, a \in \mathbb{R}^-$, es decir, a es negativo.

A partir de las propiedades anteriores se pueden obtener diversos resultados. Así, a resultas de la propiedad 2 se puede deducir que si se tiene una ecuación del tipo

$$a + x = a$$

entonces

$$x = 0$$

De la propiedad 7 se puede deducir que si se tiene una ecuación del tipo

$$a \cdot b = 0$$

entonces

$$a = 0 \text{ ó } b = 0$$

Y también de la propiedad 7 se obtiene que si se tiene una ecuación del tipo

$$a \cdot b = a \cdot c$$

entonces

$$a = 0 \text{ ó } b = c$$

De la propiedad 9 se puede deducir que

$$a \cdot 0 = 0$$

Finalmente de estas reglas básicas se sigue que:

- si se suman dos números positivos entonces se obtiene un número positivo

  $$\forall a > 0, b > 0 \Rightarrow a + b > 0$$

- al multiplicar dos números positivos se obtiene un número positivo

$$\forall a > 0, b > 0 \Rightarrow a \cdot b > 0$$

- al multiplicar dos números negativos se obtiene un número positivo

$$\forall a < 0, b < 0 \Rightarrow a \cdot b > 0$$

1.2.2. Desigualdades

Una **desigualdad** es una **relación de orden** que se produce entre dos números cuando son distintos.

Una característica a tener en cuenta es que el conjunto de los números reales es un conjunto completamente ordenado, es decir, dados dos números reales distintos a y b, se tiene que se cumple una de las dos relaciones siguientes, las cuales se siguen de la Ley de Tricotomía:

- $a < b$, es decir, a es menor que b, si se cumple que $b - a > 0$
- $a > b$, es decir, a es mayor que b, si se cumple que $a - b > 0$

Las relaciones anteriores se consideran desigualdades estrictas.

A lo largo del curso nos encontraremos con otro tipo de desigualdades denominadas amplias o no estrictas:

- $a \leq b$, es decir, a es menor o igual que b
- $a \geq b$, es decir, a es mayor o igual que b

1.2.3. Propiedades de orden

Dados a, b, c y d, números reales, se tienen las siguientes propiedades de orden

1. Propiedad transitiva, si $a < b$ y $b < c$, se cumple que,

$$a < c$$

2. Propiedad aditiva, si $a < b$ y $c < d$, se cumple que,

$$a + c < b + d$$

3. Si $a < b$, se cumple que,

$$\begin{cases} a + c < b + c \\ a - c < b - c \end{cases}$$

4. Si $a < b$ y $c > 0$, se cumple que,

$$\begin{cases} ac < bc \\ a/c < b/c \end{cases}$$

5. Si $a < b$ y $c < 0$, se cumple que,

$$\begin{cases} ac > bc \\ a/c > b/c \end{cases}$$

6. Propiedad recíproca, si $a < b$, se cumple que,

$$-b < -a$$

1.2.4. Valor absoluto

Se llama **valor absoluto** de un número real a, y se denota por el símbolo $|a|$, a:

$$|a| = \begin{cases} a, & si\, a \geq 0 \\ -a & si\, a < 0 \end{cases}$$

De la definición se tiene que el valor absoluto de un número a nunca es negativo,$|a| \geq 0$

Figura 1.1: Valor absoluto

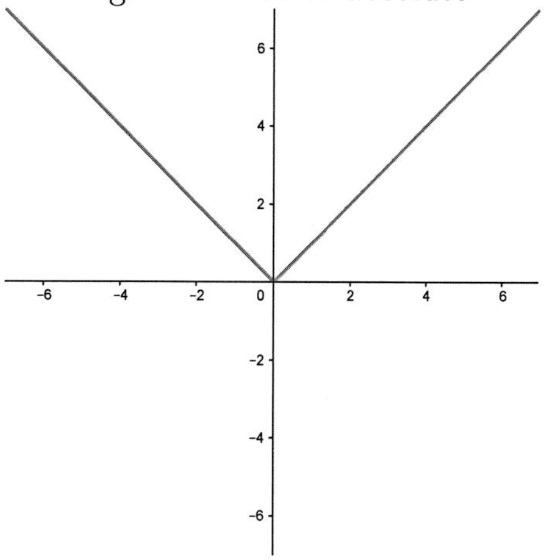

$f(x) = |x|$

Un resultado interesante, denominado **desigualdad triangular**, es que dados dos números reales a y b, se tiene:

$$|a+b| \leq |a| + |b|$$

A partir de la definición se tienen también los siguientes resultados:

- $|a| = 0 \Leftrightarrow a = 0$
- $-|a| \leq a \leq |a|$
- $|a \cdot b| = |a| \cdot |b|$
- $|a^2| = |a|^2 = a^2$
- $|a| = |-a|$
- $|a| - |b| \leq |a - b| \leq |a| + |b|$

1.2.5. Intervalos

Dados dos números reales a y b, al conjunto de números reales que se encuentran entre a y b se le denomina intervalo. De acuerdo a si los valores extremos pertenecen o no al intervalo, se pueden dar los siguientes tipos

- (a, b), **intervalo abierto**, está compuesto por los $x \in \mathbb{R}, a < x < b$.
- $[a, b]$, **intervalo cerrado**, compuesto por los $x \in \mathbb{R}, a \leq x \leq b$.
- $(a, b]$, **intervalo semi-abierto** por la izquierda, compuesto por los $x \in \mathbb{R}, a < x \leq b$.
- $[a, b)$, intervalo semi-abierto por la derecha, compuesto por los $x \in \mathbb{R}, a \leq x < b$.

A partir de estos se obtienen los siguientes intervalos:

- $(-\infty, b)$, intervalo abierto, compuesto por los $x \in \mathbb{R}, x < b$.
- $(-\infty, b]$, intervalo semi-abierto por la izquierda, compuesto por los $x \in \mathbb{R}, x \leq b$.
- $(a, +\infty)$, intervalo abierto, compuesto por los $x \in \mathbb{R}, a < x$.
- $[a, +\infty)$, intervalo semi-abierto por la derecha, compuesto por los $x \in \mathbb{R}, a \leq x$.
- $(-\infty, +\infty) = \mathbb{R}$, intervalo abierto, compuesto por todos los $x \in \mathbb{R}$.

1.3. Potencias y radicales

1.3.1. Potencias

En determinadas ocasiones se ha de multiplicar un número por sí mismo, es lo que se conoce como hallar el **cuadrado** de un número, $a \cdot a = a^2$, en otras ocasiones se ha de multiplicar el número tres veces, lo que se conoce como hallar el **cubo** del número, $a \cdot a \cdot a = a^3$, y así se podría continuar multiplicando un número por sí mismo un determinado número de veces.

Sea a un número real y n un número natural no nulo, el producto $a{\cdot}a{\cdots}{\cdot}a$, n veces, se representa por a^n y se denomina potencia de **base** a y **exponente** n. También puede denominarse potencia n-ésima de a e incluso se dice a elevado a n.

1.3.2. Propiedades de las potencias

Sea a un número real y n y m son números naturales, entonces:

1. $a^n \cdot a^m = a^{n+m}$
2. $a^n \cdot b^n = (a \cdot b)^n$
3. $(a^n)^m = a^{n \cdot m}$
4. Si $n = 0$, entonces $a^0 = 1$
5. Si a es no nulo, entonces $a^{-n} = \left(\frac{1}{a}\right)^n = \frac{1}{a^n}$
6. Si a es no nulo, entonces $\frac{a^n}{a^m} = a^{n-m}$

Ejemplo 1.8. Hallar las siguientes expresiones

a) $7^2 \cdot 7^3 = 7^5$

b) $4^3 \cdot 3^3 = 12^3$

c) $(6^3)^3 = 6^9$

d) $7^2 \cdot 7^{-3} = 7^{-1} = \frac{1}{7}$

e) $4^3 \cdot 3^{-3} = 4^3 \left(\dfrac{1}{3}\right)^3 = \left(\dfrac{4}{3}\right)^3$

f) $\left(6^3\right)^{-3} = 6^{-9} = \left(\dfrac{1}{6}\right)^9$

■

1.3.3. Radicales

En otras ocasiones se tiene que un determinado número real a es el resultante de multiplicar n veces por sí mismo otro número real b

$$b^n = a$$

al número b, se le llama **raíz n-ésima** de a y se tiene

$$b = \sqrt[n]{a}$$

La parte derecha de la igualdad, $\sqrt[n]{a}$, se denomina **radical**. En el radical n es el **índice** y a es el **radicando**. Para que el radical tenga sentido en el conjunto de los números reales se ha de cumplir que si a es negativo entonces n es impar.

Un radical puede expresarse en forma de potencias:

- $\sqrt[n]{a} = a^{1/n}$
- $\sqrt[n]{a^m} = a^{m/n}$

A partir de estas expresiones se operan los radicales como si fueran potencias, aplicando sus propiedades.

Ejemplo 1.9. Hallar las siguientes expresiones

a) $\sqrt[3]{7} \cdot \sqrt[5]{7} = 7^{1/3} \cdot 7^{1/5} = 7^{1/3+1/5} = 7^{8/15} = \sqrt[15]{7^8}$

b) $\sqrt{4^3} \cdot \sqrt{3^3} = 4^{3/2} \cdot 3^{3/2} = (4 \cdot 3)^{3/2} = 12^{3/2} = \sqrt{12^3}$

c) $\sqrt[3]{6^{1/2}} = \left(6^{1/2}\right)^{1/3} = 6^{1/6} = \sqrt[6]{6}$

■

Ejemplo 1.10. Hallar las siguientes expresiones

a) $\sqrt[3]{7} \cdot 7^5 = 7^{1/3} \cdot 7^5 = 7^{1/3+5} = 7^{16/3} = \sqrt[3]{7^{16}}$

b) $\sqrt{5^3} \cdot 3^{3/2} = 5^{3/2} \cdot 3^{3/2} = (5 \cdot 3)^{3/2} = 15^{3/2} = \sqrt{15^3}$

c) $\sqrt[3]{6^6} = \left(6^6\right)^{1/3} = 6^{6/3} = 6^2$

■

1.4. Polinomios

1.4.1. Monomios y binomios

Un **monomio** es una expresión algebraica de la forma $a \cdot x^n$, donde a es un número real que se denomina coeficiente, x es la parte literal y n es un número natural, que se denomina grado del monomio.

Se denominan **monomios semejantes** a los que tienen la misma parte literal.

Un **binomio** es la suma de dos monomios.

1.4.1.1. Identidades notables

Se denominan igualdades o **identidades notables** a algunas operaciones con binomios que son ampliamente utilizadas en el trabajo matemático.

Cuadrado de la suma

El cuadrado de la suma, o binomio suma al cuadrado, es igual al cuadrado del primer término más el doble del producto del primer término por el segundo más el cuadrado del segundo.

$$(a+b)^2 = a^2 + 2ab + b^2$$

Cuadrado de la diferencia

El cuadrado de la diferencia, o binomio diferencia al cuadrado, es igual al cuadrado del primer término menos el doble del producto del primer término por el segundo más el cuadrado del segundo.

$$(a-b)^2 = a^2 - 2ab + b^2$$

Suma por diferencia

El producto de una suma de dos términos por la diferencia de los mismos términos es igual a la diferencia de los cuadrados de los términos.

$$(a+b)(a-b) = a^2 - b^2$$

Ejemplo 1.11. Hallar las siguientes expresiones:

a) $(x+5)^2$

Hay que hallar el cuadrado de una suma:

$$(a+b)^2 = a^2 + 2ab + b^2$$

$$(x+5)^2 = x^2 + 2 \cdot 5 \cdot x + 5^2 = x^2 + 10x + 25$$

b) $(x-5)^2$

Hay que hallar el cuadrado de la diferencia:

$$(a-b)^2 = a^2 - 2ab + b^2$$

$$(x-5)^2 = x^2 - 2 \cdot 5 \cdot x + 5^2 = x^2 - 10x + 25$$

c) $(x+5)(x-5)$

Hay que hallar el producto de una suma por la diferencia:

$$(a+b)(a-b) = a^2 - b^2$$

$$(x+5)(x-5) = x^2 - 5^2 = x^2 - 25$$

■

1.4.1.2. Binomio de Newton

El binomio de Newton es una expresión que proporciona la potencia n-ésima, con $n \in \mathbb{N}$, de un binomio dado

$$(x+y)^n = \binom{n}{0} x^n + \binom{n}{1} x^{n-1}y + \binom{n}{2} x^{n-2}y^2 + ...+$$

$$+... + \binom{n}{n-1} xy^{n-1} + \binom{n}{n} y^n$$

Cada término de la expresión como puede comprobarse es del tipo $cx^{n-r}y^r$, con r entre 0 y n, y dónde el coeficiente c se corresponde con el número combinatorio $\binom{n}{r}$.

Ejemplo 1.12. Hallar $(x+y)^4$

Aplicando la expresión del binomio de Newton se tiene:

$$(x+y)^4 = \binom{4}{0} x^4 + \binom{4}{1} x^3y + \binom{4}{2} x^2y^2 + \binom{4}{3} xy^3 + \binom{4}{4} y^4 =$$

$$= x^4 + 4x^3y + 6x^2y^2 + 4xy^3 + y^4$$

■

1.4.2. Polinomios

Se denomina **polinomio de grado n,** con $n \in \mathbb{N}$, en x a una expresión algebraica del tipo

$$P_n(x) = a_0 + a_1x + a_2x^2 + \cdots + a_{n-1}x^{n-1} + a_nx^n, a_i \in \mathbb{R}, a_n \neq 0$$

A los valores a_i se les denomina **coeficientes**, y el **grado del polinomio**, que se representa por $grad(P) = n$, es el exponente de la potencia mayor cuyo coeficiente sea no nulo, a_n, llamado **coeficiente principal** o **coeficiente director**. Si el coeficiente principal es 1 se dice que el polinomio es **mónico** o está **normalizado**. Al valor cuya potencia está elevada a 0, a_0, se le denomina coeficiente **independiente** o **constante**.

Los polinomios pueden clasificarse según sus grados:

- *grad*$(P) = 0$. Los números reales se pueden considerar polinomios de grado cero.
- *grad*$(P) = 1$ Los polinomios de primer grado son de la forma

$$P(x) = a_0 + a_1x, a_1 \neq 0$$

y se llaman también **polinomios lineales**, se corresponden con rectas.
- *grad*$(P) = 2$. Los polinomios de grado 2 son de la forma

$$P(x) = a_0 + a_1x + a_2x^2, a_2 \neq 0$$

y se llaman también **polinomios cuadráticos**. Las parábolas son polinomios de grado 2.

Se denomina **raíz** o **cero** del polinomio P a los valores x, de forma que $P(x) = 0$.

Ejemplo 1.13. Especificar el grado de cada uno de los siguientes polinomios:

a)$P(x) = 3$

$P(x) = 3$ puede reescribirse como $P(x) = 3x^0$, luego el grado es $n = 0$. Es un punto. Ver figura 1.2 a).

b) $P(x) = 3x - 4$

$P(x) = 3x - 4$ puede reescribirse como $P(x) = -4 + 3x^1$, luego el grado es $n = 1$. Es por tanto una recta. Ver figura 1.2 b).

Figura 1.2: Polinomios de grado 0 y grado 1

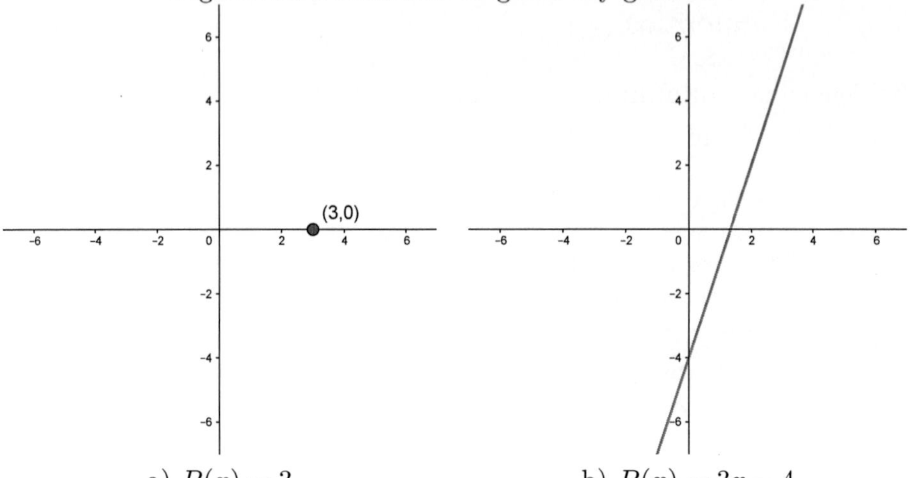

a) $P(x) = 3$ b) $P(x) = 3x - 4$

c) $P(x) = x^2 - 3$

$P(x) = x^2 - 3$, de donde se deduce directamente que el grado es $n = 2$. Es por tanto una parábola. Ver figura 1.3 a).

d) $P(x) = x^2 - x^3 + 1$

$P(x) = x^2 - x^3 + 1$, que puede reescribirse de forma ordenada como el polinomio $P(x) = 1 + x^2 - x^3$, luego el grado es $n = 3$. Ver figura 1.3 b).

e) $P(x) = x^2 + x^4 - x^3$

$P(x) = x^2 + x^4 - x^3$ puede reescribirse de forma ordenada como el polinomio $P(x) = x^2 - x^3 + x^4$, luego el grado es $n = 4$. Ver figura 1.3 c).

Figura 1.3: Polinomios de grado 2, 3 y 4

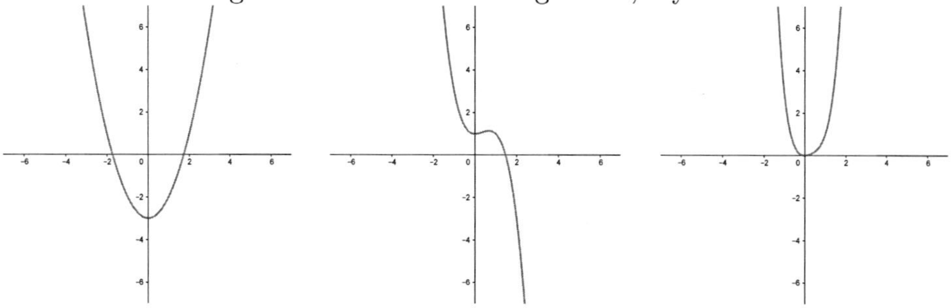

a) $P(x) = x^2 - 3$ b) $P(x) = -x^3 + x^2 + 1$ c) $P(x) = x^4 - x^3 + x^2$

■

1.4.3. Operaciones con polinomios

Para realizar las operaciones básicas con polinomios tales como sumar, restar, multiplicar y dividir, en primer lugar es conveniente ordenar los polinomios que se van a operar en orden decreciente de las potencias. Sean los polinomios $P(x)$ y $Q(x)$, entonces se escriben como

$$P(x) = a_n x^n + a_{n-1} x^{n-1} + \cdots + a_2 x^2 + a_1 x + a_0$$

$$Q(x) = b_n x^n + b_{n-1} x^{n-1} + \cdots + b_2 x^2 + b_1 x + b_0$$

1.4.3.1. Suma y diferencia de polinomios

Una vez ordenados los polinomios se suman o restan los monomios semejantes

$$(P+Q)(x) = (a_n + b_n)\,x^n \pm (a_{n-1} + b_{n-1})\,x^{n-1} \pm \cdots \pm$$

$$\pm (a_2 + b_2)\,x^2 \pm (a_1 + b_1)\,x \pm (a_0 + b_0)$$

El grado resultante del polinomio suma (diferencia) $P+Q$,$(P-Q)$, es el grado del polinomio mayor, excepto si los dos polinomios tienen el mismo grado y coeficientes principales opuestos, y entonces hay que ver cuál es el nuevo coeficiente principal del polinomio suma (diferencia).

1.4.3.2. Multiplicación de polinomios

Se multiplica cada monomio del multiplicando por cada uno de los monomios del multiplicador y luego se suman los monomios semejantes.

$$(P\cdot Q)(x) = (a_n \cdot b_n)\,x^{2n} + (a_{n-1}b_n + a_n b_{n-1})\,x^{2n-1} + \cdots +$$

$$+ (a_1 b_0 + a_0 b_1)\,x + (a_0 b_0)$$

El grado resultante del polinomio producto $P\cdot Q$ es la suma de los grados de los polinomios P y Q.

Ejemplo 1.14. Dados los polinomios $P(x) = x^2 + x - 1$ y $Q(x) = 2x^3 + 2x + 2$, hallar $P+Q$, $P-Q$ y $P\cdot Q$ y decidir el grado del polinomio resultante

a) $P+Q$

$$\begin{aligned}(P+Q)(x) &= \left(x^2 + x - 1\right) + \left(2x^3 + 2x + 2\right) =\\ &= (0+2)x^3 + (1+0)x^2 + (1+2)x + (-1+2) =\\ &= 2x^3 + x^2 + 3x + 1\end{aligned}$$

El grado del polinomio suma, $P+Q$, es el grado del polinomio mayor, en este caso Q, luego el grado es 3.

b) $P-Q$

$$\begin{aligned}(P-Q)(x) &= \left(x^2 + x - 1\right) - \left(2x^3 + 2x + 2\right) =\\ &= (0-2)x^3 + (1-0)x^2 + (1-2)x + (-1-2) =\\ &= -2x^3 + x^2 - x - 3\end{aligned}$$

El grado del polinomio diferencia, $P-Q$, es el grado del polinomio mayor, en este caso Q, luego el grado es 3.

c) $P \cdot Q$

$$\begin{aligned}(P \cdot Q)(x) &= \left(x^2 + x - 1\right) \cdot \left(2x^3 + 2x + 2\right) = \\ &= \left(x^2 + x - 1\right) \cdot 2x^3 + \left(x^2 + x - 1\right) \cdot 2x + \left(x^2 + x - 1\right) 2 = \\ &= \left(2x^5 + 2x^4 - 2x^3\right) + \left(2x^3 + 2x^2 - 2x\right) + \left(2x^2 + 2x - 2\right) = \\ &= 2x^5 + 2x^4 - 2x^3 + 2x^3 + 2x^2 + 2x^2 - 2x + 2x - 2 = \\ &= 2x^5 + 2x^4 + 4x^2 - 2\end{aligned}$$

El grado del polinomio $P \cdot Q$ es el resultante de la suma de los grados de cada polinomio, en este caso, 5.

■

1.4.3.3. División de polinomios

Para dividir polinomios, se procede de manera muy similar a la división de números enteros.

Dados dos polinomios P, al que se denomina dividendo, y S, al que se denomina divisor, con $S \neq 0$ y tales que $grad(P) \geq grad(S)$, si se efectúa la división de P entre S entonces se obtienen dos nuevos polinomios Q y R, de forma que Q es el **cociente** de la división de P por S y R es el **resto** de dicha división.

El grado de Q está determinado por la diferencia entre los grados de P y S, mientras que el grado de R será, como máximo, un grado menor que Q.

Para llevar a cabo la división se pocede de la siguiente manera, una vez ordenados los polinomios se divide el primer término del dividendo entre el primer término del divisor, obteniendo el primer término del cociente. A continuación se multiplica por ese primer término del cociente todo el divisor y se le resta al dividendo, consiguiendo el primer resto parcial. Este primer resto parcial se considera ahora el nuevo dividendo y se procede de la misma manera. La división finaliza cuando el grado de resto parcial es menor que el grado del divisor.

Ejemplo 1.15. Sean $P(x) = x^2 + x - 6$ y $S(x) = x - 3$. Hallar la división de P y S

$$\begin{array}{r|l} x^2 + x - 6 & x - 3 \\ \cline{2-2} -(x^2 - 3x) & x + 4 \\ \cline{1-1} 0x^2 + 4x - 6 & \\ -(4x - 12) & \\ \cline{1-1} +6 & \end{array}$$

Por tanto el resultado es el polinomio cociente $Q(x) = x + 4$ y el polinomio resto $R = 6$.

Esto por tanto se puede escribir como:

$$\frac{x^2 + x - 6}{x - 3} = (x + 4) + \frac{6}{x - 3}$$

■

Teorema del resto

Dado un polinomio $P(x)$ y dado un monomio $(x - a)$, entonces el resto de dividir el polinomio entre el monomio es igual al valor numérico del polinomio para $x = a$, es decir, el resto es igual a $P(a)$.

Ejemplo 1.16. Sean $P(x) = x^2 + x - 6$ y $S(x) = x - 3$. Hallar el resto de la división de P y S mediante el teorema del resto.

$$P(3) = 3^2 + 3 - 6 = 6$$

Que se puede comprobar que coincide con el resultado del ejemplo anterior.

■

Ejemplo 1.17. Sean $P(x) = x^2 - x - 6$ y $S(x) = x - 3$. Hallar el resto de la división de P y S mediante el teorema del resto.

$$P(3) = 3^2 - 3 - 6 = 0$$

De donde se obtiene que el resto es 0, lo que implica que el polinomio $S(x)$ divide al polinomio $P(x)$. Y efectivamente realizando la división se tiene que esta es exacta.

$$\begin{array}{r|l} x^2 - x - 6 & x - 3 \\ \cline{2-2} -(x^2 - 3x) & x + 2 \\ \hline 0x^2 + 2x - 6 & \\ -(2x - 6) & \\ \hline 0 & \end{array}$$

■

Teorema del factor

Dado un polinomio $P(x)$ y dado un monomio $(x-a)$, entonces el polinomio es divisible por el monomio si y sólo si el valor numérico del polinomio para $x=a$ es 0, es decir, $P(a)=0$.

Se define **raíz** de un polinomio como el valor real a de forma que el polinomio evaluado en ese valor es igual a 0, $P(a)=0$.

Ejemplo 1.18. Sean $P(x)=x^2+x-6$ y $S(x)=x+3$. Comprobar que P es divisible por S mediante el teorema del factor.

Como en este caso $a=-3$, se tiene:

$$P(a)=P(-3)=(-3)^2+(-3)-6=0$$

Por tanto P es divisible por S.

$$\begin{array}{c|l} x^2+x-6 & x+3 \\ \cline{2-2} -(x^2+3x) & x-2 \\ \hline 0x^2-2x-6 & \\ -(-2x-6) & \\ \hline 0 & \end{array}$$

■

1.4.3.4. Método de Ruffini

El **método de Ruffini** es una técnica para la división de un polinomio P por un binomio S de la forma $(x-a)$.

Dado el polinomio P, los coeficientes del cociente, Q, $(c_{n-1}, c_{n-2}, ..., c_1, c_0)$ y el resto R de dividir dicho polinomio por $(x-a)$, se pueden obtener de la siguiente forma:

La primera fila se rellena con los coeficientes del polinomio P en orden decreciente, y poniendo 0 en el caso de que el coeficiente no exista , es decir, $a_n, a_{n-1}, a_{n-2}, ..., a_1, a_0$.

La segunda fila, a la izquierda de la línea se pone el coeficiente independiente del monomio, a, en la primera columna se pone 0, y a partir de la segunda columna se pone el valor de la columna anterior de la tercera fila.

La tercera fila, cada número es el resultante de la suma de los números de las filas 1 y 2 de la misma columna

	a_n	a_{n-1}	a_{n-2}		a_1	a_0
a	0	$c_{n-1} \cdot a$	$c_{n-2}a$	$\cdots$	$c_1 a$	c_0
	c_{n-1}	c_{n-2}	c_{n-3}		c_0	$(a_0 + c_0)$
	(a_n)	$(a_{n-1} + c_{n-1}a)$			$(a_1 + c_1 a)$	

Ejemplo 1.19. Sean $P(x) = x^2 + x - 6$ y $S(x) = x + 3$. Hallar la división mediante el método de Ruffini.

	1	1	−6
−3	0	−3	6
	1	−2	0

De donde se obtiene $Q = c_1 x + c_0 = x - 2$ y $R = 0$

■

Ejemplo 1.20. Sean $P(x) = x^4 + 2x^3 - 3x^2 + 4x - 29$ y $S(x) = x - 3$. Hallar la división mediante el Método de Ruffini.

	1	2	−3	4	−29
3	0	3	15	36	120
	1	5	12	40	91

De donde se obtiene $Q = x^3 + 5x^2 + 12x + 40$ y $R = 91$

Y por tanto en este caso se tiene:

$$\frac{x^4 + 2x^3 - 3x^2 + 4x - 29}{x - 3} = \left(x^3 + 5x^2 + 12x + 40\right) + \frac{91}{x - 3}$$

■

1.4.4. Factorización

Por el **Teorema Fundamental del Álgebra** se conoce que un polinomio de grado n tiene siempre n raíces, las cuáles pueden ser reales, iguales o distintas, o complejas. Se conoce también que siempre que aparece una **raíz compleja**, también es raíz del polinomio su **conjugada**, luego en un polinomio de grado impar se puede asegurar que siempre hay al menos una **raíz real**.

Por el mismo teorema se sabe que un polinomio se puede factorizar con **factores lineales,** del tipo $(x \pm a)$, y con factores **cuadráticos**, del tipo $(ax^2 \pm bx + c)$, es decir, se puede escribir como:

$$P(x) = c\,(x \pm a_1)^{m_1} \cdots (x \pm a_r)^{m_r} \left(x^2 \pm 2b_1 x + c_1\right)^{n_1} \cdots \left(x^2 \pm 2b_s x + c_s\right)^{n_S}$$

donde

- c es el coeficiente principal del polinomio P,
- $a_1, a_2, ..., a_r$ son las raíces reales del polinomio P con **multiplicidades** $m_1, m_2, ..., m_r$ respectivamente, es decir que a_1 se repite m_1 veces, a_2 se repite m_2 veces y así sucesivamente.
- $b_1, c_1, b_2, c_2, ...b_s, c_s$ son números reales cumpliendo las condiciones

$$b_1^2 < c_1, \ldots, b_s^2 < c_s$$

- $n_1, n_2, ..., n_s$ son números naturales que verifican

$$m_1 + m_2 + ... + m_r + 2(n_1 + n_2 + ... + n_s) = n$$

Ejemplo 1.21. Dado el polinomio $P(x) = x^3 - 2x^2 - x + 2$, hallar su factorización.

Por el Teorema fundamental del Álgebra y dado que el grado del polinomio es 3, número impar, se deduce que al menos hay una raíz real.

Entonces se acude al Teorema del Factor para intentar hallar alguno de los monomios divisores del polinomio, y que por tanto dan lugar a las raíces.

Se prueba con el monomio $(x-1)$, luego se evalúa $P(1)$ y si vale 0, entonces el número $x = 1$ es una raíz, el monomio es un divisor y se puede aplicar el método de Ruffini.

Al evaluar el polinomio para $x = 1$ se tiene:

$$P(1) = 1^3 - 2 \cdot 1^2 - 1 + 2 = 0$$

y por tanto el polinomio es divisible entre $(x - 1)$ luego ahora se puede aplicar el método de Ruffini,

	1	−2	−1	2
1	0	1	−1	−2
	1	−1	−2	0

De donde se obtiene el nuevo polinomio $Q = x^2 - x - 2$

Aquí y dado que es un polinomio de 2º grado, se puede utilizar la fórmula para obtener las raíces de una **ecuación de segundo grado**

$$x = \frac{-b \pm \sqrt{b^2 - 4ac}}{2a}$$

o bien se vuelve a realizar el proceso del teorema del factor.

Se elige nuevamente el teorema del factor, y se va a probar ahora con el monomio $(x + 1)$, por tanto se evalúa $Q(-1)$:

$$Q(-1) = (-1)^2 - (-1) - 2 = 0$$

y por tanto el polinomio es divisible entre $(x + 1)$, y nuevamente se puede aplicar el método de Ruffini,

	1	−1	−2
−1	0	−1	2
	1	−2	0

De donde se obtiene el nuevo polinomio $S = x - 2$, y como ya es un monomio, se finaliza la factorización, siendo por tanto el resultado:

$$P(x) = x^3 - 2x^2 - x + 2 = (x - 1)(x + 1)(x - 2)$$

■

Encontrar las raíces de un polinomio no suele ser sencillo, en el ejemplo se ha acudido a ir probando con distintos valores el teorema del factor, pero podría haberse dado el caso de no tener tanta suerte en los primeros valores elegidos. Por ello se acude a determinados métodos para hallar las raíces de los polinomios.

Teorema de la raíz racional.

Sea un polinomio

$$P(x) = a_n x^n + a_{n-1} x^{n-1} + \cdots + a_2 x^2 + a_1 x + a_0$$

de coeficientes enteros, $a_i \in \mathbb{Z}$. Las raíces racionales del polinomio son del tipo $x = \dfrac{p}{q}$ y cumplen las siguientes condiciones:

- p es divisor de a_0.
- q es divisor de a_n.
- p y q son coprimos, es decir, son primos entre sí.

Ejemplo 1.22. Dado el siguiente polinomio $P(x) = 3x^2 + 7x - 6$, hallar las raíces racionales del polinomio y escribir el polinomio en función de sus factores.

Las raíces racionales serán del tipo $x = \frac{p}{q}$, donde,

- p es divisor de $a_0 = 6$, y por tanto p puede ser $\pm 1, \pm 2, \pm 3, \pm 6$
- q es divisor de $a_2 = 3$, y por tanto q puede ser $\pm 1, \pm 3$
- $\frac{p}{q}$, con p y q coprimos son $\pm 1, \pm 2, \pm \frac{2}{3}, \pm 3$ y ± 6

Por el Teorema Fundamental del Álgebra como el polinomio es de grado 2, tendrá 2 raíces. Por la definición de raíz, se sustituye el valor en el polinomio y si su resultado es 0, entonces será raíz:

- $x = 1$, $P(1) = 3 \cdot 1^2 + 7 \cdot 1 - 6 = 3 + 7 - 6 = 4 \neq 0$, no es raíz.
- $x = -1$, $P(-1) = 3 \cdot (-1)^2 + 7 \cdot (-1) - 6 = 3 - 7 - 6 = 10 \neq 0$, no es raíz.
- $x = 2$, $P(2) = 3 \cdot 2^2 + 7 \cdot 2 - 6 = 12 + 14 - 6 = 20 \neq 0$, no es raíz.
- $x = -2$, $P(-2) = 3 \cdot (-2)^2 + 7 \cdot (-2) - 6 = 12 - 14 - 6 = -8 \neq 0$, no es raíz.
- $x = \frac{2}{3}$, $P\left(\frac{2}{3}\right) = 3 \cdot \left(\frac{2}{3}\right)^2 + 7 \cdot \frac{2}{3} - 6 = \frac{4}{3} + \frac{14}{3} - 6 = 0$, luego en este caso SI es raíz.
- $x = \frac{-2}{3}$, $P\left(\frac{-2}{3}\right) = 3 \cdot \left(\frac{-2}{3}\right)^2 + 7 \cdot \left(\frac{-2}{3}\right) - 6 = \frac{4}{3} - \frac{14}{3} - 6 = \frac{-28}{3} \neq 0$, no es raíz.
- $x = 3$, $P(3) = 3 \cdot 3^2 + 7 \cdot 3 - 6 = 27 + 21 - 6 = 42 \neq 0$, no es raíz.
- $x = -3$, $P(-3) = 3 \cdot (-3)^2 + 7 \cdot (-3) - 6 = 27 - 21 - 6 = 0$, luego en este caso SI es raíz.

Como ya se han hallado 2 raíces no es necesario seguir comprobando, y por tanto las raíces del polinomio P son $x = 2/3$ y $x = -3$

El polinomio puede escribirse como $P(x) = \left(x - \frac{2}{3}\right)(x+3)$

■

Ejemplo 1.23. Sea $P(x) = x^4+x^3-5x^2+x-6$, hallar las raíces racionales del polinomio y escribir el polinomio en función de sus factores.

Las raíces racionales serán del tipo $x = \frac{p}{q}$, donde,

- p es divisor de $a_0 = 6$, y por tanto p puede ser $\pm1, \pm2, \pm3, \pm6$.
- q es divisor de $a_4 = 1$, y por tanto q puede ser ±1.
- $\frac{p}{q}$, con p y q coprimos son $\pm1, \pm2, \pm3, \pm6$.

Por el Teorema Fundamental del Álgebra como el polinomio es de grado 4, tendrá 4 raíces. Por la definición de raíz, se sustituye el valor en el polinomio y si su resultado es 0, entonces será raíz:

- $x = 1$, $P(1) = 1^4 + 1^3 - 5 \cdot 1^2 + 1 - 6 = -8 \neq 0$, no es raíz.
- $x = -1$, $P(-1) = (-1)^4 + (-1)^3 - 5 \cdot (-1)^2 + (-1) - 6 = -12 \neq 0$, no es raíz.
- $x = 2$, $P(2) = 2^4 + 2^3 - 5 \cdot 2^2 + 2 - 6 = 0$, este valor SI es una raíz.
- $x = -2$, $P(-2) = (-2)^4 + (-2)^3 - 5 \cdot (-2)^2 + (-2) - 6 = -20 \neq 0$, no es raíz.
- $x = 3$, $P(3) = 3^4 + 3^3 - 5 \cdot 3^2 + 3 - 6 = 81 + 27 - 45 + 3 - 6 = 60 \neq 0$, no es raíz.
- $x = -3$, $P(-3) = (-3)^4 + (-3)^3 - 5 \cdot (-3)^2 + (-3) - 6 = 81 - 27 - 45 - 3 - 6 = 0$, este valor SI es una raíz.
- $x = 6$, $P(6) = 6^4+6^3-5 \cdot 6^2+6-6 = 1296+216-180+6-6 = 1332 \neq 0$, no es raíz .
- $x = -6$, $P(-6) = (-6)^4 + (-6)^3 - 5 \cdot (-6)^2 + (-6) - 6 = 1296 - 216 - 180 - 6 - 6 = 888 \neq 0$, no es raíz.

Por tanto las raíces racionales del polinomio P son $x = 2$ y $x = -3$.

Si se divide el polinomio P por el monomio $(x-2)$ y el resultado por $(x+3)$ se obtiene el factor que falta.

Se procede a hacer la división por el método de Ruffini:

$$\begin{array}{c|ccccc} & 1 & 1 & -5 & 1 & -6 \\ 2 & 0 & 2 & 6 & 2 & 6 \\ \hline & 1 & 3 & 1 & 3 & 0 \end{array}$$

El polinomio puede escribirse como $P(x) = (x-2)(x^3 + 3x^2 + x + 3)$

Se vuelve a aplicar el método de Ruffini con el segundo factor:

$$\begin{array}{c|cccc} & 1 & 3 & 1 & 3 \\ -3 & 0 & -3 & 0 & -3 \\ \hline & 1 & 0 & 1 & 0 \end{array}$$

El tercer factor $(x^2 + 1)$ es de tipo cuadrático y no tiene raíces reales, sus raíces son complejas. Esto cumple el teorema de la raíz racional que decía que no había más raíces racionales.

Finalmente el polinomio puede escribirse como producto de factores lineales y cuadráticos:

$$P(x) = (x-2)(x+3)(x^2+1)$$

■

1.4.5. Descomposición en fracciones simples

Dados dos polinomios P y Q, se quiere descomponer el cociente de polinomios, $\frac{P}{Q}$, en una suma de **fracciones simples**. Una fracción simple es aquella que tiene en el denominador un factor lineal o cuadrático.

- Si grado$(P) <$ grado(Q), se puede realizar la descomposición en suma de fracciones simples.
- Si grado$(P) \geq$ grado(Q), se realiza el cociente para obtener:

$$\frac{P(x)}{Q(x)} = C(x) + \frac{R(x)}{Q(x)}$$

donde $C(x)$ es un nuevo polinomio y grado$(R(x))$ < grado$(Q(x))$, y entonces se puede descomponer en suma de fracciones simples el cociente de polinomios $\frac{R}{Q}$.

En primer lugar se halla la descomposición en factores lineales y cuadráticos del polinomio del denominador, Q, en función de los factores resultantes se pueden dar alguno o varios de los siguientes cuatro casos:

i) Hay factores lineales distintos, $(x-a_1), (x-a_2), ..., (x-a_r)$, entonces la descomposición es del tipo

$$\frac{A_1}{x-a_1} + \frac{A_2}{x-a_2} + \cdots + \frac{A_r}{x-a_r}$$

dónde los numeradores $A_1, A_2, ..., A_n$ son valores reales que han de calcularse formando un sistema de ecuaciones.

ii) Hay factores lineales repetidos, $(x-a_i)$, con **multiplicidad** m, entonces la descomposición es del tipo

$$\frac{A_1}{x-a_i} + \frac{A_2}{(x-a_i)^2} + \cdots + \frac{A_m}{(x-a_i)^m}$$

dónde los numeradores $A_1, A_2, ..., A_m$ son valores reales que han de calcularse formando un sistema de ecuaciones.

iii) Hay factores cuadráticos distintos, entonces la descomposición es del tipo

$$\frac{A_1x+B_1}{a_1x^2+b_1x+c_1} + \frac{A_2x+B_2}{a_2x^2+b_2x+c_2} + \cdots + \frac{A_sx+B_s}{a_sx^2+b_sx+c_s}$$

dónde los numeradores $A_1x+B_1, A_2x+B_2, ..., A_sx+B_s$ han de calcularse formando un sistema de ecuaciones.

iv) Hay factores cuadráticos repetidos, con multiplicidad q, entonces la descomposición es del tipo

$$\frac{A_1x+B_1}{(a_1x^2+b_1x+c_1)} + \frac{A_2x+B_2}{(a_1x^2+b_1x+c_1)^2} + \cdots + \frac{A_qx+B_q}{(a_1x^2+b_1x+c_1)^q}$$

dónde los numeradores $A_1x+B_1, A_2x+B_2, ..., A_qx+B_q$ han de calcularse formando un sistema de ecuaciones.

Ejemplo 1.24. Descomponer en fracciones simple el cociente de polinomios

$$\frac{P(x)}{Q(x)} = \frac{3x+1}{x^2-1}$$

Como el grado del numerador es menor que el del denominador, se procede a factorizar el denominador

$$Q(x) = x^2 - 1 = (x-1)(x+1)$$

y como los factores son lineales y distintos entre sí, se está en el caso i) anterior, luego se puede escribir

$$\frac{3x+1}{x^2-1} = \frac{A_1}{x-1} + \frac{A_2}{x+1}$$

y operando se tiene

$$\frac{3x+1}{x^2-1} = \frac{A_1(x+1) + A_2(x-1)}{x^2-1} = \frac{(A_1+A_2)\,x + A_1 - A_2}{x-1}$$

A continuación se igualan los numeradores

$$3x + 1 = (A_1 + A_2)\,x + A_1 - A_2$$

identificando coeficientes se forma un sistema de ecuaciones

$$\begin{cases} A_1 + A_2 = 3 \\ A_1 - A_2 = 1 \end{cases}$$

y resolviendo se obtienen los valores $A_1 = 2$ y $A_2 = 1$, luego se puede finalizar

$$\frac{P(x)}{Q(x)} = \frac{3x+1}{x^2-1} = \frac{2}{x-1} + \frac{1}{x+1}$$

■

Ejemplo 1.25. Descomponer en fracciones simple el cociente de polinomios

$$\frac{P(x)}{Q(x)} = \frac{x^2-x-1}{x^3-2x^2-x+2}$$

Al factorizar el denominador se tiene

$$Q(x) = x^3 - 2x^2 - x + 2 = (x-1)(x+1)(x-2)$$

como los factores son lineales y distintos entre sí, se está en el caso i) anterior, luego se puede escribir

$$\frac{x^2 - x - 1}{x^3 - 2x^2 - x + 2} = \frac{A_1}{x-1} + \frac{A_2}{x+1} + \frac{A_3}{x-2}$$

y operando se tiene

$$\frac{x^2 - x - 1}{x^3 - 2x^2 - x + 2} =$$

$$= \frac{A_1(x+1)(x-2) + A_2(x-1)(x-2) + A_3(x-1)(x+1)}{(x-1)(x+1)(x-2)}$$

e igualando numeradores

$$x^2 - x - 1 = A_1(x+1)(x-2) + A_2(x-1)(x-2) + A_3(x-1)(x+1)$$

Llegados a este punto, se podría generar un sistema de ecuaciones, de 3 ecuaciones con 3 incógnitas, de forma análoga a como se ha especificado en el ejemplo anterior.

Sin embargo hay una forma más rápida de obtener la solución que consiste en dar determinados valores a la x, para que se anulen los monomios y a partir de ahí obtener la solución de las distintas incógnitas

- Si $x = 1$, se anulan los multiplicandos $(x-1)$ y se obtiene:

$$1^2 - 1 - 1 = A_1(1+1)(1-2) + A_2\cancel{(1-1)}(x-2) + A_3\cancel{(1-1)}(1+1)$$

$$-1 = -2A_1 \Rightarrow A_1 = 1/2$$

- Si $x = -1$, se anulan los multiplicandos $(x+1)$ y se obtiene:

$$(-1)^2 - (-1) - 1 = A_1\cancel{((-1)+1)}((-1)-2)+$$

$$+A_2((-1)-1)((-1)-2) + A_3((-1)-1)\cancel{((-1)+1)}$$

$$1 = 6A_2 \Rightarrow A_2 = 1/6$$

- Si $x = 2$, se anulan los multiplicandos $(x-2)$ y se obtiene:

$$2^2 - 2 - 1 = A_1(2+1)\cancel{(2-2)} + A_2(2-1)\cancel{(2-2)} + A_3(2-1)(2+1)$$

$$1 = 3A_3 \Rightarrow A_3 = 1/3$$

Luego la descomposición en fracciones simples del cociente $\dfrac{P(x)}{Q(x)}$ es:

$$\frac{P(x)}{Q(x)} = \frac{x^2 - x - 1}{x^3 - 2x^2 - x + 2} = \frac{1/2}{x-1} + \frac{1/6}{x+1} + \frac{1/3}{x-2}$$

■

Ejemplo 1.26. Descomponer en fracciones simple el cociente de polinomios

$$\frac{P(x)}{Q(x)} = \frac{x-1}{x^2 - 4x + 4}$$

Al ir a factorizar el denominador, se observa que es una igualdad notable, en particular el cuadrado de la diferencia, luego:

$$Q(x) = x^2 - 4x + 4 = (x-2)^2$$

como los factores son lineales y ahora están repetidos, se está en el caso ii), y la multiplicidad es $m = 2$, luego se puede escribir

$$\frac{x-1}{x^2 - 4x + 4} = \frac{A_1}{x-2} + \frac{A_2}{(x-2)^2}$$

y operando se tiene

$$\frac{x-1}{x^2 - 4x + 4} = \frac{A_1(x-2) + A_2}{(x-2)^2} = \frac{A_1x - 2A_1 + A_2}{(x-2)^2}$$

donde igualando numeradores

$$x - 1 = A_1x - 2A_1 + A_2$$

e identificando coeficientes se obtiene que $A_1 = 1$, y a partir de ese valor $A_2 = 1$

Luego finalmente se tiene que la descomposición en fracciones simples del cociente $\dfrac{P(x)}{Q(x)}$ es

$$\frac{P(x)}{Q(x)} = \frac{x-1}{x^2 - 4x + 4} = \frac{1}{x-2} + \frac{1}{(x-2)^2}$$

■

Ejemplo 1.27. Descomponer en fracciones simple el cociente de polinomios

$$\frac{P(x)}{Q(x)} = \frac{x^2 - x + 1}{x^3 - x^2 + x - 1}$$

Se factoriza el denominador, probando con $(x-1)$, por el teorema del factor se tiene que $Q(1) = 0$, luego es un factor, y aplicando el método de Ruffini:

$$\begin{array}{c|cccc} & 1 & -1 & 1 & -1 \\ 1 & 0 & 1 & 0 & 1 \\ \hline & 1 & 0 & 1 & 0 \end{array}$$

Luego el denominador es el producto de un factor lineal y un factor cuadrático: $Q(x) = (x-1)(x^2+1)$, se está en el caso iii),

$$\frac{x^2 - x + 1}{x^3 - x^2 + x - 1} = \frac{A_1}{x-1} + \frac{A_2 x + B_1}{x^2+1}$$

y operando se tiene

$$\frac{x^2 - x + 1}{x^3 - x^2 + x - 1} = \frac{A_1(x^2+1) + (A_2 x + B_1)(x-1)}{(x-1)(x^2+1)} =$$

$$= \frac{(A_1 + A_2)\, x^2 + (-A_2 + B_1)x + (A_1 - B_1)}{(x-1)(x^2+1)}$$

se igualan numeradores

$$x^2 - x + 1 = (A_1 + A_2)\, x^2 + (-A_2 + B_1)x + (A_1 - B_1)$$

y se genera un sistema de ecuaciones

$$\begin{cases} A_1 + A_2 = 1 \\ -A_2 + B_1 = -1 \\ A_1 - B_1 = 1 \end{cases}$$

y resolviendo se obtienen los valores $A_1 = 1/2$, $A_2 = 1/2$ y $B_1 = -1/2$, luego la descomposición en fracciones simples de $\dfrac{P(x)}{Q(x)}$ es

$$\frac{P(x)}{Q(x)} = \frac{x^2 - x + 1}{x^3 - x^2 + x - 1} = \frac{\frac{1}{2}}{x-1} + \frac{\frac{1}{2}x - \frac{1}{2}}{x^2+1}$$

■

Ejemplo 1.28. Descomponer en fracciones simple el cociente de polinomios

$$\frac{P(x)}{Q(x)} = \frac{x^3 + x^2 + 2x + 2}{x^4 + 2x^2 + 1}$$

Al intentar factorizar el denominador, se observa que es una igualdad notable, en particular el cuadrado de la suma, luego

$$Q(x) = x^4 + 2x^2 + 1 = (x^2 + 1)^2$$

como los factores son cuadráticos y están repetidos, se está en el caso iv), y la multiplicidad es $m = 2$, luego se puede escribir

$$\frac{x^3 + x^2 + 2x + 2}{x^4 + 2x^2 + 1} = \frac{A_1 x + B_1}{x^2 + 1} + \frac{A_2 x + B_2}{(x^2 + 1)^2}$$

y operando se tiene

$$\frac{x^3 + x^2 + 2x + 2}{x^4 + 2x^2 + 1} = \frac{(A_1 x + B_1)(x^2 + 1) + (A_2 x + B_2)}{(x^2 + 1)^2} =$$

$$= \frac{A_1 x^3 + B_1 x^2 + (A_1 + A_2)x + (B_1 + B_2)}{(x^2 + 1)^2}$$

igualando numeradores se tiene

$$x^3 + x^2 + 2x + 2 = A_1 x^3 + B_1 x^2 + (A_1 + A_2)x + (B_1 + B_2)$$

de donde al igualar coeficiente se obtiene direcamente que $A_1 = 1$ y $B_1 = 1$, y a partir de ahí se tiene que $A_2 = 1$ y $B_2 = 1$ luego finalmente se tiene que la descomposición en fracciones simples del cociente $\dfrac{P(x)}{Q(x)}$ es

$$\frac{P(x)}{Q(x)} = \frac{x^3 + x^2 + 2x + 2}{x^4 + 2x^2 + 1} = \frac{x + 1}{x^2 + 1} + \frac{x + 1}{(x^2 + 1)^2}$$

∎

1.5. PALABRAS CLAVE

Binomio
Binomio de Newton
Cociente
Descomposición en fracciones simples
Desigualdades
Dividendo
Divisibilidad
Divisor
Elemento inverso
Elemento neutro
Elemento opuesto
Factorización
Grado de un polinomio
Intervalos
Ley de Tricotomía
Método de Ruffini
Monomio
Número combinatorio
Número factorial
Número impar
Número par
Números enteros
Números irracionales
Números naturales
Números racionales
Números reales
Operaciones con polinomios
Polinomio
Potencias
Propiedad asociativa
Propiedad conmutativa
Propiedad distributiva
Propiedad transitiva
Radicales
Raíces de un polinomio
Resto
Teorema de la raíz racional
Teorema del factor
Teorema del resto
Teorema Fundamental de la Aritmética
Teorema Fundamental del Álgebra
Valor absoluto

1.6. Autoevaluación

1. Un número es primo si sus únicos divisores son:
   a) El 1
   b) El propio número
   c) Los divisores triviales
2. ¿La diferencia o resta de dos números naturales produce un número natural?
   a) Siempre
   b) Sólo en el caso que el minuendo es menor que el sustraendo
   c) Sólo en el caso que el minuendo es mayor que el sustraendo
3. El número $\sqrt{3}$, es un número:
   a) Natural
   b) Real
   c) Racional
4. El valor de 5! es:
   a) 5
   b) $5 \cdot 4!$.
   c) 1
5. Hallar $6^3 \cdot 6^{-3}$
   a) 6^6
   b) 0
   c) 1
6. Hallar $6^{-1/3} \cdot 6^3$
   a) 6^{-1}
   b) No se puede calcular
   c) $\sqrt[3]{6^8}$
7. El cuadrado de $(x^2 + 2x)$ es:
   a) $x^4 + 4x^3 + 4x^2$

b) $x^4 + 4x^2$

c) $x^4 - 4x^3 + 4x^2$

8. Hallar el resto de la división de $P(x) = x^3 - 2x - 1$ y $S(x) = x - 2$

   a) 2

   b) 3

   c) 4

9. El polinomio $P(x) = x^3 - 2x + 1$ es divisible por:

   a) $(x - 2)$

   b) $(x - 1)$

   c) $(x + 1)$

10. Las posibles raíces del polinomio $P(x) = x^2 - 3x + 2$ aplicando el teorema de la raíz racional son :

    a) $\pm 1, \pm 2$

    b) $\pm 1, \pm \frac{1}{2}$

    c) No es posible hallarlas

1.7. PROBLEMAS

1. Desarrollar mediante el binomio de Newton $(x - \sqrt{x})^{10}$.

2. Hallar el término en x^{16} en el desarrollo de $\left(x^2 + xy\right)^{10}$.

3. Expresar los siguientes polinomios en forma de productos

   a) $P(x) = 49 - 7x + \dfrac{x^2}{4}$

   b) $Q(t) = 36z^2t^2 + 24z^2t + 4z^2$

4. Realiza las siguientes operaciones

   a) $\left(\dfrac{1}{2}x - 2\right)^2 \cdot \left(\dfrac{4}{3}x - \dfrac{1}{5}\right)$

   b) $3\,(x - 1) - 4\left(7x^2 - 9x\right) + 7\,(-4x + 2)$

5. Hallar la división de $P(x) = 3x^5 - 25x^4 + 11x - 17$ y de $S(x) = x^3 - x^2 + 1$.

6. Hallar las raíces del polinomio $P(x) = 6x^3 - x^2 - 11x + 6$ aplicando el teorema de la raíz racional y el teorema del factor.

7. Hallar el valor de m para que $(x + 3)$ sea un factor del polinomio $P(x) = x^3 - 2x + 3m$.

8. Hallar la factorización del polinomio $P(x) = x^4 + 4x^2 - 45$.

9. Hallar la descomposición en fracciones simples del siguiente cociente $\dfrac{P(x)}{Q(x)} = \dfrac{x-9}{x^2-4}$.

10. Hallar la descomposición en fracciones simples del siguiente cociente $\dfrac{P(x)}{Q(x)} = \dfrac{x^5 + x^4 + x^3 + x^2 + x + 1}{(x+2)^2(x^2+2)^2}$.

Capítulo 2

CÁLCULO MATRICIAL

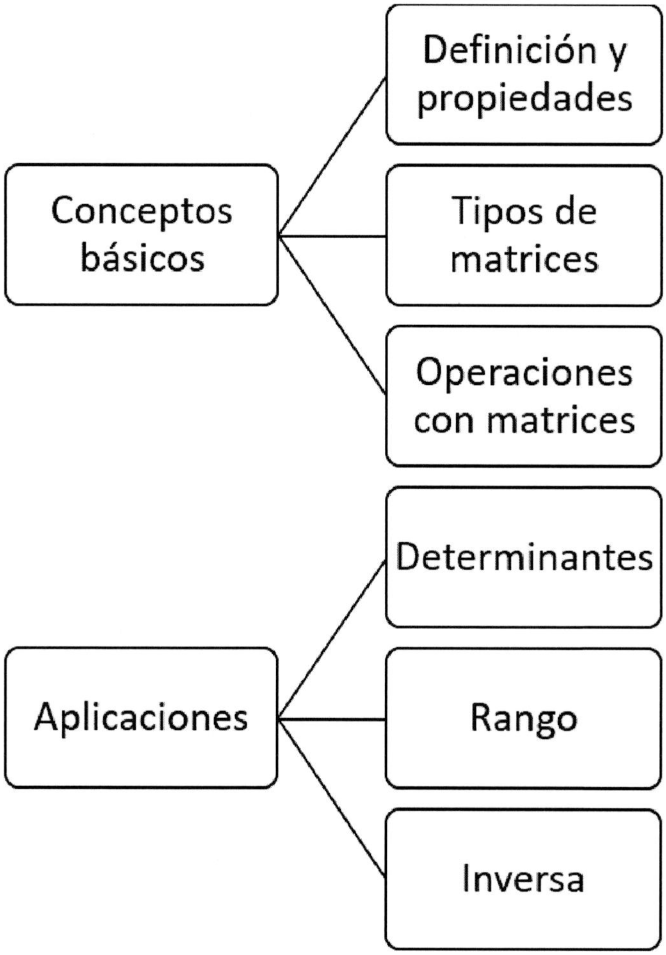

Objetivos

- Aprender a expresar con matrices situaciones de la vida real.
- Saber identificar los elementos de la matriz que proporcionan una determinada información.
- Realizar las operaciones más habituales que permitan resolver los problemas planteados.
- Saber resolver determinantes de cualquier orden.
- Saber calcular matrices inversas.
- Entender el concepto de rango.
- Conocer y aplicar las transformaciones elementales.
- Interpretar los resultados obtenidos en forma de matrices para la resolución del problema original.

2.1. INTRODUCCIÓN

En muchas situaciones de la vida real se presenta la necesidad de recoger información en un formato que permita visualizarla rápidamente. Una posible situación es la que se recoge en el siguiente ejemplo.

Ejemplo 2.1. Clara acaba de abrir un pequeño hotel rural para el que necesita la ayuda de una recepcionista para atender las reservas de lunes a jueves durante 3 horas y los viernes y fines de semana durante 4 horas. Además, necesita una persona que se encargue del mantenimiento y limpieza de las instalaciones todos los días, de 11 a 12 de la mañana de lunes a jueves y de 10 a 12 de viernes a domingo. Otra persona que se encargue de los desayunos de lunes a viernes todos los días de 7:30 a 9:30 y los fines de semana de 8:30 a 11:30 ya que de momento solo ofrece desayunos. Para ver fácilmente el número de horas que debe contratar para cada actividad a lo largo de los días de la semana se puede escribir de la siguiente forma:

	L	M	X	J	V	S	D
Recepcionista	3	3	3	3	4	4	4
Mantenimiento	1	1	1	1	2	2	2
Cocina	2	2	2	2	2	3	3

Si paga 9 euros por hora a la recepcionista, 6 euros por cada hora que contrata de mantenimiento y 8 euros por hora de cocina se puede poner la información de los pagos en la siguiente tabla

	Precio por hora
Recepcionista	9
Mantenimiento	6
Cocina	8

Una forma abreviada de expresar esta información sería poner el número de horas como:

$$\begin{array}{c} \begin{matrix} L & M & X & J & V & S & D \end{matrix} \\ \begin{pmatrix} 3 & 3 & 3 & 3 & 4 & 4 & 4 \\ 1 & 1 & 1 & 1 & 2 & 2 & 2 \\ 2 & 2 & 2 & 2 & 2 & 3 & 3 \end{pmatrix} \end{array} \quad \begin{array}{c} Recepcionista \\ Mantenimiento \\ Cocina \end{array}$$

Y los importes por tipo de trabajo como

$$\begin{array}{c} Recepcionista \\ Mantenimiento \\ Cocina \end{array} \quad \begin{array}{c} \text{€/h} \\ \begin{pmatrix} 9 \\ 6 \\ 8 \end{pmatrix} \end{array}$$

■

Esta forma de recoger la información es la **expresión matricial** y facilita la realización de cálculos relacionados con la misma.

2.2. Concepto de matriz. Tipos de matrices

2.2.1. Concepto de matriz

Una **matriz** es una colección de números ordenados en filas y columnas. Se suelen denotar con letras mayúsculas a las que se les añaden los subíndices que indican su dimensión. El primero representa el número de filas y el segundo el número de columnas. Si la **matriz $\boldsymbol{A}$** es de dimensiones $m \times n$ quiere decir que tine m filas y n columnas y se puede escribir $\boldsymbol{A}_{m\times n}$.

$$\boldsymbol{A} = \boldsymbol{A}_{m\times n} = \begin{pmatrix} a_{11} & a_{12} & \cdots & a_{1n} \\ a_{21} & a_{22} & \cdots & a_{2n} \\ \vdots & \vdots & \ddots & \vdots \\ a_{m1} & a_{m2} & \cdots & a_{mn} \end{pmatrix}$$

Los **elementos** de una matriz se designan con la misma letra en minúscula y con un doble subíndice $(i,\ j)$, donde i indica la fila y j indica la columna.

También se puede notar la matriz A como (a_{ij}), $i = 1, 2, ..., m$; $j = 1, 2, ..., n$.

Ejemplo 2.2. Según esta definición el número de horas que debe contratar Clara para su hotel y que se ha expresado como

$$\begin{pmatrix} 3 & 3 & 3 & 3 & 4 & 4 & 4 \\ 1 & 1 & 1 & 1 & 2 & 2 & 2 \\ 2 & 2 & 2 & 2 & 2 & 3 & 3 \end{pmatrix}$$

Es una matriz de 3 filas y 7 columnas. Si se nombra con la letra H de las horas contratadas, se puede escribir

$$H_{3\times 7} = \begin{pmatrix} 3 & 3 & 3 & 3 & 4 & 4 & 4 \\ 1 & 1 & 1 & 1 & 2 & 2 & 2 \\ 2 & 2 & 2 & 2 & 2 & 3 & 3 \end{pmatrix}$$

Y los importes por hora de cada actividad se pueden representar como la matriz de costes por hora

$$C_{3\times 1} = \begin{pmatrix} 9 \\ 6 \\ 8 \end{pmatrix}$$

■

Como se observa hay distintos tamaños de matrices y según el número de filas y columnas o los elementos que la compongan, se puede clasificar las matrices en distintos tipos. Se presentan a continuación algunos tipos especiales con los que se suele trabajar normalmente.

2.2.2. Tipos de matrices

Matriz fila: tiene dimensión $1 \times n$

$$A = A_{1n} = \begin{pmatrix} a_{11}, & a_{12} & ,\cdots, & a_{1n} \end{pmatrix} = \begin{pmatrix} a_1, & a_2, & \cdots & ,a_n \end{pmatrix}$$

Matriz columna: tiene dimensión $m \times 1$

$$A = A_{m1} = \begin{pmatrix} a_{11} \\ a_{21} \\ \vdots \\ a_{m1} \end{pmatrix} = \begin{pmatrix} a_1 \\ a_2 \\ \vdots \\ a_m \end{pmatrix}$$

Matriz cero: puede tener cualquier dimensión pero todos sus elementos son $a_{ij} = 0 \quad \forall i, j$

$$0 = \begin{pmatrix} 0 & 0 & \cdots & 0 \\ 0 & 0 & \cdots & 0 \\ \vdots & \vdots & \ddots & \vdots \\ 0 & 0 & \cdots & 0 \end{pmatrix}$$

Matriz cuadrada: Tiene el mismo número de filas que de columnas. En este caso se dice que la matriz es de **orden** n

$$A = A_{nn} = \begin{pmatrix} a_{11} & a_{12} & ... & a_{1n} \\ a_{21} & a_{22} & ... & a_{2n} \\ \vdots & \vdots & \ddots & \vdots \\ a_{n1} & a_{n2} & ... & a_{nn} \end{pmatrix}$$

2.2.2.1. Tipos especiales de matrices cuadradas

Matriz diagonal principal: es aquella en la que son nulos todos los elementos menos los de la diagonal principal $a_{ij} = 0 \quad$ si $i \neq j$

$$\begin{pmatrix} a_{11} & 0 & \cdots & 0 \\ 0 & a_{22} & \cdots & 0 \\ \vdots & \vdots & \ddots & \vdots \\ 0 & 0 & \cdots & a_{nn} \end{pmatrix}$$

Matriz diagonal secundaria: es aquella en la que son nulos todos los elementos menos los de la diagonal secundaria $a_{i(n-i+1)} \neq 0 \quad \forall i$

$$\begin{pmatrix} 0 & \cdots & 0 & a_{1n} \\ 0 & \cdots & a_{2(n-1)} & 0 \\ \vdots & \cdots & \vdots & \vdots \\ a_{n1} & \cdots & 0 & 0 \end{pmatrix}$$

Matriz escalar: es una matriz diagonal con todos los elementos no nulos iguales. (Para simplificar la notación los elementos nulos no se escriben)

$$\begin{pmatrix} \lambda & & & \\ & \lambda & & \\ & & \ddots & \\ & & & \lambda \end{pmatrix}$$

Matriz Identidad: es una matriz diagonal con todos los elementos no nulos iguales a 1

$$I = \begin{pmatrix} 1 & & & \\ & 1 & & \\ & & \ddots & \\ & & & 1 \end{pmatrix}$$

Matriz triangular superior: es una matriz cuadrada con todos los elementos por debajo de la diagonal principal iguales a cero $a_{ij} = 0 \quad \forall i > j$

$$\begin{pmatrix} a_{11} & a_{12} & \cdots & a_{1n} \\ 0 & a_{22} & \cdots & a_{2n} \\ \vdots & \vdots & \ddots & \vdots \\ 0 & 0 & \cdots & a_{nn} \end{pmatrix}$$

Matriz triangular inferior: es una matriz cuadrada con todos los elementos por encima de la diagonal principal iguales a cero $a_{ij} = 0 \quad \forall i < j$

$$\begin{pmatrix} a_{11} & 0 & \cdots & 0 \\ a_{21} & a_{22} & \cdots & 0 \\ \vdots & \vdots & \ddots & \vdots \\ a_{n1} & a_{n2} & \cdots & a_{nn} \end{pmatrix}$$

Matriz simétrica: es una matriz en la que los elementos simétricos respecto a la diagonal principal son iguales, es decir $a_{ij} = a_{ji} \quad \forall\,(i,j)$

$$\begin{pmatrix} a_{11} & a_{12} & \cdots & a_{1n} \\ a_{12} & a_{22} & \cdots & a_{2n} \\ \vdots & \vdots & \ddots & \vdots \\ a_{1n} & a_{2n} & \cdots & a_{nn} \end{pmatrix}$$

Matriz antisimétrica o hemisimetrica: es una matriz en la que los elementos simétricos respecto a la diagonal principal son iguales pero de signo contrario, es decir $a_{ij} = -a_{ji} \quad \forall\,(i,j)$

$$\begin{pmatrix} 0 & a_{12} & \cdots & a_{1n} \\ -a_{12} & 0 & \cdots & a_{2n} \\ \vdots & \vdots & \ddots & \vdots \\ -a_{1n} & -a_{2n} & \cdots & 0 \end{pmatrix}$$

2.3. Operaciones con matrices

Dadas las matrices $A = (a_{ij})$ y $B = (b_{ij})$ se dice que son **iguales** si tienen la misma dimensión y sus elementos son iguales uno a uno, es decir

$$A = B \Leftrightarrow A \text{ y } B \text{ son equidimensionales y } a_{ij} = b_{ij}$$

2.3.1. Suma de matrices

Dadas las matrices A y B equidimensionales la **suma** se obtiene sumando los elementos que ocupan las mismas posiciones.

$$S_{mn} = A_{mn} + B_{mn}, \text{ con } s_{ij} = (a_{ij} + b_{ij})$$

La suma de matrices equidimensionales es una operación interna pues da como resultado una matriz de la misma dimensión que las sumadas.

Ejemplo 2.3. Hallar la matriz suma $S = A + B$, para la matrices:

$$A = \begin{pmatrix} 1 & 2 & -3 \\ 0 & 1 & 5 \end{pmatrix} \text{ y } B = \begin{pmatrix} 2 & -3 & 4 \\ 0 & -1 & -3 \end{pmatrix}$$

$$S = A + B = \begin{pmatrix} 1 & 2 & -3 \\ 0 & 1 & 5 \end{pmatrix} + \begin{pmatrix} 2 & -3 & 4 \\ 0 & -1 & -3 \end{pmatrix}$$

$$= \begin{pmatrix} 1+2 & 2+(-3) & (-3)+4 \\ 0+0 & 1+(-1) & 5+(-3) \end{pmatrix} = \begin{pmatrix} 3 & -1 & 1 \\ 0 & 0 & 2 \end{pmatrix}$$

■

2.3.1.1. Propiedades de la suma de matrices

- Conmutativa: $A + B = B + A$
- Asociativa: $(A + B) + C = A + (B + C)$
- Elemento neutro: $A_{mn} + O_{mn} = O_{mn} + A_{mn} = A_{mn}$ siendo

$$O_{mn} = \begin{pmatrix} 0 & \cdots & 0 \\ \vdots & \ddots & \vdots \\ 0 & \cdots & 0 \end{pmatrix}$$

- Elemento opuesto: Se denomina matriz opuesta de A a una matriz de la misma dimensión y cuyos elementos son los opuestos de los correspondientes de A. La opuesta de la matriz $A = (a_{ij})$ es la matriz $-A = (-a_{ij})$ y se verifica $A + (-A) = (-A) + A = O$

Ejemplo 2.4. Hallar las horas contratadas por Clara para atender su hotel al cabo de dos semanas.

El resultado es la suma de la matriz de horas de la primera semana con la de la segunda semana:

$$\begin{pmatrix} 3 & 3 & 3 & 3 & 4 & 4 & 4 \\ 1 & 1 & 1 & 1 & 2 & 2 & 2 \\ 2 & 2 & 2 & 2 & 2 & 3 & 3 \end{pmatrix} + \begin{pmatrix} 3 & 3 & 3 & 3 & 4 & 4 & 4 \\ 1 & 1 & 1 & 1 & 2 & 2 & 2 \\ 2 & 2 & 2 & 2 & 2 & 3 & 3 \end{pmatrix} =$$

$$= \begin{pmatrix} 6 & 6 & 6 & 6 & 8 & 8 & 8 \\ 2 & 2 & 2 & 2 & 4 & 4 & 4 \\ 4 & 4 & 4 & 4 & 4 & 6 & 6 \end{pmatrix}$$

■

2.3.2. Producto de un escalar por una matriz (Ley de composición externa)

Sean la matriz

$$\boldsymbol{A} = \boldsymbol{A}_{m \times n} = \begin{pmatrix} a_{11} & a_{12} & \cdots & a_{1n} \\ a_{21} & a_{22} & \cdots & a_{2n} \\ \vdots & \vdots & \ddots & \vdots \\ a_{m1} & a_{m2} & \cdots & a_{mn} \end{pmatrix}$$

y el número real $\lambda \in K$ un escalar. Se define el **producto por el escalar** λ de la matriz A como

$$\lambda \cdot \boldsymbol{A}_{m \times n} = \begin{pmatrix} \lambda a_{11} & \lambda a_{12} & \cdots & \lambda a_{1n} \\ \lambda a_{21} & \lambda a_{22} & \cdots & \lambda a_{2n} \\ \vdots & \vdots & \ddots & \vdots \\ \lambda a_{m1} & \lambda a_{m2} & \cdots & \lambda a_{mn} \end{pmatrix}$$

En forma abreviada:

$$\lambda \cdot A = \lambda \cdot (a_{ij}),\ 1 \leq i \leq m,\ 1 \leq j \leq n$$

Ejemplo 2.5. Dados $\lambda = -3$ y la matriz $A = \begin{pmatrix} 1 & -1 \\ 2 & 0 \\ 3 & -5 \end{pmatrix}$, hallar $\lambda \cdot A$

$$\lambda \cdot A = (-3)A = (-3) \begin{pmatrix} 1 & -1 \\ 2 & 0 \\ 3 & -5 \end{pmatrix} = \begin{pmatrix} -3 & 3 \\ -6 & 0 \\ -9 & 15 \end{pmatrix}$$

■

Ejemplo 2.6. Calcular el número de horas que Clara necesita al cabo de las doce semanas del primer trimestre.

$$12 \begin{pmatrix} 3 & 3 & 3 & 3 & 4 & 4 & 4 \\ 1 & 1 & 1 & 1 & 2 & 2 & 2 \\ 2 & 2 & 2 & 2 & 2 & 3 & 3 \end{pmatrix} = \begin{pmatrix} 36 & 36 & 36 & 36 & 48 & 48 & 48 \\ 12 & 12 & 12 & 12 & 24 & 24 & 24 \\ 24 & 24 & 24 & 24 & 24 & 36 & 36 \end{pmatrix}$$

■

2.3.2.1. Propiedades del producto por escalares

Sean las matrices A y B y los escalares λ y μ, se cumple:

- Distributiva respecto a los escalares $(\lambda + \mu)A = \lambda A + \mu A$.
- Distributiva respecto a las matrices $\lambda(A + B) = \lambda A + \lambda B$.
- Asociativa de los escalares $(\lambda\mu)A = \lambda(\mu A)$.
- Elemento neutro $1 \cdot A = A$.

Ejemplo 2.7. A comienzos del año, Clara deberá hacer un aumento del precio al que paga las horas de las actividades. Esta subida debe ser equivalente al IPC, es decir debe subir el 1 %. Por ello la nueva matriz de costes es:

$$C = \begin{pmatrix} 9 \\ 6 \\ 8 \end{pmatrix} + 0'01 \begin{pmatrix} 9 \\ 6 \\ 8 \end{pmatrix} = \begin{pmatrix} 9 \\ 6 \\ 8 \end{pmatrix} + \begin{pmatrix} 0`09 \\ 0'06 \\ 0'08 \end{pmatrix} = \begin{pmatrix} 9'09 \\ 6'06 \\ 8'08 \end{pmatrix}$$

■

2.3.3. Producto de matrices

El **producto de matrices** solo está definido si el número de columnas de la primera matriz es igual al número de filas de la segunda.

Dadas las matrices

$$\boldsymbol{A} = \boldsymbol{A}_{m\times n} = \begin{pmatrix} a_{11} & a_{12} & \cdots & a_{1n} \\ a_{21} & a_{22} & \cdots & a_{2n} \\ \vdots & \vdots & \ddots & \vdots \\ a_{m1} & a_{m2} & \cdots & a_{mn} \end{pmatrix}$$

y

$$B = \boldsymbol{B}_{n\times p} = \begin{pmatrix} b_{11} & b_{12} & \cdots & b_{1p} \\ b_{21} & b_{22} & \cdots & b_{2p} \\ \vdots & \vdots & \ddots & \vdots \\ b_{n1} & b_{n2} & \cdots & b_{np} \end{pmatrix}$$

El producto de $A{\cdot}B$ es la matriz

$$C = A \times B = A_{mn} \times B_{np} = C_{mp}$$

cuyos elementos se obtienen multiplicando la fila i – ésima de la primera matriz por la columna j – ésima de la segunda matriz, es decir:

$$c_{ij} = a_{i1}b_{1j} + a_{i2}b_{2j} + \cdots + a_{in}b_{nj}$$

Ejemplo 2.8. Hallar el producto de $A \cdot B$ y de $B \cdot A$,

$$A = \begin{pmatrix} 1 & 0 & 2 \\ -1 & 1 & 0 \\ 3 & 4 & -2 \end{pmatrix}, \; B = \begin{pmatrix} 1 & 0 \\ -1 & 2 \\ 0 & 3 \end{pmatrix}$$

Se puede obtener el producto de $A \cdot B$ ya que A tiene tres columnas y B tiene tres filas. El resultado es

$$A \cdot B = \begin{pmatrix} 1 & 0 & 2 \\ -1 & 1 & 0 \\ 3 & 4 & -2 \end{pmatrix} \begin{pmatrix} 1 & 0 \\ -1 & 2 \\ 0 & 3 \end{pmatrix} =$$

$$= \begin{pmatrix} 1{\cdot}1 + 0{\cdot}(-1) + 2{\cdot}0 & 1{\cdot}0 + 0{\cdot}2 + 2{\cdot}3 \\ (-1){\cdot}1 + 1{\cdot}(-1) + 0{\cdot}0 & (-1){\cdot}0 + 1{\cdot}2 + 0{\cdot}3 \\ 3{\cdot}1 + 4{\cdot}(-1) + (-2){\cdot}0 & 3{\cdot}0 + 4{\cdot}2 + (-2){\cdot}3 \end{pmatrix} = \begin{pmatrix} 1 & 6 \\ -2 & 2 \\ -1 & 2 \end{pmatrix}$$

El producto $B \cdot A$ no se puede obtener ya que el número de columnas de B es dos y no coincide con el número de filas de A que es 3.

■

Ejemplo 2.9. Hallar el producto de $A \cdot B$ y de $B \cdot A$

$$A = \begin{pmatrix} 1 & -2 & 3 \end{pmatrix} \; B = \begin{pmatrix} 2 \\ 4 \\ -1 \end{pmatrix}$$

A tiene dimensiones 3×1 y B tiene dimensiones 1×3, luego existe el producto de $A \cdot B$ y de $B \cdot A$

$$A{\cdot}B = \begin{pmatrix} 1 & -2 & 3 \end{pmatrix} \begin{pmatrix} 2 \\ 4 \\ -1 \end{pmatrix} = 1{\cdot}2 + (-2){\cdot}4 + 3{\cdot}(-1) = -9$$

$$B{\cdot}A = \begin{pmatrix} 2 \\ 4 \\ -1 \end{pmatrix} \begin{pmatrix} 1 & -2 & 3 \end{pmatrix} =$$

$$= \begin{pmatrix} 2{\cdot}1 & 2{\cdot}(-2) & 2{\cdot}3 \\ 4{\cdot}1 & 4{\cdot}(-2) & 4{\cdot}3 \\ (-1){\cdot}1 & (-1){\cdot}(-2) & (-1){\cdot}3 \end{pmatrix} = \begin{pmatrix} 2 & -4 & 6 \\ 4 & -8 & 12 \\ -1 & 2 & -3 \end{pmatrix}$$

■

2.3.3.1. Propiedades del producto de matrices

- De la propia definición del producto se deduce que en general, el producto de matrices no es conmutativo.
- Asociativa $(A \cdot B) \cdot C = A \cdot (B \cdot C)$
- Distributiva
  - Por la derecha: $(A + B) \cdot C = A \cdot C + B \cdot C$
  - Por la izquierda: $C \cdot (A + B) = C \cdot A + C \cdot B$

2.3.4. Transposición de matrices

La **transposición** de matrices consiste en cambiar filas por columnas. La **matriz transpuesta** de $A = A_{mn}$ se representa por A^T_{nm} o por A' y verifica que si $A = (a_{ij})$ entonces $A^T = (a_{ji})$

Ejemplo 2.10. Dada $A = \begin{pmatrix} 1 & 6 \\ -2 & 2 \\ -1 & 2 \end{pmatrix}$ hallar A^T

$$A^T = \begin{pmatrix} 1 & -2 & -1 \\ 6 & 2 & 2 \end{pmatrix}$$

■

2.3.4.1. Propiedades de las matrices transpuestas

- Si $A = A_{p\times n}$ su transpuesta es $A^T = A^T_{n\times p}$
- La transpuesta de la transpuesta es la matriz original $(A^T)^T = A$
- La transpuesta de una suma es la suma de las matrices transpuestas: $(A + B)^T = A^T + B^T$
- La transpuesta del producto verifica: $(A \cdot B)^T = B^T \cdot A^T$

Ejemplo 2.11. Calcular cuánto debe pagar Clara cada día de la semana antes de aplicar la subida de principios de año.

Se han de multiplicar la matriz de precios transpuesta, de dimensiones 1×3, por la matriz de horas trabajadas de dimensiones 3×7 y se obtendrá una matriz de 1×7, correspondiendo cada elemento al coste diario.

$$\begin{pmatrix} 9 \\ 6 \\ 8 \end{pmatrix}^T \begin{pmatrix} 3 & 3 & 3 & 3 & 4 & 4 & 4 \\ 1 & 1 & 1 & 1 & 2 & 2 & 2 \\ 2 & 2 & 2 & 2 & 2 & 3 & 3 \end{pmatrix} = \begin{pmatrix} 9 & 6 & 8 \end{pmatrix} \begin{pmatrix} 3 & 3 & 3 & 3 & 4 & 4 & 4 \\ 1 & 1 & 1 & 1 & 2 & 2 & 2 \\ 2 & 2 & 2 & 2 & 2 & 3 & 3 \end{pmatrix}$$
$$= \begin{pmatrix} 49, & 49, & 49, & 49, & 64, & 72, & 72 \end{pmatrix}$$

■

2.4. Método de Gauss

El **Método de Gauss** es un procedimiento que faciliita la transformación de una matriz cualquiera en otra con una estructura más sencilla. Para su estudio es necesario introducir algunas definiciones.

Pivote: es el primer elemento no nulo de cada fila de una matriz.

Matriz escalonada: Las condiciones para que una matriz A sea escalonada son:

1. Si A tiene k filas en las que todos sus elementos son nulos, estas son las k últimas filas de A.
2. Cada fila de A tiene más ceros a la izquierda del pivote que la anterior.
3. Matrices escalonadas reducidas cuando además se cumple:

a) Todos los pivotes de A son iguales a 1.

b) Si un elemento de A que no es un pivote está situado en la misma columna que un pivote, entonces es igual a cero.

Ejemplo 2.12. Estudiar si la matriz siguiente es escalonada.

$$\begin{pmatrix} 1 & 2 & 2 & 1 & -1 \\ 0 & 3 & 1 & 0 & 1 \\ 0 & 1 & 5 & 1 & 4 \\ 0 & 0 & 1 & 1 & 0 \\ 0 & 0 & 0 & 0 & 0 \end{pmatrix}$$

No es escalonada porque el pivote de la fila 3 tiene a su izquierda el mismo número de ceros que el pivote de la fila 2.

De forma intuitiva se puede decir que para que la matriz sea escalonada, se deben "saltar" las filas de una en una. En cada columna de una matriz escalonada puede haber como mucho un pivote.

■

Ejemplo 2.13. Estudiar si las matrices siguientes son escalonadas.

$$\begin{pmatrix} 1 & 2 & 2 & 1 & -1 \\ 0 & 3 & 1 & 0 & 1 \\ 0 & 0 & 5 & 1 & 4 \\ 0 & 0 & 0 & 1 & 0 \\ 0 & 0 & 0 & 0 & 0 \end{pmatrix}$$

$$\begin{pmatrix} 1 & 2 & 2 & 1 & -1 \\ 0 & 3 & 1 & 0 & 1 \\ 0 & 0 & 0 & 1 & 4 \\ 0 & 0 & 0 & 0 & 1 \\ 0 & 0 & 0 & 0 & 0 \end{pmatrix}$$

En ambos casos son matrices escalonadas pues cumplen las condiciones establecidas.

■

Transformaciones elementales

Las **transformaciones elementales** son operaciones que afectan a las filas. Si se denomina F_i a la fila $i-$ *ésima* de la matriz original y F_i' a la fila obtenida tras aplicar las transformaciones, se puede resumir:

- Tipo 1. Intercambiar las filas de una matriz $F_i \leftrightarrow F_j$
- Tipo 2. Sumar a una fila otra multiplicada por un escalar $F_i' = F_i+\alpha F_j$
- Tipo 3. Multiplicar una fila por un escalar distinto de cero $F_i' = \alpha F_i$ con $\alpha \neq 0$.

Se dice que dos matrices A y B son **equivalentes** si se puede transformar la matriz A en la matriz B mediante transformaciones elementales

Ejemplo 2.14. Hallar una matriz escalonada equivalente a la siguiente aplicando transformaciones elementales

$$\begin{pmatrix} 0 & 2 & 0 \\ 3 & -1 & 1 \\ 0 & 1 & -1 \\ 1 & 2 & 3 \end{pmatrix}$$

$$\begin{pmatrix} 0 & 2 & 0 \\ 3 & -1 & 1 \\ 0 & 1 & -1 \\ 1 & 2 & 3 \end{pmatrix} \xrightarrow[F_1 \leftrightarrow F_4]{} \begin{pmatrix} 1 & 2 & 3 \\ 3 & -1 & 1 \\ 0 & 1 & -1 \\ 0 & 2 & 0 \end{pmatrix}$$

$$\begin{pmatrix} 1 & 2 & 3 \\ 3 & -1 & 1 \\ 0 & 1 & -1 \\ 0 & 2 & 0 \end{pmatrix} \xrightarrow[F_2' = F_2 - 3F_1]{} \begin{pmatrix} 1 & 2 & 3 \\ 0 & -7 & -8 \\ 0 & 1 & -1 \\ 0 & 2 & 0 \end{pmatrix}$$

$$\begin{pmatrix} 1 & 2 & 3 \\ 0 & -7 & -8 \\ 0 & 1 & -1 \\ 0 & 2 & 0 \end{pmatrix} \xrightarrow[F_2' \leftrightarrow F_1']{} \begin{pmatrix} 1 & 2 & 3 \\ 0 & 1 & -1 \\ 0 & -7 & -8 \\ 0 & 2 & 0 \end{pmatrix}$$

$$\begin{pmatrix} 1 & 2 & 3 \\ 0 & 1 & -1 \\ 0 & -7 & -8 \\ 0 & 2 & 0 \end{pmatrix} \xrightarrow[\substack{F_3' = F_3 + 7F_2 \\ F_4' = F_4 - 2F_2}]{} \begin{pmatrix} 1 & 2 & 3 \\ 0 & 1 & -1 \\ 0 & 0 & -15 \\ 0 & 0 & 2 \end{pmatrix}$$

$$\begin{pmatrix} 1 & 2 & 3 \\ 0 & 1 & -1 \\ 0 & 0 & -15 \\ 0 & 0 & 2 \end{pmatrix} \xrightarrow[F_4' = F_4 + \frac{2}{15}F_2]{} \begin{pmatrix} 1 & 2 & 3 \\ 0 & 1 & -1 \\ 0 & 0 & -15 \\ 0 & 0 & 0 \end{pmatrix}$$

La matriz escalonada equivalente es:

$$\begin{pmatrix} 1 & 2 & 3 \\ 0 & -1 & -1 \\ 0 & 0 & -15 \\ 0 & 0 & 0 \end{pmatrix}$$

■

2.5. DETERMINANTES

2.5.1. Concepto de determinante

A cualquier matriz cuadrada de orden n se le puede asociar un número real que es la suma de $n!$ sumandos de los cuales $n!/2$ están afectados de signo positivo y $n!/2$ de signo negativo. Cada término es el producto de n elementos de la matriz, y en cada uno figura un solo elemento de cada fila y un solo elemento de cada columna.

Para una matriz A de orden n se define el **determinante** de A y se nota por

$$|A| = \begin{vmatrix} a_{11} & a_{12} & \dots & a_{1n} \\ a_{21} & a_{22} & \dots & a_{2n} \\ \vdots & \vdots & \ddots & \vdots \\ a_{n1} & a_{n2} & \dots & a_{nn} \end{vmatrix}$$

como

$$|A| = detA = \sum_{j=i}^{n} (-1)^{(i+j)} a_{i\,j} detA_{i\,j}$$

Donde A_{1j} es la matriz que se obtiene al eliminar la fila i y la columna j de la matriz A. Si el determinante de la matriz A es distinto de cero se dice que A es una matriz regular.

2.5.2. Cálculo de determinantes

Determinantes de segundo orden

$$|A| = \begin{vmatrix} a_{11} & a_{12} \\ a_{21} & a_{22} \end{vmatrix} = a_{11}a_{22} - a_{12}a_{21}$$

Para recordar la forma de cálculo:

$$A = \begin{vmatrix} \bullet & \cdot \\ \cdot & \bullet \end{vmatrix} - \begin{vmatrix} \cdot & \bullet \\ \bullet & \cdot \end{vmatrix}$$

Ejemplo 2.15. Calcular el determinante de la matriz $A = \begin{pmatrix} 1 & 3 \\ 5 & 0 \end{pmatrix}$

Como se trata de una matriz de orden dos, se tiene

$$|A| = \begin{vmatrix} 1 & 3 \\ 5 & 0 \end{vmatrix} = 1{\cdot}0 - 3{\cdot}5 = -15$$

■

Determinantes de tercer orden (**Regla de Sarrus**)

$$|A| = \begin{vmatrix} a_{11} & a_{12} & a_{13} \\ a_{21} & a_{22} & a_{23} \\ a_{31} & a_{32} & a_{33} \end{vmatrix} =$$

$$= a_{11}a_{22}a_{33} + a_{12}a_{23}a_{31} + a_{21}a_{32}a_{13} +$$

$$-a_{31}a_{22}a_{13} - a_{32}a_{23}a_{11} - a_{33}a_{12}a_{21}$$

Para recordar la forma de cálculo:

$$A = \begin{vmatrix} \bullet & \cdot & \cdot \\ \cdot & \bullet & \cdot \\ \cdot & \cdot & \bullet \end{vmatrix} + \begin{vmatrix} \cdot & \bullet & \cdot \\ \cdot & \cdot & \bullet \\ \bullet & \cdot & \cdot \end{vmatrix} + \begin{vmatrix} \cdot & \cdot & \bullet \\ \bullet & \cdot & \cdot \\ \cdot & \bullet & \cdot \end{vmatrix} +$$

$$- \begin{vmatrix} \cdot & \cdot & \bullet \\ \cdot & \bullet & \cdot \\ \bullet & \cdot & \cdot \end{vmatrix} - \begin{vmatrix} \bullet & \cdot & \cdot \\ \cdot & \cdot & \bullet \\ \cdot & \bullet & \cdot \end{vmatrix} - \begin{vmatrix} \cdot & \bullet & \cdot \\ \bullet & \cdot & \cdot \\ \cdot & \cdot & \bullet \end{vmatrix}$$

Ejemplo 2.16. Calcular el determinante de $A = \begin{pmatrix} 1 & 2 & -1 \\ 0 & 3 & 1 \\ -2 & 1 & 5 \end{pmatrix}$

Como se trata de una matriz de orden tres, se aplica la Regla de Sarrus

$$|A| = \begin{vmatrix} 1 & 2 & -1 \\ 0 & 3 & 1 \\ -2 & 1 & 5 \end{vmatrix} =$$

$$= 1{\cdot}3{\cdot}5 + 0{\cdot}1{\cdot}(-1) + 2{\cdot}1{\cdot}(-2) - (-1){\cdot}3{\cdot}(-2) - 1{\cdot}1{\cdot}1 - 0{\cdot}2{\cdot}5 =$$

$$= 15 + 0 - 4 - 6 - 1 - 0 = 4$$

■

2.5.3. Propiedades de los determinantes

1) El determinante de una matriz A y el de su transpuesta A^T son iguales

Ejemplo 2.17. Hallar el determinante de A^T siendo

$$A = \begin{pmatrix} 1 & 2 & -1 \\ 0 & 3 & 1 \\ -2 & 1 & 5 \end{pmatrix}$$

$$|A| = \begin{vmatrix} 1 & 2 & -1 \\ 0 & 3 & 1 \\ -2 & 1 & 5 \end{vmatrix} = 4$$

Como se acaba de calcular, al aplicar la Regla de Sarrus directamente a la matriz transpuesta se tiene

$$|A^T| = \begin{vmatrix} 1 & 0 & -2 \\ 2 & 3 & 1 \\ -1 & 1 & 5 \end{vmatrix}$$

$$= 1 \cdot 3 \cdot 5 + 2 \cdot 1 \cdot (-2) + 0 \cdot 1 \cdot (-1) +$$

$$-(-2) \cdot 3 \cdot (-1) - 2 \cdot 0 \cdot 5 - 1 \cdot 1 \cdot 1 = 4$$

■

2) Si todos los elementos de una línea (fila o columna) tienen un factor común, este puede sacarse fuera del determinante, es decir:

$$\begin{vmatrix} a_{11} & a_{12} & \dots & a_{1n} \\ \vdots & \vdots & \ddots & \vdots \\ \lambda a_{i1} & \lambda a_{i2} & \dots & \lambda a_{in} \\ \vdots & \vdots & \ddots & \vdots \\ a_{n1} & a_{n2} & \dots & a_{nn} \end{vmatrix} = \lambda \begin{vmatrix} a_{11} & a_{12} & \dots & a_{1n} \\ \vdots & \vdots & \ddots & \vdots \\ a_{i1} & a_{i2} & \dots & a_{in} \\ \vdots & \vdots & \ddots & \vdots \\ a_{n1} & a_{n2} & \dots & a_{nn} \end{vmatrix}$$

Ejemplo 2.18. Hallar el determinante de

$$A = \begin{pmatrix} 1 & 0 & -2 \\ 10 & 15 & 5 \\ -1 & 1 & 5 \end{pmatrix}$$

$$\begin{vmatrix} 1 & 0 & -2 \\ 10 & 15 & 5 \\ -1 & 1 & 5 \end{vmatrix} = \begin{vmatrix} 1 & 0 & -2 \\ 5\cdot 2 & 5\cdot 3 & 5\cdot 1 \\ -1 & 1 & 5 \end{vmatrix} =$$

$$= 5\cdot \begin{vmatrix} 1 & 0 & -2 \\ 2 & 3 & 1 \\ -1 & 1 & 5 \end{vmatrix} = 5\cdot 4 = 20$$

y se puede comprobar que coincide con el valor obtenido directamente al calcular el determinante

$$\begin{vmatrix} 1 & 0 & -2 \\ 10 & 15 & 5 \\ -1 & 1 & 5 \end{vmatrix} = 20$$

■

3) Si se intercambian dos líneas paralelas (filas o columnas) de un determinante este cambia de signo.

Ejemplo 2.19. A partir de ejemplos anteriores se tiene que

$$\begin{vmatrix} 1 & 2 & -1 \\ 0 & 3 & 1 \\ -2 & 1 & 5 \end{vmatrix} = 4$$

Al cambiar de orden las columnas primera y segunda queda

$$\begin{vmatrix} 2 & 1 & -1 \\ 3 & 0 & 1 \\ 1 & -2 & 5 \end{vmatrix} =$$

$$= 0 + 6 + 1 - 0 + 4 - 15 = 11 - 15 = -4$$

■

4) Si en un determinante dos líneas paralelas son iguales, el determinante es nulo

Ejemplo 2.20. La siguiente matriz tiene iguales las filas uno y dos y y su determinante viene dado por:

$$\begin{vmatrix} 1 & 2 & 1 \\ 1 & 2 & 1 \\ -2 & 1 & 5 \end{vmatrix} =$$

$$= 1 \cdot 2 \cdot 5 + 1 \cdot 1 \cdot 1 + 2 \cdot 1 \cdot (-2) - 1 \cdot 2 \cdot (-2) - 1 \cdot 1 \cdot 1 - 1 \cdot 2 \cdot 5 =$$

$$= 10 + 1 - 4 + 4 - 1 - 10 = 0$$

■

5) Si dos líneas paralelas de un determinante son proporcionales el determinante es nulo.

Ejemplo 2.21. Es fácil de comprobar que

$$\begin{vmatrix} 7 & 14 & 7 \\ 1 & 2 & 1 \\ -2 & 1 & 5 \end{vmatrix} = 7 \begin{vmatrix} 1 & 2 & 1 \\ 1 & 2 & 1 \\ -2 & 1 & 5 \end{vmatrix} = 7 \cdot 0 = 0$$

■

2.5.4. Desarrollo de un determinante por los elementos de una línea

La aplicación de la definición al cálculo de determinantes de orden superior a 3 resulta muy laboriosa y por ello se han desarrollado otros métodos para el cálculo de determinantes de orden mayor que tres.

Para ello es necesario introducir unas definiciones previas que son las siguientes.

Dada la matriz cuadrada A de orden n se llama

- **Matriz complementaria** del elemento a_{ij} y se designa por M_{ij} a la matriz de orden $n-1$ que se obtiene al eliminar la fila i y la columna j que contienen al elemento a_{ij}.
- **Menor complementario** del elemento a_{ij} y se designa por α_{ij} al determinante de la matriz complementaria M_{ij}, es decir $\alpha_{ij} = |M_{ij}|$.
- **Adjunto** del elemento a_{ij} y se designa por A_{ij} al producto del menor complementario α_{ij} multiplicado por $(-1)^{(i+j)}$, es decir, $A_{ij} = (-1)^{(i+j)}\alpha_{ij}$

Ejemplo 2.22. Hallar el menor complementario del elemento a_{23} en la matriz

$$A = \begin{pmatrix} a_{11} & a_{12} & a_{13} & a_{14} \\ a_{21} & a_{22} & a_{23} & a_{24} \\ a_{31} & a_{32} & a_{33} & a_{34} \\ a_{41} & a_{42} & a_{43} & a_{44} \end{pmatrix}$$

El menor complementarios del elemento a_{23} es

$$\alpha_{23} = \begin{vmatrix} a_{11} & a_{12} & a_{14} \\ a_{31} & a_{32} & a_{34} \\ a_{41} & a_{42} & a_{44} \end{vmatrix}$$

■

Para obtener el valor de un determinante se suman los elementos de una fila o columna multiplicados por sus respectivos adjuntos. Escrito con símbolos, si

$$|A| = \begin{vmatrix} a_{11} & \cdots & a_{1\,j} & \cdots & a_{1\,n} \\ \vdots & \ddots & \vdots & \ddots & \vdots \\ a_{i\,1} & \cdots & a_{i\,j} & \cdots & a_{i\,n} \\ \vdots & \ddots & \vdots & \ddots & \vdots \\ a_{n1} & \cdots & a_{n\,j} & \cdots & a_{n\,n} \end{vmatrix}$$

Entonces

$$|A| = a_{i1}A_{i1} + a_{i2}A_{i2} + \cdots + a_{in}A_{in}$$

Ejemplo 2.23. Calcular el determinante de la matriz

$$A = \begin{pmatrix} 1 & 0 & 1 & -1 \\ -1 & 1 & 0 & 1 \\ 2 & 5 & 1 & 4 \\ 0 & 1 & -1 & 1 \end{pmatrix}$$

Se puede desarrollar, por ejemplo, por los elementos de la tercera fila

$$|A| = 2(-1)^{3+1} \begin{vmatrix} 0 & 1 & -1 \\ 1 & 0 & 1 \\ 1 & -1 & 1 \end{vmatrix} + 5(-1)^{3+2} \begin{vmatrix} 1 & 1 & -1 \\ -1 & 0 & 1 \\ 0 & -1 & 1 \end{vmatrix} +$$

$$+1\cdot(-1)^{3+3} \begin{vmatrix} 1 & 0 & -1 \\ -1 & 1 & 1 \\ 0 & 1 & 1 \end{vmatrix} + 4\cdot(-1)^{3+4} \begin{vmatrix} 1 & 0 & 1 \\ -1 & 1 & 0 \\ 0 & 1 & -1 \end{vmatrix} =$$

$$= 2 \cdot 1 + 5 \cdot (-1) \cdot 1 + 1 \cdot 1 + 4 \cdot (-2) = 6$$

■

2.5.4.1. Recomendaciones para calcular determinantes

1. Si es de orden 3 o menos aplicar directamente la regla de Sarrus.
2. Para matrices de cualquier orden elegir entre
   a) Desarrollar por los elementos de una fila o columna.
   b) Transformar la matriz en una matriz triangular y calcular el determinante como producto de los elementos de la diagonal
   c) Hacer ceros todos los elementos de una fila o columna menos uno y desarrollar por esa fila o columna.
3. Es conveniente en cualquier caso ver si la aplicación de las propiedades de los determinantes puede facilitar los cálculos.

2.6. Rango de una matriz

Se denomina **rango** de una matriz al orden del mayor determinante no nulo que se puede obtener de dicha matriz.

Por tanto, el rango de una matriz es el número natural r, si existe algún menor de orden r distinto de cero, siendo nulos todos los menores de orden $r+1$.

Ejemplo 2.24. Hallar el rango de la matriz

$$\begin{pmatrix} 1 & 2 & 3 \\ 4 & 5 & 6 \\ 3 & 6 & 9 \end{pmatrix}$$

Se puede afirmar que su rango es como máximo 3 ya que es una matriz 3×3.

Su rango es menor que 3 ya que las filas primera y tercera son proporcionales, y por tanto el único determinante de orden 3 es nulo.

Como existe un determinante de orden 2 no nulo se puede afirmar que el rango es dos.

$$\begin{vmatrix} 1 & 2 \\ 4 & 5 \end{vmatrix} = 5 - 8 = -3 \neq 0$$

■

2.6.1. Cálculo práctico del rango de una matriz

Para determinar el rango de una matriz se pueden seguir los siguientes pasos:

1. Suprimir líneas que sean combinación lineal de otras líneas paralelas.

2. Si existe un menor de orden 2 no nulo se puede afirmar que el rango es al menos igual a dos.

3. Orlar el menor y comprobar

   a) Si algún menor de orden 3 fuera distinto de 0 se puede afirmar que el rango es mayor o igual que tres.

   b) Si todos los orlados fueran cero se debe probar otro menor de orden 2 no nulo. Si todos los orlados de todos los menores de orden 2 no nulos fueran nulos, el rango de la matriz es dos.

4. Se procede similarmente con el menor de orden 3 no nulo y siguientes.

5. Se sigue el proceso hasta que se agoten las filas.

Ejemplo 2.25. Hallar el rango de la matriz

$$A = \begin{pmatrix} 3 & 2 & 1 & 4 \\ 4 & 2 & 2 & 5 \\ -1 & 2 & -3 & 0 \end{pmatrix}$$

Si se elige el menor de orden dos dado por

$$\begin{vmatrix} 3 & 2 \\ 4 & 2 \end{vmatrix} = 6 - 8 = -2 \neq 0$$

se comprueba que es distinto de cero y garantiza la existencia de un menor de orden dos no nulo.

El rango de la matriz A es al menos igual a dos.

No es necesario estudiar el valor de ningún otro determinante de orden dos.

Orlando dicho menor con la tercera fila y tercera columna se obtiene:

$$\begin{vmatrix} 3 & 2 & 1 \\ 4 & 2 & 2 \\ -1 & 2 & -3 \end{vmatrix} = 0$$

Si se orla con la tercera fila y la cuarta columna resulta

$$\begin{vmatrix} 3 & 2 & 4 \\ 4 & 2 & 5 \\ -1 & 2 & 0 \end{vmatrix} = 0$$

Se pueden obtener otros dos menores de orden dos que no están construidos a partir del menor de orden 2 dado inicialmente y que son:

$$\begin{vmatrix} 2 & 1 & 4 \\ 2 & 2 & 5 \\ 2 & -3 & 0 \end{vmatrix} = 0$$

Y, por último

$$\begin{vmatrix} 3 & 1 & 4 \\ 4 & 2 & 5 \\ -1 & -3 & 0 \end{vmatrix} = 0$$

Luego todos los posibles menores de orden tres que se pueden obtener de la matriz A tienen determinante igual a cero y por tanto la matriz A tiene rango 2.

■

2.6.2. Método de Gauss aplicado a la obtención del rango de una matriz

El rango de una matriz es el número de filas con, al menos, un elemento distinto de cero en la matriz equivalente de Gauss que sea escalonada

Ejemplo 2.26. Hallar el rango mediante el método de Gauss de la matriz

$$A = \begin{pmatrix} 1 & 3 & 7 & -2 \\ 5 & -1 & -3 & 4 \\ 3 & 1 & 2 & 1 \end{pmatrix}$$

Por el método de Gauss, se transforma

$$\begin{pmatrix} 1 & 3 & 7 & -2 \\ 5 & -1 & -3 & 4 \\ 3 & 1 & 2 & 1 \end{pmatrix} \xrightarrow[\substack{F_2 = F_2 - 5F_1 \\ F_3 = F_3 - 3F_1}]{} \begin{pmatrix} 1 & 3 & 7 & -2 \\ 0 & -16 & -38 & 14 \\ 0 & -8 & -19 & 7 \end{pmatrix}$$

$$\begin{pmatrix} 1 & 3 & 7 & -2 \\ 0 & -16 & -38 & 14 \\ 0 & -8 & -19 & 7 \end{pmatrix} \xrightarrow[F_3 = F_3 - \frac{1}{2}F_2]{} \begin{pmatrix} 1 & 3 & 7 & -2 \\ 0 & -16 & -38 & 14 \\ 0 & 0 & 0 & 0 \end{pmatrix}$$

La matriz resultante es una matriz escalonada equivalente en la que hay dos filas con al menos un elemento distinto de cero y por tanto, el rango de la matriz es dos.

■

2.6.3. Transformaciones que conservan el rango de una matriz

1. Multiplicar todos los elementos de una fila o una columna por un número distinto de cero.

$$rg\begin{pmatrix} 2 & 4 & 6 & 2 \\ 0 & 1 & -1 & 2 \\ 1 & 0 & 3 & 3 \end{pmatrix} = rg\begin{pmatrix} 1 & 2 & 3 & 1 \\ 0 & 1 & -1 & 2 \\ 1 & 0 & 3 & 3 \end{pmatrix}$$

2. Sumar a una fila (columna) una combinación lineal de las restantes filas (columnas)

$$rg\begin{pmatrix} 3 & 1 & 2 \\ 6 & 4 & 2 \\ 1 & 1 & 2 \end{pmatrix} = rg\begin{pmatrix} 0 & 1 & 2 \\ 0 & 4 & 2 \\ -2 & 1 & 2 \end{pmatrix}$$

   En este caso se ha restado a la primera columna el resultado de sumar las columnas segunda y tercera.

3. Suprimir una fila (columna) cuyos elementos sean todos iguales a cero.

   En primer lugar, se ha eliminado la cuarta columna

$$rg\begin{pmatrix} 1 & 6 & -2 & 0 & 3 \\ 0 & 0 & 0 & 0 & 0 \\ 2 & 0 & 3 & 0 & 2 \end{pmatrix} = rg\begin{pmatrix} 1 & 6 & -2 & 3 \\ 0 & 0 & 0 & 0 \\ 2 & 0 & 3 & 2 \end{pmatrix}$$

   y después la segunda fila

$$rg\begin{pmatrix} 1 & 6 & -2 & 3 \\ 0 & 0 & 0 & 0 \\ 2 & 0 & 3 & 2 \end{pmatrix} = rg\begin{pmatrix} 1 & 6 & -2 & 3 \\ 2 & 0 & 3 & 2 \end{pmatrix}$$

4. Suprimir una fila (columna) que sea combinación lineal de otras.

$$rg\begin{pmatrix} -3 & 6 & 5 \\ 1 & -8 & -3 \\ 2 & 2 & -2 \end{pmatrix} = rg\begin{pmatrix} 1 & -8 & -3 \\ 2 & 2 & -2 \end{pmatrix}$$

   Se suprime la primera fila ya que se puede obtener cambiando de signo la suma de las filas 2 y 3.

5. Intercambiar dos filas o dos columnas.

   En primer lugar, se intercambian las columnas primera y segunda

$$rg\begin{pmatrix} 3 & -1 & 1 \\ 0 & -5 & 3 \\ 2 & 1 & 2 \end{pmatrix} = rg\begin{pmatrix} -1 & 3 & 1 \\ -5 & 0 & 3 \\ 1 & 2 & 2 \end{pmatrix}$$

   y a continuación las filas primera y segunda.

$$rg\begin{pmatrix} -1 & 3 & 1 \\ -5 & 0 & 3 \\ 1 & 2 & 2 \end{pmatrix} = rg\begin{pmatrix} -5 & 0 & 3 \\ -1 & 3 & 1 \\ 1 & 2 & 2 \end{pmatrix}$$

2.7. Matriz inversa

Dada una matriz regular (cuadrada y con determinante no nulo), se llama **matriz inversa** y se representa por A^{-1} a una matriz que verifique

$$A \cdot A^{-1} = A^{-1} \cdot A = I$$

El cálculo de la matriz inversa se pude hacer usando dos métodos distintos.

2.7.1. Cálculo de la inversa usando la matriz adjunta

Para calcular la matriz inversa es necesario el concepto de adjunto que se introdujo para el cálculo de determinantes. Dada una matriz cuadrada A, de dimensión $n \times n$

$$\boldsymbol{A} = \begin{pmatrix} a_{11} & a_{12} & \cdots & a_{1n} \\ a_{21} & a_{22} & \cdots & a_{2n} \\ \vdots & \vdots & \ddots & \vdots \\ a_{n1} & a_{n2} & \cdots & a_{nn} \end{pmatrix}$$

cada elemento a_{ij} lleva asociado un adjunto que se denota por $A_{ij} = (-1)^{(i+j)}\alpha_{ij}$. A partir de ellos se construye la **matriz adjunta** de A ($Adj(A)$) y que viene dada por:

$$Adj(A) = \begin{pmatrix} A_{11} & A_{12} & \cdots & A_{1n} \\ A_{21} & A_{22} & \cdots & A_{2n} \\ \vdots & \vdots & \ddots & \vdots \\ A_{n1} & A_{n2} & \cdots & A_{nn} \end{pmatrix}$$

La matriz inversa se obtiene como:

$$A^{-1} = \frac{(Adj\,(A))^T}{|A|} = \frac{1}{|A|} \begin{pmatrix} A_{11} & A_{12} & \cdots & A_{1n} \\ A_{21} & A_{22} & \cdots & A_{2n} \\ \vdots & \vdots & \ddots & \vdots \\ A_{n1} & A_{n2} & \cdots & A_{nn} \end{pmatrix}^T$$

$$A^{-1} = \begin{pmatrix} \frac{A_{11}}{|A|} & \frac{A_{21}}{|A|} & \cdots & \frac{A_{n1}}{|A|} \\ \frac{A_{12}}{|A|} & \frac{A_{22}}{|A|} & \cdots & \frac{A_{n2}}{|A|} \\ \vdots & \vdots & \ddots & \vdots \\ \frac{A_{1n}}{|A|} & \frac{A_{2n}}{|A|} & \cdots & \frac{A_{nn}}{|A|} \end{pmatrix}$$

Ejemplo 2.27. Obtener la inversa de la siguiente matriz:

$$A = \begin{pmatrix} 1 & -1 & 2 \\ 2 & 3 & 0 \\ -1 & 0 & 1 \end{pmatrix}$$

En primer lugar, se calcula el determinante de A

$$|A| = 11$$

y como es distinto de 0,entonces se puede asegurar que la matriz inversa existe.

La matriz adjunta viene dada por

$$Adj(A) = \begin{pmatrix} 3 & -2 & 3 \\ 1 & 3 & 1 \\ -6 & 4 & 5 \end{pmatrix}$$

Al trasponer y dividir por el determinante se tiene la matriz inversa

$$A^{-1} = \frac{(Adj\,(A))^T}{|A|} = \frac{1}{11} \begin{pmatrix} 3 & 1 & -6 \\ -2 & 3 & 4 \\ 3 & 1 & 5 \end{pmatrix}$$

■

2.7.2. Cálculo de la inversa por el método de Gauss

Este método consiste en aplicar operaciones elementales a una matriz auxiliar que se construye a partir de la matriz dada A. Dicha matriz auxiliar tiene el mismo número de filas que A y el doble de columnas y se representa por $(A|I)$.

$$(A|I) = \left(\begin{array}{cccc|cccc} a_{11} & a_{12} & \cdots & a_{1n} & 1 & 0 & \cdots & 0 \\ a_{21} & a_{22} & \cdots & a_{2n} & 0 & 1 & \cdots & 0 \\ \vdots & \vdots & \ddots & \vdots & \vdots & \vdots & \ddots & \vdots \\ a_{n1} & a_{n2} & \cdots & a_{nn} & 0 & 0 & \cdots & 1 \end{array}\right)$$

1. Se opera con las filas de $(A|I)$ hasta conseguir transformar A en I siguiendo los pasos
   a) Convertir en 1 el elemento a_{11}.
   b) Convertir en cero todos los elementos de la primera columna menos el primero.
   c) Convertir en 1 el elemento a_{22}.
   d) Convertir en cero todos los elementos por debajo de a_{22}.
   e) Repetir el proceso con todos los elementos de la diagonal principal y obtener una matriz triangular superior.
   f) Convertir en ceros todos los elementos por encima de a_{nn}.
   g) Repetir el proceso para todos los elementos no nulos distintos de la diagonal principal.
2. La matriz I se ha transformado en A^{-1}.

Ejemplo 2.28. Hallar la inversa por el método de Gauss de la matriz

$$A = \begin{pmatrix} 1 & 2 \\ 3 & 4 \end{pmatrix}$$

Se construye la matriz auxiliar

$$(A|I) = \left(\begin{array}{cc|cc} 1 & 2 & 1 & 0 \\ 3 & 4 & 0 & 1 \end{array}\right)$$

Se convierte en cero el elemento a_{21}, para ello se sustituye la segunda fila por el resultado de restar a la fila dos la fila uno multiplicada por tres.

$$\left(\begin{array}{cc|cc} 1 & 2 & 1 & 0 \\ 3 & 4 & 0 & 1 \end{array}\right) \xrightarrow{F_2' = F_2 - 3F_1} \left(\begin{array}{cc|cc} 1 & 2 & 1 & 0 \\ 0 & -2 & -3 & 1 \end{array}\right)$$

A continuación se convierte en cero el elemento a_{12} sumando a la primera fila la segunda.

$$\left(\begin{array}{cc|cc} 1 & 2 & 1 & 0 \\ 0 & -2 & -3 & 1 \end{array}\right) \xrightarrow{F_1' = F_1 + F_2} \left(\begin{array}{cc|cc} 1 & 0 & -2 & 1 \\ 0 & -2 & -3 & 1 \end{array}\right)$$

Ahora se transforma en 1 el elemento a_{22} dividiendo la segunda fila por menos dos

$$\left(\begin{array}{cc|cc} 1 & 0 & -2 & 1 \\ 0 & -2 & -3 & 1 \end{array}\right) \xrightarrow{F_2' = \frac{-1}{2} F_2} \left(\begin{array}{cc|cc} 1 & 0 & -2 & 1 \\ 0 & 1 & \frac{3}{2} & -\frac{1}{2} \end{array}\right)$$

Luego

$$A^{-1} = \begin{pmatrix} -2 & 1 \\ \frac{3}{2} & -\frac{1}{2} \end{pmatrix}$$

■

Ejemplo 2.29. Hallar la inversa de la matriz

$$A = \begin{pmatrix} 1 & -1 & 2 \\ 2 & 3 & 0 \\ -1 & 0 & 1 \end{pmatrix}$$

La matriz auxiliar viene dada por

$$(A|I) = \left(\begin{array}{ccc|ccc} 1 & -1 & 2 & 1 & 0 & 0 \\ 2 & 3 & 0 & 0 & 1 & 0 \\ -1 & 0 & 1 & 0 & 0 & 1 \end{array}\right)$$

Se convierten en cero todos los elementos por debajo de a_{11}, para ello se sustituye la segunda fila por el resultado de restar a la fila dos la fila uno multiplicada por 2, y se suma a la tercera fila la primera.

$$\left(\begin{array}{ccc|ccc} 1 & -1 & 2 & 1 & 0 & 0 \\ 2 & 3 & 0 & 0 & 1 & 0 \\ -1 & 0 & 1 & 0 & 0 & 1 \end{array}\right) \xrightarrow[F_3' = F_3 + F_1]{F_2' = F_2 - 2F_1}$$

$$\left(\begin{array}{ccc|ccc} 1 & -1 & 2 & 1 & 0 & 0 \\ 0 & 5 & -4 & -2 & 1 & 0 \\ 0 & -1 & 3 & 1 & 0 & 1 \end{array}\right)$$

A continuación, se transforma en uno el elemento a_{22} dividiendo la fila dos por cinco

$$\left(\begin{array}{ccc|ccc} 1 & -1 & 2 & 1 & 0 & 0 \\ 0 & 5 & -4 & -2 & 1 & 0 \\ 0 & -1 & 3 & 1 & 0 & 1 \end{array}\right) \xrightarrow[F_2' = \frac{1}{5}F_2]{}$$

$$\left(\begin{array}{ccc|ccc} 1 & -1 & 2 & 1 & 0 & 0 \\ 0 & 1 & -\frac{4}{5} & -\frac{2}{5} & \frac{1}{5} & 0 \\ 0 & -1 & 3 & 1 & 0 & 1 \end{array}\right)$$

A continuación, transforma en cero el elemento a_{32} sumando a la fila tres, la fila dos.

$$\left(\begin{array}{ccc|ccc} 1 & -1 & 2 & 1 & 0 & 0 \\ 0 & 1 & -\frac{4}{5} & -\frac{2}{5} & \frac{1}{5} & 0 \\ 0 & -1 & 3 & 1 & 0 & 1 \end{array}\right) \xrightarrow[F_3' = F_3 + F_2]{}$$

$$\left(\begin{array}{ccc|ccc} 1 & -1 & 2 & 1 & 0 & 0 \\ 0 & 1 & -\frac{4}{5} & -\frac{2}{5} & \frac{1}{5} & 0 \\ 0 & 0 & \frac{11}{5} & \frac{3}{5} & \frac{1}{5} & 1 \end{array}\right)$$

Seguidamente se convierte en uno el elemento a_{33} dividiendo la fila tres por 11/5

$$\left(\begin{array}{ccc|ccc} 1 & -1 & 2 & 1 & 0 & 0 \\ 0 & 1 & -\frac{4}{5} & -\frac{2}{5} & \frac{1}{5} & 0 \\ 0 & 0 & \frac{11}{5} & \frac{3}{5} & \frac{1}{5} & 1 \end{array}\right) \xrightarrow[F_2' = \frac{5}{11}F_2]{}$$

$$\left(\begin{array}{ccc|ccc} 1 & -1 & 2 & 1 & 0 & 0 \\ 0 & 1 & -\frac{4}{5} & -\frac{2}{5} & \frac{1}{5} & 0 \\ 0 & 0 & 1 & \frac{3}{11} & \frac{1}{11} & \frac{5}{11} \end{array}\right)$$

Ya se han convertido en cero todos los elementos por debajo de la diagonal principal. Ahora se deben convertir en cero todos los elementos situados por encima de la diagonal principal.

Se comienza con el elemento a_{23}, para lo cual se suma a la fila dos la fila tres multiplicada por 4/5.

$$\left(\begin{array}{ccc|ccc} 1 & -1 & 2 & 1 & 0 & 0 \\ 0 & 1 & -\frac{4}{5} & -\frac{2}{5} & \frac{1}{5} & 0 \\ 0 & 0 & 1 & \frac{3}{11} & \frac{1}{11} & \frac{5}{11} \end{array}\right) \xrightarrow{F_2' = F_2 + \frac{4}{5}F_3}$$

$$\left(\begin{array}{ccc|ccc} 1 & -1 & 2 & 1 & 0 & 0 \\ 0 & 1 & 0 & -\frac{2}{11} & \frac{3}{11} & \frac{4}{11} \\ 0 & 0 & 1 & \frac{3}{11} & \frac{1}{11} & \frac{5}{11} \end{array}\right)$$

A continuación, se hace cero el elemento a_{12} sumando a la fila uno, la fila dos.

$$\left(\begin{array}{ccc|ccc} 1 & -1 & 2 & 1 & 0 & 0 \\ 0 & 1 & 0 & -\frac{2}{11} & \frac{3}{11} & \frac{4}{11} \\ 0 & 0 & 1 & \frac{3}{11} & \frac{1}{11} & \frac{5}{11} \end{array}\right) \xrightarrow{F_1' = F_1 + F_2}$$

$$\left(\begin{array}{ccc|ccc} 1 & 0 & 2 & \frac{9}{11} & \frac{3}{11} & \frac{4}{11} \\ 0 & 1 & 0 & -\frac{2}{11} & \frac{3}{11} & \frac{4}{11} \\ 0 & 0 & 1 & \frac{3}{11} & \frac{1}{11} & \frac{5}{11} \end{array}\right)$$

Por último se hace en cero el elemento a_{13} sumando a la fila uno, la fila tres multiplicada por -2.

$$\left(\begin{array}{ccc|ccc} 1 & 0 & 2 & \frac{9}{11} & \frac{3}{11} & \frac{4}{11} \\ 0 & 1 & 0 & -\frac{2}{11} & \frac{3}{11} & \frac{4}{11} \\ 0 & 0 & 1 & \frac{3}{11} & \frac{1}{11} & \frac{5}{11} \end{array}\right) \xrightarrow{F_1' = F_1 - 2F_3}$$

$$\left(\begin{array}{ccc|ccc} 1 & 0 & 0 & \frac{3}{11} & \frac{1}{11} & -\frac{6}{11} \\ 0 & 1 & 0 & -\frac{2}{11} & \frac{3}{11} & \frac{4}{11} \\ 0 & 0 & 1 & \frac{3}{11} & \frac{1}{11} & \frac{5}{11} \end{array}\right)$$

Luego la matriz inversa viene dada por

$$A^{-1} = \begin{pmatrix} \frac{3}{11} & \frac{1}{11} & -\frac{6}{11} \\ -\frac{2}{11} & \frac{3}{11} & \frac{4}{11} \\ \frac{3}{11} & \frac{1}{11} & \frac{5}{11} \end{pmatrix}$$

Que también se puede escribir como

$$A^{-1} = \frac{1}{11} \begin{pmatrix} 3 & 1 & -6 \\ -2 & 3 & 4 \\ 3 & 1 & 5 \end{pmatrix}$$

■

2.7.2.1. Recomendaciones para practicar

1. Hacer ceros todos los elementos por debajo de la diagonal principal.
2. Convertir en 1 los elementos de la diagonal que no lo sean.
3. Hacer ceros todos los elementos por encima de la diagonal principal.

2.8. PALABRAS CLAVE

Adjunto
Determinante
Diagonal principal de una matriz
Diagonal secundaria de una matriz
Dimensiones (de una matriz)
Matriz
Matriz cero
Matriz cuadrada
Matriz diagonal
Matriz equivalente
Matriz escalar
Matriz escalonada
Matriz hemisimétrica
Matriz inversa
Matriz simétrica
Matriz transpuesta
Matriz triangular
Matriz unidad
Menor complementario
Método de Gauss
Orden de un determinante
Pivote
Producto de determinantes
Producto de dos matrices
Producto por escalares
Propiedades de los determinantes
Rango de una matriz
Regla de Sarrus
Suma de determinantes
Suma de matrices
Transposición de matrices
Vector columna
Vector fila

2.9. AUTOEVALUACIÓN

Cuestiones

1. Dada la matriz $A_{m\times n}$ se puede afirmar que:

    a) Tiene n filas y m columnas.

    b) Tiene n columnas y m filas.

    c) Tiene cualquier número de filas y columnas.

2. Dada la matriz $A = (a_{ij})_{m\times n}$ se dice que es una matriz escalar si:

    a) Todos sus elementos tienen el mismo valor.

    b) Si es diagonal y todos los elementos de la diagonal son iguales.

    c) Si es triangular y todos los elementos son iguales.

3. La operación de sumar matrices sólo está permitida entre matrices:

    a) Cuadradas.

    b) Rectangulares.

    c) De iguales dimensiones.

4. Si se multiplican matrices hay que tener muy en cuenta:

    a) Que tengan las mismas dimensiones.

    b) Que el número de filas de la primera sea igual al número de columnas de la segunda.

    c) Que el número de columnas de la primera sea igual al número de filas de la segunda.

5. Al multiplicar una matriz por un escalar se debe:

    a) Multiplicar los elementos de una fila por dicho escalar.

    b) Multiplicar los elementos de una columna por dicho escalar.

    c) Multiplicar los elementos de todas las filas por dicho escalar.

6. La matriz traspuesta de $A = (a_{ij})_{m\times n}$ viene dada por:

    a) $A^T = (a_{ji})_{n\times m}$

    b) $A^T = (a_{ji})_{m\times n}$

    c) $A^T = (a_{ij})_{n\times m}$

7. Indicar cuál de las siguientes afirmaciones es cierta:

   a) $\left(A^T\right)^T = A$

   b) $(A+B)^T = A^T + B^T$

   c) $(A \cdot B)^T = B^T A^T$

8. Si A es una matriz escalonada se puede afirmar que:

   a) Cada fila de A tiene más ceros a la izquierda del pivote que la anterior.

   b) Nunca tendrá filas con todos los elementos nulos.

   c) Nunca tendrá filas con todos los elementos distintos de cero.

9. Cuáles de las siguientes acciones son transformaciones elementales:

   a) Intercambiar filas de una matriz.

   b) Sumar a una fila otra multiplicada por un escalar.

   c) Multiplicar una fila por un escalar distinto de 0.

10. El rango de una matriz no cambia si

   a) Se multiplican todos los elementos de una línea por un número distinto de cero.

   b) Se suprime una línea cuyos elementos son todos iguales a cero.

   c) Se intercambian dos filas o dos columnas entre sí.

2.10. PROBLEMAS

1. Una empresa constructora ha vendido en enero 4 pisos y dos naves industriales. Y en febrero 2 pisos y 1 nave industrial. El precio de los pisos en enero era de 150.000€ y el de las naves industriales 200.000 mientras que en febrero estos precios bajaron un 5 % en el caso de los pisos y un 10 % las naves industriales. Escribir las matrices que representan las unidades vendidas en enero y febrero (A) y los precios de venta de las mismas (B). Calcular los elementos de la diagonal de la matriz A por B y dar su significado.

2. Una tienda de informática vende libros electrónicos y tablets. Las cantidades vendidas durante los tres últimos años vienen dadas por la matriz:

$$\begin{array}{cc} & \begin{array}{cc} \textit{Libros} & \textit{Tablets} \end{array} \\ A = & \begin{pmatrix} 3 & 4 \\ 1 & 2 \\ 2 & 3 \end{pmatrix} \begin{array}{c} 2015 \\ 2016 \\ 2017 \end{array} \end{array}$$

Los precios de venta vienen dados por la matriz

$$\begin{array}{cc} & \begin{array}{ccc} 2015 & 2016 & 2017 \end{array} \\ A = & \begin{pmatrix} 300 & 200 & 100 \\ 900 & 800 & 700 \end{pmatrix} \begin{array}{c} \textit{Libros} \\ \textit{Tablets} \end{array} \end{array}$$

a) Obtengase la matriz $B \cdot A$.

b) ¿Cuáles fueron los ingresos por la venta de libros y tablets en esos tres años?

c) ¿Cuánto se ingresó por la venta de tablets esos tres años? ¿Qué elemento de la matriz $B \cdot A$ nos da esa información?

3. Determinar las matrices X e Y que verifican:

$$\left\{ \begin{array}{l} 2X - Y = A \\ X + Y = B \end{array} \right.$$

Siendo $A = \begin{pmatrix} 1 & -1 & 0 \\ 0 & 3 & 2 \\ -2 & 0 & 6 \end{pmatrix}$ y $B = \begin{pmatrix} 2 & 4 & 3 \\ -2 & 0 & 1 \\ 5 & -3 & 0 \end{pmatrix}$

4. Calcular el siguiente determinante

$$\begin{vmatrix} 3 & 1 & 2 \\ 4 & 3 & -1 \\ 2 & -1 & 5 \end{vmatrix}$$

5. Determinar el rango de la siguiente matriz en función del parámetro k

$$\begin{pmatrix} k-2 & 3 & 0 \\ 0 & k & 0 \\ 7 & 5 & k-1 \end{pmatrix}$$

6. Dadas $A = \begin{pmatrix} 2 & 0 \\ 1 & -1 \\ -2 & 3 \end{pmatrix}$, $B = \begin{pmatrix} 3 & 5 & 6 \\ 4 & 1 & 7 \end{pmatrix}$ y $C = \begin{pmatrix} 1 & 1 \\ 0 & 2 \\ 5 & -6 \end{pmatrix}$ determinar todas las sumas que se puedan hacer con ellas y sus transpuestas sin repetir matriz. Indicar las dimensiones de las nuevas matrices sin realizar los cálculos. Obtener las matrices cuando sea posible.

7. Una tienda de recuerdos turísticos vende 100 jarras, 1500 imanes y 200 bolsas de tela al mes. El precio de las jarras es de 10 €, el de los imanes de 5 € y las bolsas las vende a 8€. El coste de las jarras para la tienda es de 5 €, de 2 € los imanes y 4 € las bolsas. Determinar los beneficios de la tienda a final de mes utilizando: Conceptos totales. Análisis por unidades. Comprobar que se cumple la propiedad distributiva.

8. Obtener la matriz escalonada equivalente a:

$$A = \begin{pmatrix} -2 & 2 & 1 & 3 \\ 1 & -5 & 1 & 3 \\ 3 & -7 & 2 & 0 \end{pmatrix}$$

9. Siendo

$$\begin{vmatrix} x & y & z \\ 4 & 0 & 7 \\ 2 & 2 & 2 \end{vmatrix} = 1$$

aplicar las propiedades de los determinantes para obtener, sin calcular, el valor de

$$\begin{vmatrix} x & y & z \\ 3x+4 & 3y & 3z+5 \\ x+2 & y+2 & z+2 \end{vmatrix}$$

10. Obtener la inversa de la siguiente matriz

$$B = \begin{pmatrix} 1 & 0 & 3 \\ 2 & -1 & 2 \\ 2 & 2 & 1 \end{pmatrix}$$

a) Por el método de Gauss.

b) Por el método de la adjunta.

Capítulo 3

SISTEMAS DE ECUACIONES

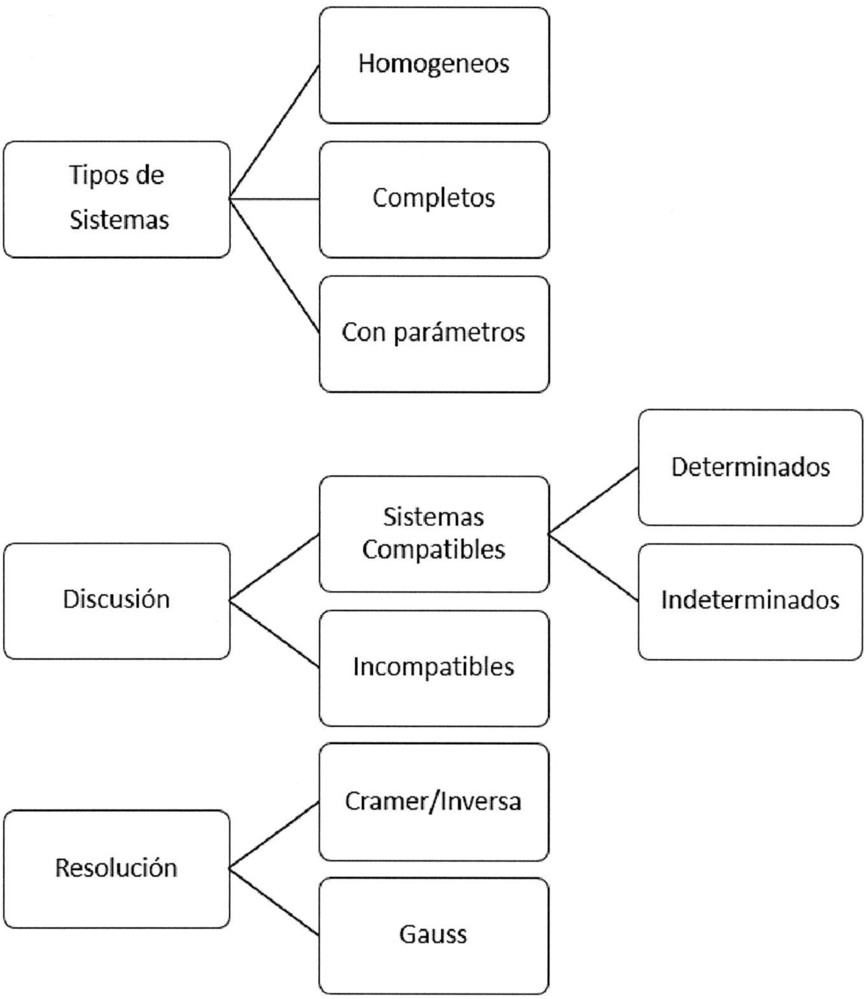

Objetivos

- Plantear en lenguaje matemático problemas de la vida real.
- Identificar y clasificar los sistemas de ecuaciones (sistemas homogéneos, sistemas de Cramer...).
- Discutir sistemas de ecuaciones decidiendo si tiene o no solución y si ésta es única o no.
- Resolver los sistemas que sean compatibles tanto si la solución es única como si tiene infinitas soluciones.
- Discutir sistemas en cuyo enunciado aparezcan parámetros.

3.1. INTRODUCCIÓN

En muchas situaciones de la vida real se necesita hacer cálculos en los que intervienen distintas variables que se relacionan entre si según distintas condiciones. La escritura matemática de estas condiciones es lo que se denominan modelos. En los casos más sencillos, en los que intervienen dos variables y solo hay una relación entre ellos, se pueden resolver fácilmente incluso con un cálculo mental. Sin embargo, al ir aumentando el número de variables y la forma en la que se relacionan entre ellas, se hace necesario contar con métodos que nos ayuden a resolverlas. De esta forma surgen los sistemas de ecuaciones que serán objeto de estudio en este capítulo.

Ejemplo 3.1. Un grupo de amigos ha comprado las entradas para un parque de atracciones. El grupo está formado por tres adultos y seis niños y se han pagado 150 euros. La semana anterior, uno de ellos compró dos entradas de adulto y dos de niño y tuvo que pagar 70 euros. ¿Cuánto vale cada tipo de entrada?

Por cada tres entradas de adultos y seis de niños se pagaron 150 euros, es decir:

$$3(\text{precio adulto})+6(\text{precio de niño})=150.$$

Por otro lado, se sabe que por la compra de dos entradas de adulto y dos de niño se pagaron 70 euros, es decir:

$$2(\text{precio adulto})+2(\text{precio de niño})=70.$$

Para simplificar la escritura resulta cómodo escribir

$$3A + 6N = 150$$

$$2A + 2N = 70$$

Representando con A y N los precios de las entradas de los adultos y los niños respectivamente. A partir de aquí se puede simplificar ambas expresiones dividiendo por tres la primera y por dos la segunda y se tiene

$$A + 2N = 50$$

$$A + N = 35$$

Al despejar el valor de A en la primera ecuación y sustituirlo en la segunda se obtiene

$$A = 50 - 2N \Rightarrow (50 - 2N) + N = 35$$

$$50 - N = 35 \Rightarrow 50 - 35 = N, \Rightarrow N = 15$$

y, por tanto,

$$A = 50 - 2 \cdot 15 = 20$$

Es decir, las entradas de los adultos cuestan 20 euros cada una y las de los niños 15.

■

Ejemplo 3.2. El propietario de una casa rural dispone de un terreno rectangular en el que desea montar un huerto para organizar actividades para sus clientes. Para comprar la madera del vallado necesita conocer las dimensiones a partir de su perímetro que son 28 metros y su diagonal que son 100 metros. ¿Cuáles son las dimensiones del terreno?

Si se llama x e y a las dimensiones de los lados, y sabiendo que el diámetro es 28 se puede escribir $2x+2y = 28$. Por otro lado se conoce que la diagonal mide 100 metros luego, aplicando el teorema de Pitagoras, $x^2 + y^2 = 100$.

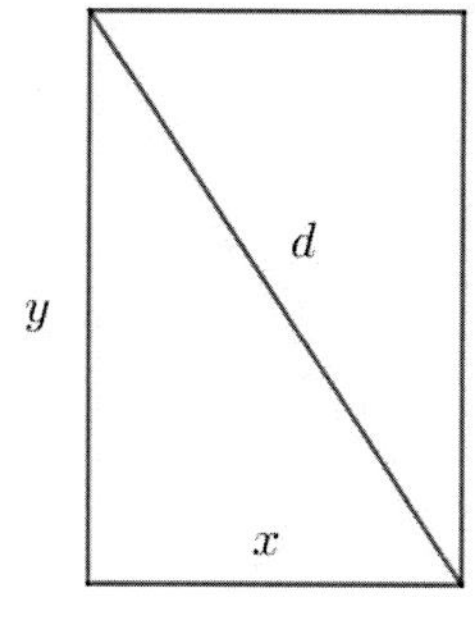

Por tanto, se tiene el siguiente sistema de ecuaciones.

$$\begin{cases} 2x + 2y = 28 \\ x^2 + y^2 = 100 \end{cases}$$

Usando el método de sustitución se tiene

$$\begin{cases} x + y = 14 \Rightarrow y = 14 - x \\ x^2 + y^2 = 100 \Rightarrow x^2 + (14 - x)^2 = 100 \end{cases}$$

Que da como solución

$$x = \frac{24}{7},\ y = \frac{74}{7}$$

■

3.2. MÉTODO DE GAUSS-JORDAN

Ha quedado claro que es habitual tener que trabajar con varias ecuaciones y varias incógnitas. A continuación se presenta un método de trabajo que será de utilidad cuando se presenta un conjunto de n incógnitas relacionadas entre si por m ecuaciones. Para simplificar se reduce el problema al caso en el que todas las ecuaciones sean lineales, es decir, en las ecuaciones no aparecen potencias de variables ni productos de variables entre si.

De forma general se escribe el sistema como:

$$\begin{cases} a_{11}x_1 + a_{12}x_2 + \cdots + a_{1n}x_n = c_1 \\ a_{21}x_1 + a_{22}x_2 + \cdots + a_{2n}x_n = c_2 \\ \vdots \\ a_{m1}x_1 + a_{m2}x_2 + \cdots + a_{mn}x_n = c_m \end{cases}$$

Donde a_{ij} son los **coeficientes** que son números reales. Las **incógnitas** vienen representadas como x_i con $i = 1, 2, \ldots, n$.

El conjunto de valores $x_1, x_2, \cdots, x_n$ que satisfacen el sistema reciben el nombre de **solución**.

Un sistema puede tener ninguna, una o varias (infinitas) soluciones. Según sea el número de soluciones se denominan:

1. Ninguna solución, **sistema incompatible** (SI).

2. Alguna solución, **sistema compatible** (SC).

   a) Una solución, **sistema compatible determinado** (SCD).

   b) Infinitas soluciones, **sistema compatible indeterminado** (SCI).

El objetivo es obtener la solución del sistema en caso de que exista. Para ello se pueden utilizar distintos métodos. En primer lugar, se estudia la resolución usando el **método de Gauss-Jordan**.

El primer paso es la escritura del sistema en forma de tabla.

	x_1	x_2	...	x_n	
Primera ecuación	a_{11}	a_{12}	...	a_{1n}	c_1
Segunda ecuación	a_{21}	a_{22}	...	a_{2n}	c_2
...	$\vdots$	$\vdots$	$\ddots$	$\vdots$	$\vdots$
$m - \acute{e}sima$ ecuación	a_{m1}	a_{m2}	...	a_{mn}	c_m

Cada fila corresponde a una ecuación y estas se pueden escribir en el orden que resulte más conveniente, por tanto, las filas de la tabla anterior se pueden intercambiar entre si y el sistema obtenido será equivalente al inicial. Por otro lado, teniendo en cuenta la propiedad conmutativa de la suma, se pueden cambiar de orden las columnas (sería el equivalente a cambiar en todas las ecuaciones el orden de los sumandos correspondientes) e igualmente se tendría un sistema equivalente. Si se multiplican por un número distinto de cero todos los elementos de una fila, equivale a multiplicar por dicho número la correspondiente ecuación y por tanto el sistema sigue siendo equivalente.

El método de Gauss para la resolución de un sistema de ecuaciones lineales se puede considerar una variante del método de reducción, de ahí que también se le denomine **método de reducción por triangulación**. Consiste en lo siguiente, se comienza por la primera fila y los pasos serían

1. Eliminar la incógnita de la primera columna de la tabla en las $m - 1$ ecuaciones restantes.

2. Suprimir la incógnita de la segunda columna en las $m - 2$ ecuaciones restantes.

3. Se continua hasta obtener una fila con solo un valor de incógnitas distinto de cero.

A continuación se desarrollan algunos ejemplos que contemplan las distintas posibilidades de compatibilidad.

Ejemplo 3.3. Resolver el sistema de ecuaciones

$$\begin{cases} x + y + z = -1 \\ 2x + 3y - z = 4 \\ 3x + y + z = 1 \end{cases}$$

Su expresión en forma de tabla sería

1	1	1	−1
2	3	−1	4
3	1	1	1

El 1 de la primera fila y primera columna es nuestro pivote.

Para eliminar el 2 de la primera columna se multiplica la primera fila por 2 y se le resta a la segunda obteniendo:

1	1	1	−1
0	1	−3	6
3	1	1	1

De forma análoga se procede para eliminar el 3 de la primera columna y última fila:

1	1	1	−1
0	1	−3	6
0	−2	−2	4

A continuación, se convierte en cero el elemento −2 que aparece en el segundo lugar de la última fila. Para ello se multiplica por dos la segunda fila y se suma a la tercera.

1	1	1	−1
0	1	−3	6
0	0	−8	16

Si ahora se reescriben las ecuaciones asociadas queda

$$\begin{cases} x + y + z = -1 \\ y - 3z = 6 \\ -8z = 16 \end{cases}$$

Despejando en la última ecuación se tiene

$$-8z = 16 \rightarrow z = -2$$

Sustituyendo en la segunda ecuación queda

$$y - 3z = 6 \rightarrow y - 3 \cdot (-2) = 6 \rightarrow y = 6 - 6 = 0$$

Y por último, se sustituyen los valores de y y z en la primera ecuación y se tiene:

$$x + y + z = -1 \rightarrow x + 0 + (-2) = -1 \rightarrow x = 1$$

Por tanto, el sistema es compatible determinado y tiene como única solución

$$x = 1, y = 0, z = -2$$

■

Ejemplo 3.4. Resolver el sistema de ecuaciones

$$\begin{cases} 2x + 7y - 3z = 5 \\ x + 3y - z = 4 \\ x + y + z = 12 \end{cases}$$

Su expresión en forma de tabla viene dada por:

2	7	−3	5
1	3	−1	4
1	1	1	12

En primer lugar, se intercambian las filas (ecuaciones) uno y dos de modo que nuestro pivote es ahora el 1 que está en la primera fila y primera columna.

1	3	−1	4
2	7	−3	5
1	1	1	12

A continuación se hacen cero todos los elementos por debajo del pivote. Para ello

- se resta a la segunda fila la primera multiplicada por dos,
- se resta a la tercera fila la primera.

1	3	−1	4
0	1	−1	−3
0	−2	2	8

A continuación, se suma a la tercera fila la segunda multiplicada por dos:

1	3	−1	4
0	1	−1	−3
0	0	0	2

Al escribir la ecuación correspondiente a la última fila queda

$$0 \cdot x + 0 \cdot y + 0 \cdot z = 2 \to 0 = 2$$

Como esto es falso se trata de un sistema incompatible, es decir no tiene solución.

■

Ejemplo 3.5. Resolver el sistema de ecuaciones

$$\begin{cases} 3x + 7y + 4z = 17 \\ x + 4y + 3z = 9 \\ 4x + y - 3 = 6 \end{cases}$$

Su expresión en forma de tabla viene dada por:

3	7	4	17
1	4	3	9
4	1	−3	6

En primer lugar, se cambian de orden las filas uno y dos, de forma que el pivote será el 1 que está en la primera fila y primera columna.

1	4	3	9
3	7	4	17
4	1	−3	6

A continuación para hacer cero todos los elementos por debajo del pivote

- se resta a la segunda fila la primera multiplicada por 3,
- se resta a la tercera fila la primera multiplicada por 4.

1	4	3	9
0	$\boxed{-5}$	−5	−10
0	−15	−15	−30

Ahora se resta a la tercera fila la segunda multiplicada por 3

1	4	3	9
0	−5	−5	−10
0	0	0	0

Escribiendo las ecuaciones correspondientes se tiene

$$\begin{cases} x + 4y + 3z = 9 \\ -5y - 5z = -10 \end{cases}$$

De la segunda ecuación se tiene

$$-5y - 5z = -10 \to y + z = 2 \to y = 2 - z$$

$$y = 2 - z$$

Sustituyendo en la primera ecuación

$$x + 4(2 - z) + 3z = 9 \to x = 1 + z$$

$$x = 1 + z$$

Luego el sistema es compatible indeterminado ya que solo se puede obtener una solución en la que dos variables están en función de la tercera y dicha solución viene dada por

$$(1 + z, 2 - z, z)$$

■

3.3. Expresión matricial. Sistemas de Cramer

3.3.1. Expresión matricial de un sistema

Sea de nuevo el sistema de m ecuaciones y n incógnitas.

$$\left\{\begin{array}{c} a_{11}x_1 + a_{12}x_2 + \cdots + a_{1n}x_n = c_1 \\ a_{21}x_1 + a_{22}x_2 + \cdots + a_{2n}x_n = c_2 \\ \vdots \\ a_{m1}x_1 + a_{m2}x_2 + \cdots + a_{mn}x_n = c_m \end{array}\right.$$

A continuación se va a usar el cálculo matricial para resolverlo. Para ello se definen las siguientes matrices:

Matriz de coeficientes: Está formada por los coeficientes que multiplican a las incógnitas.

$$A = \begin{pmatrix} a_{11} & a_{12} & \dots & a_{1n} \\ a_{21} & a_{22} & \dots & a_{2n} \\ \vdots & \vdots & \ddots & \vdots \\ a_{m1} & a_{m2} & \dots & a_{mn} \end{pmatrix}$$

Matriz ampliada: Es la matriz de coeficientes a la que se ha añadido una columna con los términos independientes de las ecuaciones.

$$\left(\begin{array}{cccc|c} a_{11} & a_{12} & \dots & a_{1n} & c_1 \\ a_{21} & a_{22} & \dots & a_{2n} & c_2 \\ \vdots & \vdots & \ddots & \vdots & \vdots \\ a_{m1} & a_{m2} & \dots & a_{mn} & c_m \end{array}\right)$$

Matriz de términos independientes: Es una matriz o vector columna formada por los términos independientes de las ecuaciones

$$C = \begin{pmatrix} c_1 \\ c_2 \\ \vdots \\ c_m \end{pmatrix}$$

Matriz incógnita: Es una matriz o vector columna formada por las incógnitas de las ecuaciones

$$X = \begin{pmatrix} x_1 \\ x_2 \\ \vdots \\ x_m \end{pmatrix}$$

De esta forma, se puede escribir la expresión matricial del sistema anterior como:

$$\begin{pmatrix} a_{11} & a_{12} & \dots & a_{1n} \\ a_{21} & a_{22} & \dots & a_{2n} \\ \vdots & \vdots & \ddots & \vdots \\ a_{m1} & a_{m2} & \dots & a_{mn} \end{pmatrix} \begin{pmatrix} x_1 \\ x_2 \\ \vdots \\ x_m \end{pmatrix} = \begin{pmatrix} c_1 \\ c_2 \\ \vdots \\ c_m \end{pmatrix}$$

Y en forma reducida quedaría escrito como:

$$AX = C$$

Ejemplo 3.6. Sea el sistema de ecuaciones dado por

$$\begin{cases} x + y + z = -1 \\ 2x + 3y - z = 4 \\ 3x + y + z = 1 \\ x - y - z = 0 \end{cases}$$

La matriz de coeficientes viene dada por

$$A = \begin{pmatrix} 1 & 1 & 1 \\ 2 & 3 & -1 \\ 3 & 1 & 1 \\ 1 & -1 & -1 \end{pmatrix}$$

La matriz de términos independientes será

$$C = \begin{pmatrix} -1 \\ 4 \\ 1 \\ 0 \end{pmatrix}$$

La matriz incógnita viene dada por

$$X = \begin{pmatrix} x \\ y \\ z \end{pmatrix}$$

Luego su expresión matricial será

$$\begin{pmatrix} 1 & 1 & 1 \\ 2 & 3 & -1 \\ 3 & 1 & 1 \\ 1 & -1 & -1 \end{pmatrix} \begin{pmatrix} x \\ y \\ z \end{pmatrix} = \begin{pmatrix} -1 \\ 4 \\ 1 \\ 0 \end{pmatrix}$$

Que de forma abreviada se puede escribir como

$$AX = C$$

Y la matriz ampliada asociada al sistema será

$$B = \left(\begin{array}{ccc|c} 1 & 1 & 1 & -1 \\ 2 & 3 & -1 & 4 \\ 3 & 1 & 1 & 1 \\ 1 & -1 & -1 & 0 \end{array}\right)$$

■

3.3.2. Sistemas de Cramer

Cuando el sistema de ecuaciones tiene el mismo número de ecuaciones que de incógnitas, la matriz de coeficientes A es una matriz cuadrada. Si además se cumple que la matriz tiene determinante distinto de cero, es decir, si A es una **matriz regular**, se dice que se trata de un **Sistema de Cramer**. En ese caso se puede afirmar que el sistema es compatible determinado y tiene una solución única.

Los sistemas de Cramer se puede resolver fácilmente por dos métodos.

3.3.2.1. Método de la matriz inversa

Como la matriz de coeficientes es regular y por tanto invertible a partir de la expresión $AX = C$, premultiplicando por A^{-1} se obtiene

$$A^{-1}AX = A^{-1}C$$

Y como

$$A^{-1}A = I$$

Resulta

$$IX = A^{-1}C$$

Luego la solución del sistema es

$$X = A^{-1}C$$

Ejemplo 3.7. Resolver por el método de la matriz inversa el sistema

$$\begin{cases} x + y + z = -1 \\ 2x + 3y - z = 4 \\ 3x + y + z = 1 \end{cases}$$

se puede comprobar que cumple la primera condición para ser un sistema de Cramer ya que tiene el mismo número de ecuaciones que de incógnitas.

Su expresión matricial vendrá dada por

$$\begin{pmatrix} 1 & 1 & 1 \\ 2 & 3 & -1 \\ 3 & 1 & 1 \end{pmatrix} \begin{pmatrix} x \\ y \\ z \end{pmatrix} = \begin{pmatrix} -1 \\ 4 \\ 1 \end{pmatrix}$$

Donde la matriz de coeficientes será

$$A = \begin{pmatrix} 1 & 1 & 1 \\ 2 & 3 & -1 \\ 3 & 1 & 1 \end{pmatrix}$$

Y su determinante vale

$$\begin{vmatrix} 1 & 1 & 1 \\ 2 & 3 & -1 \\ 3 & 1 & 1 \end{vmatrix} = 3 + 2 - 3 - 9 + 1 - 2 = -8$$

Luego también cumple la otra condición necesaria para ser un sistema de Cramer (es una matriz regular).

Por tanto para resolverlo se puede hacer

$$\begin{pmatrix} x \\ y \\ z \end{pmatrix} = \begin{pmatrix} 1 & 1 & 1 \\ 2 & 3 & -1 \\ 3 & 1 & 1 \end{pmatrix}^{-1} \begin{pmatrix} -1 \\ 4 \\ 1 \end{pmatrix}$$

Calculando

$$A^{-1} = \frac{-1}{8} \begin{pmatrix} -4 & 0 & 4 \\ 5 & 2 & -3 \\ 7 & -2 & -1 \end{pmatrix}$$

Y por tanto

$$\begin{pmatrix} x \\ y \\ z \end{pmatrix} = \frac{1}{8} \begin{pmatrix} -4 & 0 & 4 \\ 5 & 2 & -3 \\ 7 & -2 & -1 \end{pmatrix} \begin{pmatrix} -1 \\ 4 \\ 1 \end{pmatrix}$$

Multiplicando se obtiene:

$$\begin{pmatrix} x \\ y \\ z \end{pmatrix} = \begin{pmatrix} 1 \\ 0 \\ -2 \end{pmatrix}$$

■

3.3.2.2. Regla de Cramer

Otra forma sencilla de resolver un sistema de Cramer es aplicando la **Regla de Cramer** que consiste en escribir cada variable x_j como el cociente

$$x_j = \frac{|A_j|}{|A|}$$

Siendo A_j la matriz que resulta de sustituir la columna $j -$ ésima por la columna de los términos independientes.

Ejemplo 3.8. Sea el ejemplo anterior. Ya se conoce el valor del determinante $|A| = -8$. A continuación se obtienen los valores de las incógnitas usando la Regla de Cramer

$$x = \frac{|A_x|}{|A|},\ y = \frac{|A_y|}{|A|},\ z = \frac{|A_z|}{|A|}$$

siendo

$$A_x = \begin{pmatrix} -1 & 1 & 1 \\ 4 & 3 & -1 \\ 1 & 1 & 1 \end{pmatrix}, A_y = \begin{pmatrix} 1 & -1 & 1 \\ 2 & 4 & -1 \\ 3 & 1 & 1 \end{pmatrix}, A_z = \begin{pmatrix} 1 & 1 & -1 \\ 2 & 3 & 4 \\ 3 & 1 & 1 \end{pmatrix}$$

Por tanto

$$x = \frac{|A_x|}{|A|} = \frac{\begin{vmatrix} -1 & 1 & 1 \\ 4 & 3 & -1 \\ 1 & 1 & 1 \end{vmatrix}}{8} = \frac{-8}{-8} = 1$$

$$y = \frac{|A_y|}{|A|} = \frac{\begin{vmatrix} 1 & -1 & 1 \\ 2 & 4 & -1 \\ 3 & 1 & 1 \end{vmatrix}}{8} = \frac{0}{-8} = 0$$

$$z = \frac{|A_z|}{|A|} = \frac{\begin{vmatrix} 1 & 1 & -1 \\ 2 & 3 & 4 \\ 3 & 1 & 1 \end{vmatrix}}{8} = \frac{16}{-8} = -2$$

■

3.4. Discusión de sistemas con m ecuaciones y n incógnitas. Teorema de Rouche-Frobenius.

Sea el sistema de m ecuaciones con n incógnitas dado por

$$\left\{ \begin{array}{c} a_{11}x_1 + a_{12}x_2 + \cdots + a_{1n}x_n = c_1 \\ a_{21}x_1 + a_{22}x_2 + \cdots + a_{2n}x_n = c_2 \\ \vdots \\ a_{m1}x_1 + a_{m2}x_2 + \cdots + a_{mn}x_n = c_m \end{array} \right.$$

Como se puede ver el sistema no es de Cramer por lo que no se sabe a priori si tiene solución o no. Para determinar si el sistema es compatible o no y en caso de serlo saber si es compatible determinado (con una solución) o compatible indeterminado (infinitas soluciones) se utiliza el **Teorema de Rouché-Frobenius** cuyo enunciado dice:

La condición necesaria y suficiente para que el sistema anterior sea compatible es que el rango de la matriz de coeficientes y el rango de la matriz ampliada sean iguales.

Además, si el rango de ambas matrices coincide con el número de incógnitas del sistema la solución será única.

De forma esquematizada se resume como

$$\text{Si } rg(A) \neq rg(B) \Rightarrow SI$$

$$\text{Si } rg(A) = rg(B) \Rightarrow \begin{cases} Si\, rg(A) = r(B) = n \text{ SCD} \\ Si\, rg(A) = r(B) < n \text{ SCI} \end{cases}$$

Ejemplo 3.9. Estudiar la compatibilidad del sistema:

$$\begin{cases} -x + 5y + 2z = 3 \\ 2x + 3y + 5z = 7 \\ x + y + z = 3 \end{cases}$$

La matriz de coeficientes viene dada por

$$A = \begin{pmatrix} -1 & 5 & 2 \\ 2 & 3 & 5 \\ 1 & 1 & 1 \end{pmatrix}$$

Y la matriz ampliada será

$$B = \left(\begin{array}{ccc|c} -1 & 5 & 2 & 3 \\ 2 & 3 & 5 & 7 \\ 1 & 1 & 1 & 3 \end{array}\right)$$

Y los rangos respectivos se obtienen a partir de

$$|A| = \begin{vmatrix} -1 & 5 & 2 \\ 2 & 3 & 5 \\ 1 & 1 & 1 \end{vmatrix} = 15 \neq 0$$

Esto nos permite afirmar que $rg(A) = 3$ que es el máximo rango que puede tener una matriz de orden 3. Para estudiar el rango de B se observa que como máximo puede ser 3 ya que es el número máximo de filas que se pueden incluir y por tanto se sabe que contiene al menos una submatriz A de rango 3, luego se concluye que el $rg(B) = 3 = rg(A) = 3 = n$ que es el número de incógnitas y por tanto se trata de un sistema compatible determinado con una única solución.

Para resolver el sistema se puede aplicar cualquiera de los métodos vistos hasta ahora ya que se trata de un sistema de Cramer y la solución es

$$x = 2,\ y = 1 \text{ y } z = 0$$

■

Ejemplo 3.10. Estudiar la compatibilidad del sistema:

$$\begin{cases} x + y + z = 3 \\ x + z = 2 \\ 2x + y + 2z = 5 \end{cases}$$

La matriz de coeficientes viene dada por

$$A = \begin{pmatrix} 1 & 1 & 1 \\ 1 & 0 & 1 \\ 2 & 1 & 2 \end{pmatrix}$$

Y la matriz ampliada será

$$B = \left(\begin{array}{ccc|c} 1 & 1 & 1 & 3 \\ 1 & 0 & 1 & 2 \\ 2 & 1 & 2 & 5 \end{array}\right)$$

para determinar los rangos se calcula

$$|A| = \begin{vmatrix} 1 & 1 & 1 \\ 1 & 0 & 1 \\ 2 & 1 & 2 \end{vmatrix} = 0$$

Luego $rg(A) < 3$.

A continuación se considera el menor

$$\begin{vmatrix} 1 & 1 \\ 1 & 0 \end{vmatrix} = -1 \neq 0$$

lo que permite afirmar que, $rg(A) = 2$.

A continuación se calcula el rango de B

$$rg(B) = rg\left(\begin{array}{ccc|c} 1 & 1 & 1 & 3 \\ 1 & 0 & 1 & 2 \\ 2 & 1 & 2 & 5 \end{array}\right) = rg\begin{pmatrix} 1 & 1 & 1 & 3 \\ 1 & 0 & 1 & 2 \end{pmatrix} = 2$$

Ya que la tercera fila se puede obtener como suma de la primera y la segunda.

Por tanto, $rg(A) = rg(B) = 2 < n = 3$, y por tanto el sistema es compatible indeterminado. La resolución se hace con las ecuaciones que han proporcionado el rango máximo y que en este caso son la primera y la segunda. A su vez, la incógnita que corresponde a la columna que no ha intervenido en el menor de orden dos se despeja y se considera como un parámetro.

$$\left\{ \begin{array}{c} x + y = 3 - z \\ x = 2 - z \end{array} \right.$$

En este caso la matriz de coeficientes, que se sabe que tiene rango dos, es

$$\begin{pmatrix} 1 & 1 \\ 1 & 0 \end{pmatrix}$$

y la matriz ampliada, también de rango dos es

$$\begin{pmatrix} 1 & 1 & 3 - z \\ 1 & 0 & 2 - z \end{pmatrix}$$

Por tanto se puede decir que este sistema de dos ecuaciones y dos incógnitas (x, y) es un sistema de Cramer y se resuelve haciendo:

$$x = \frac{|A_x|}{|A|} = \frac{\begin{vmatrix} 3 - z & 1 \\ 2 - z & 0 \end{vmatrix}}{-1} = \frac{-(2 - z)}{-1} = 2 - z$$

$$y = \frac{|A_y|}{|A|} = \frac{\begin{vmatrix} 1 & 3 - z \\ 1 & 2 - z \end{vmatrix}}{-1} = \frac{2 - z - 3 + z}{-1} = 1$$

■

Ejemplo 3.11. Estudiar la compatibilidad del sistema:

$$\left\{ \begin{array}{c} x + y + z = 3 \\ x + z = 2 \\ 2x + y + 2z = 1 \end{array} \right.$$

La matriz de coeficientes viene dada por

$$A = \begin{pmatrix} 1 & 1 & 1 \\ 1 & 0 & 1 \\ 2 & 1 & 2 \end{pmatrix}$$

Y la matriz ampliada será

$$B = \left(\begin{array}{ccc|c} 1 & 1 & 1 & 3 \\ 1 & 0 & 1 & 2 \\ 2 & 1 & 2 & 1 \end{array} \right)$$

El rango de A es dos ya que la tercera fila se obtiene como suma de la primera más la segunda. Sin embargo el rango de B es tres ya que

$$\begin{vmatrix} 1 & 1 & 3 \\ 0 & 1 & 2 \\ 1 & 2 & 1 \end{vmatrix} = -4$$

Luego $rg(A) = 2 \neq rg(B) = 3$ y por tanto el sistema es incompatible.

■

3.5. Sistemas homogéneos

Cuando todos los términos independientes de un sistema son cero, se dice que es un **sistema homogéneo**. Su expresión es:

$$\begin{cases} a_{11}x_1 + a_{12}x_2 + \cdots + a_{1n}x_n = 0 \\ a_{21}x_1 + a_{22}x_2 + \cdots + a_{2n}x_n = 0 \\ \vdots \\ a_{m1}x_1 + a_{m2}x_2 + \cdots + a_{mn}x_n = 0 \end{cases}$$

Se puede afirmar que todo sistema homogéneo es compatible ya que tiene, al menos, la **solución trivial** que viene dada por

$$x_1 = 0, x_2 = 0, ..., x_n = 0$$

Si además se cumple que $rg(A) < n$ el sistema es compatible indeterminado y admitirá infinitas soluciones.

Ejemplo 3.12. Sea el sistema

$$\left\{ \begin{array}{l} 2x+3y-z=0 \\ x-2y+11z=0 \end{array} \right.$$

Para determinar el rango de la matriz asociada A

$$rgA = rg\begin{pmatrix} 2 & 3 & -1 \\ 1 & -2 & 11 \end{pmatrix}$$

Se toma cualquier menor de orden 2

$$\begin{vmatrix} 2 & 3 \\ 1 & -2 \end{vmatrix} = -4-3=-7 \neq 0$$

Por tanto y como el rango es 2, se puede asegurar que existe solución distinta de la trivial, pues $rgA = 2 \leq 3$ que es el número de incógnitas.

Resolviendo por Gauss

$$\left(\begin{array}{cc|c} 2 & 3 & z \\ 1 & -2 & -11z \end{array} \right)$$

$$\xrightarrow{F_1 \longleftrightarrow F_2} \left(\begin{array}{cc|c} 1 & -2 & -11z \\ 2 & 3 & z \end{array} \right)$$

$$\xrightarrow{F_2' = F_2 - 2F_1} \left(\begin{array}{cc|c} 1 & -2 & -11z \\ 0 & 7 & 23z \end{array} \right)$$

de donde se obtiene

$$y = \frac{23}{7}z$$

Sustituyendo en la primera ecuación

$$x - 2 \cdot \left(\frac{23}{7}\right) z = -11z \Rightarrow x = \frac{-31}{7}z$$

Luego la solución es $\left(\frac{-31}{7}z,\ \frac{23}{7}z,\ z\right)$.

■

3.6. Sistemas con parámetros

En ocasiones, alguno de los coeficientes de las incógnitas o alguno de los términos independientes pueden ser parámetros. En estos casos el estudio se inicia también analizando los rangos de la matriz de coeficientes y de la matriz ampliada. Estos rangos dependerán de los valores que tome el parámetro y según los mismos se tendrá un sistema compatible (determinado o indeterminado) o incompatible. El siguiente ejemplo ilustra esta situación.

Ejemplo 3.13. Sea el sistema

$$\begin{cases} x + ay - z = 1 \\ 2x + y - az = 2 \\ x - y - z = a - 1 \end{cases}$$

Cuaya matriz de coeficientes viene dada por

$$A = \begin{pmatrix} 1 & a & -1 \\ 2 & 1 & -a \\ 1 & -1 & -1 \end{pmatrix}$$

Y su determinante es:

$$\begin{vmatrix} 1 & a & -1 \\ 2 & 1 & -a \\ 1 & -1 & -1 \end{vmatrix} = -(a-2)(a+1)$$

- Se supone $a \neq -1$ y $a \neq 2$. En ese caso $|A| \neq 0$ y por tanto el rango de A es máximo (3). Como consecuencia, el rango de la matriz ampliada también es 3 entonces el sistema es compatible determinado (SCD).

- Si $a = -1$, $|A| = 0$ y por tanto $rg(A) < 3$ considerando el menor

$$\begin{vmatrix} 1 & -1 \\ 2 & 1 \end{vmatrix} = 3 \neq 0$$

Ahora se estudia el rango de la matriz ampliada $rg(B)$

$$B = \left(\begin{array}{ccc|c} 1 & -1 & -1 & 1 \\ 2 & 1 & 1 & 2 \\ 1 & -1 & -1 & -2 \end{array}\right)$$

y se ve que el menor

$$\begin{vmatrix} 1 & -1 & 1 \\ 2 & 1 & 2 \\ 1 & -1 & -2 \end{vmatrix} = -6 \neq 0$$

Por tanto $rg(B) = 3$ y el sistema es incompatible (SI) ya que $rg(A) = 2 \neq rg(B) = 3$.

- Si $a = 2$ el rango de A es dos ya que

$$\begin{vmatrix} 1 & 2 \\ 2 & 1 \end{vmatrix} = -3 \neq 0$$

Y la matriz ampliada será

$$B = \left(\begin{array}{ccc|c} 1 & 2 & -1 & 1 \\ 2 & 1 & -2 & 2 \\ 1 & -1 & -1 & 1 \end{array} \right)$$

Que también tiene rango dos pues la tercera fila es el resultado de restar a la segunda la primera. Por tanto el sistema es compatible indeterminado (SCI) pues $rg(A) = rg(B) = 2 < n = 3$ que es el número de incógnitas.

■

3.7. Palabras clave

Coeficiente
Combinación lineal.
Discusión de sistemas
Expresión matricial
Incógnita
Método de Gauss
Regla de Cramer
Resolución por inversión
Resolución por triangulación
Sistema compatible
Sistema compatible determinado
Sistema compatible indeterminado
Sistema de ecuaciones
Sistema de ecuaciones lineales
Sistema dependiente parámetros
Sistema equivalente
Sistema en forma de matricial
Sistema homogéneo
Sistema incompatible
Solución de un sistema
Solución trivial
Teorema de Rouché-Froebenius
Término independiente

3.8. AUTOEVALUACIÓN

1. Un sistema de m ecuaciones y n incógnitas se dice que es incompatible si:

   a) No tiene ninguna solución.

   b) Tiene al menos una solución, pero no puede calcularse usando la Regla de Cramer.

   c) Tiene infinitas soluciones y no se pueden expresar todas las soluciones de forma sencilla.

2. Dado un sistema de n ecuaciones lineales con m incógnitas tal que $n < m$, si el rango de la matriz de coeficientes es n, se puede afirmar que el sistema es:

   a) Incompatible.

   b) Compatible determinado.

   c) Compatible indeterminado.

3. Dado un sistema de n ecuaciones lineales con m incógnitas tal que $n = m$, si el rango de la matriz de coeficientes es n, se puede afirmar que el sistema es:

   a) Incompatible.

   b) Compatible determinado.

   c) Compatible Indeterminado.

4. Un sistema de n ecuaciones lineales con m incógnitas tal que $m = n$

   a) Puede tener o no solución dependiendo de cual sea el rango de la matriz de coeficientes.

   b) Tiene solución única siempre ya que $n = m$

   c) No puede tener infinitas soluciones.

5. Dado un sistema de dos ecuaciones con dos incógnitas tal que el determinante de la matriz del sistema es distinto de 0, entonces puede afirmarse que el sistema es:

   a) Incompatible.

   b) Compatible determinado.

   c) Compatible indeterminado.

6. Se dice que un sistema de ecuaciones lineales es determinado si:

   a) $n = m$ y el rango de la matriz de coeficientes es menor que n.

   b) $n = m$ y la matriz de coeficientes es regular.

   c) Siempre que la matriz de coeficientes tenga determinante.

7. Dado un sistema de ecuaciones lineales, se dice que es homogéneo si:

   a) Todas las ecuaciones tienen los mismos sumandos.

   b) Todas las incógnitas son iguales.

   c) Los términos independientes de todas las ecuaciones son cero.

8. Dado un sistema de ecuaciones lineales homogéneo con n ecuaciones y m incógnitas se puede afirmar que:

   a) Siempre tiene al menos una solución.

   b) Solo tiene la solución trivial.

   c) Dependiendo del rango de la matriz asociada puede no tener ninguna solución.

9. El teorema de Rouche-Frobenius afirma que:

   a) Un sistema de ecuaciones lineales es compatible si y solo si el rango de la matriz de coeficientes coincide con el de la matriz ampliada.

   b) Un sistema de ecuaciones lineales es compatible si y solo si el rango de la matriz de coeficientes coincide con el número de ecuaciones del sistema

   c) Un sistema de ecuaciones lineales es compatible si y solo si el rango de la matriz de coeficientes coincide con el número de incógnitas del sistema.

10. Un sistema de ecuaciones lineales con n ecuaciones y m incógnitas que contenga algún parámetro:

    a) Siempre es compatible indeterminado porque depende del parámetro.

    b) Su compatibilidad se estudia usando el teorema de Rouché-Frobenius.

    c) Su compatibilidad se estudia usando el teorema de Cramer.

3.9. PROBLEMAS

1. Dada la siguiente igualdad matricial, escríbanse las ecuaciones del sistema que representa.

$$\begin{pmatrix} 3 & 5 \\ 1 & 0 \\ -4 & 7 \end{pmatrix} \begin{pmatrix} x \\ y \end{pmatrix} = \begin{pmatrix} 1 \\ 2 \\ 5 \end{pmatrix}$$

2. Escríbase en forma matricial el siguiente sistema de ecuaciones

$$\begin{cases} x - y + 3z = 1 \\ 2x + 3y - z = 5 \end{cases}$$

3. Dado el siguiente sistema de ecuaciones comprobar si es un sistema de Cramer y, en caso afirmativo, resolverlo.

$$\begin{cases} 5x + 7y + 4z = 286 \\ 6x + 4y - 9z = 89 \\ 8x + 9y - 2z = 311 \end{cases}$$

4. Resolver el siguiente sistema por el método de Gauss-Jordan

$$\begin{cases} 2x - y + 3z - 7t = 5 \\ 6x - 3y + z - 4t = 7 \\ 4x - 2y + 14z31t = 18 \end{cases}$$

5. Resolver el siguiente sistema de ecuaciones homogéneo

$$\begin{cases} x + 2y + 3z = 0 \\ x + y + 2z = 0 \\ x + 3y + 4z = 0 \end{cases}$$

6. Discutir según los valores de λ y resolver cuando el sistema sea compatible

$$\begin{cases} \lambda x + 9y = 25 \\ 5x + \lambda y = 19 \\ 3x + 2y = \lambda \end{cases}$$

7. En un restaurante hacen pedidos al distribuidor de leche y agua de forma online y se obtiene un 10 % de descuento en la leche y un 12,5 % en el agua. Al hacer un pedido de 200 litros de leche y 480 botellines de agua se han de pagar 348 euros y se ahorran 44 euros. Calcular los precios originales de los productos y el precio unitario pagado por cada uno. NOTA: Usar Gauss o cálculo matricial en la resolución del problema

8. Dos hermanos, Diana y Raúl, van a comprar discos y películas. Diana compra 1 película y 2 discos de música. Raúl compra 2 películas y 3 discos.

   a) Escriba la matriz 2 por 2 que expresa el número de discos y películas comprados por cada uno.

   b) Si han gastado 42 y 72 euros respectivamente, escribir el sistema de ecuaciones y calcular el precio de las películas y de los discos.

   Nota: Resolver por el método de Gauss o por algún otro método matricial (Cramer o matriz inversa).

9. Discutir y resolver si es posible

$$\left\{\begin{array}{c} x+2y+8z=1 \\ x+y+5z=2 \\ 2x+3z=3 \end{array}\right.$$

10. Discutir y resolver si es posible

$$\left\{\begin{array}{c} 3x+7y+4z=17 \\ x+4y+3z=9 \\ 4x+y-3z=6 \end{array}\right.$$

■

Capítulo 4

FUNCIONES

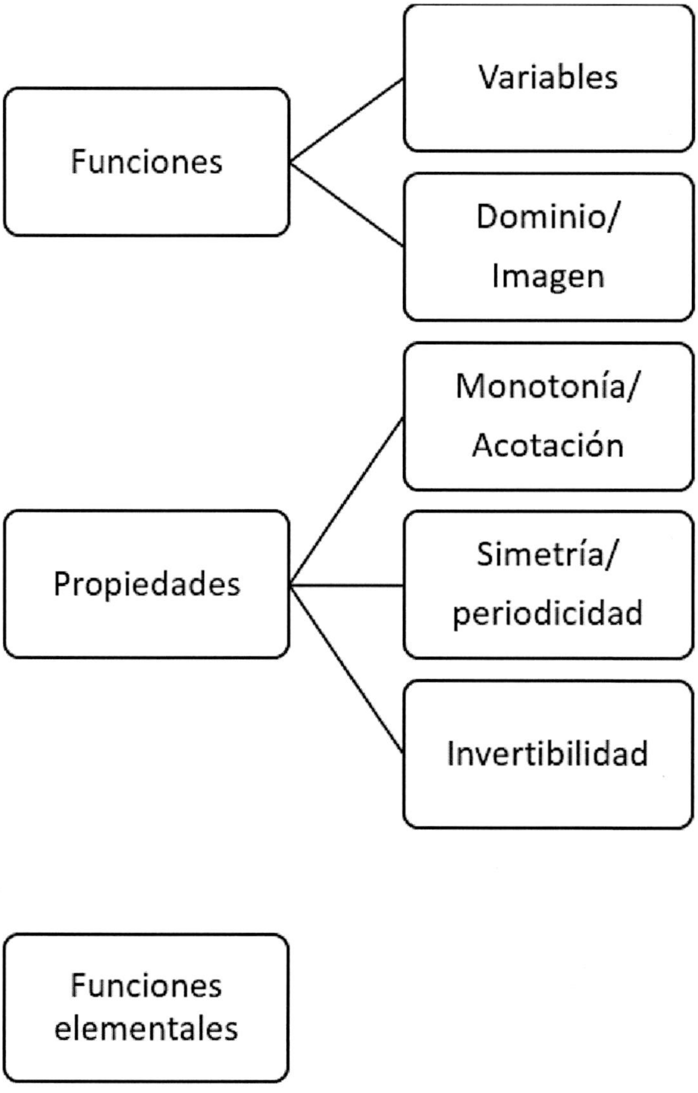

Objetivos

- Ser capaz de expresar con notación matemática problemas en los que intervienen dos variables, una dependiente y otra independiente.
- Poder determinar el dominio de definición de un función y el recorrido de la misma.
- Operar con funciones, tanto desde el punto de vista algebraico, como de composición o inversión de funciones.
- Saber identificar las principales propiedades de las funciones, como la monotonía, saber si la función es par o impar, si está acotada, si es periódica,...
- Conocer la expresión y principales propiedades de las funciones elementales (polinómicas, logarítmicas, exponenciales, trigonométricas).

4.1. Introducción

La naturaleza, así como la acción humana, presentan fenómenos de todo tipo, de la observación detenida de los mismos se encuentra que en ellos hay diversas magnitudes relacionadas entre sí, bien por una relación numérica, bien por una relación de otro tipo.

A finales del siglo XVIII un importante número de científicos y matemáticos habían determinado que una gran variedad de estos fenómenos se podían representar mediante modelos matemáticos que estaban construidos mediante relaciones o correspondencias entre las diversas magnitudes tratadas.

Por tanto, se puede decir que de forma intuitiva una función es una correspondencia o una relación entre dos de esas magnitudes observadas, si bien este concepto deberá ser matizado para alcanzar la precisión necesaria.

4.2. Función

Se dice que una relación entre dos conjuntos A y B es un conjunto de **pares ordenados** de la forma (x, y), donde $x \in A$ e $y \in B$. A partir de aquí se puede pensar en el concepto de función **uniforme** como una relación entre dos conjuntos A y B con la propiedad de que para cada valor de x, existe un único valor de y. Es decir, una función es una regla que asigna a cada uno de los valores de A un único valor de B.

En contraposición a las funciones uniformes están las funciones **multiformes**, que para cada valor de A asignan más de un valor de B.

La variable x se denomina **variable independiente** y la variable y variable **dependiente**.

Normalmente se representa la función mediante la notación f, y el valor que toma la función para el valor x se denota como $f(x)$. Por tanto se escribe una función **real de variable real**

$$\begin{array}{rcl} f: A \subset \mathbb{R} & \longrightarrow & B \subset \mathbb{R} \\ x & \longmapsto & y = f(x) \end{array}$$

que suele también escribirse como

$$\begin{array}{rcl} f: \mathbb{R} & \longrightarrow & \mathbb{R} \\ x & \longmapsto & y = f(x) \end{array}$$

4.2.1. Dominio de una función

El **dominio** de una función f es el conjunto de todos los valores para los cuales la función está definida. Por lo general la propia función define de forma implícita su dominio. Si la función especifica los puntos para los que está definida, a ese conjunto de puntos se le llama **dominio explícito**.

Así pues, dada una función $f(x)$, se denomina dominio de la función al conjunto de elementos $A \subset \mathbb{R}$, de forma que para todo elemento $x \in A$, existe un número real $y = f(x)$.

El dominio de la función f se denota como

$$Dom(f) = A = \{x \in A : y = f(x)\}$$

Ejemplo 4.1. Hallar el dominio de las siguientes funciones:

a) $f(x) = x^3$

El dominio son todos los números reales, $Dom(f) = \mathbb{R}$

b) $f(x) = +\sqrt{x}$

El dominio son todos los números reales positivos y el 0, valores para los que implícitamente está definida la función, $Dom(f) = \mathbb{R}^+ \cup \{0\}$

c) $f(x) = \sqrt{-x+5x}, \forall x \in \{1, 4, 16\}$

En este caso el dominio es explícito, luego $Dom(f) = \{1, 4, 16\}$

■

Ejemplo 4.2. Determinar el dominio de la función $f(x) = \sqrt{\dfrac{x-3}{(x^2-1)}}$

Al tratarse de una raíz cuadrada, se debe cumplir que el radicando ha de ser mayor o igual que 0

$$\frac{x-3}{(x^2-1)} \geq 0$$

además como hay una fracción se ha de cumplir que el denominador ha de ser no nulo

$$x^2 - 1 \neq 0$$

Entonces en estos casos es intesante hacer un estudio de los signos de la función,

$$\frac{x-3}{(x^2-1)} = \frac{(x-3)}{(x-1)(x+1)}$$

Se construye una tabla en la que aparecen por un lado los monomios y por otro los intervalos donde cambia el signo, que se obtienen a partir de los valores que anulan los monomios, $x+1$, $x-1$ y x-3, y que son -1, $+1$ y $+3$.

	$x+1$	$x-1$	$x-3$	$x-3/(x^2-1)$
$(-\infty, -1)$	$-$	$-$	$-$	$-$
$(-1, 1)$	$+$	$-$	$-$	$+$
$(1, 3)$	$+$	$+$	$-$	$-$
$(3, +\infty)$	$+$	$+$	$+$	$+$

El valor 3 pertenece al dominio, pues la función en ese punto puede calcularse y vale 0.

Los valores -1 y 1 no pertenecen al dominio, pues anulan el denominador.

Luego el dominio es

$$\text{Dom } f(x) = (-1, 1) \cup [3, +\infty)$$

■

4.2.2. Imagen de una función

La **imagen** de una función f, también denominado **recorrido** o **rango** de la función, es el conjunto de valores que toma la función para cada uno de los valores de su dominio.

El conjunto imagen de f se denota como:

$$Im(f) = B = \{f(x) : x \in Dom(f)\}$$

Ejemplo 4.3. Hallar la imagen de las siguientes funciones:

a) $f(x) = x^3$

La imagen son todos los números reales, $Im(f) = \mathbb{R}$.

b) $f(x) = +\sqrt{x}$

La imagen son todos los números reales positivos y el 0, $Im(f) = \mathbb{R}^+ \cup \{0\}$.

c) $f(x) = -\sqrt{-x + 5x}, \forall x \in \{1, 4, 16\}$

En este caso el dominio de la función viene explicitado, luego la imagen son aquellos valores que devuelve la función evaluada en los valores del dominio y son: $Im(f) = \{-2, -4, -8\}$.

■

4.2.3. Gráfica de una función

De la definición de función se tiene que para cada valor $x \in Dom(f)$ se obtiene un valor $y = f(x) \in Im(f)$. Se llama **grafo** al conjunto de todos los pares ordenados (x, y) de la función.

A la representación de todos los pares ordenados en el plano, también denominados **puntos** del plano, se le llama **gráfica** de la función f, por tanto la gráfica es una representación de la función. Ver figura 4.1.

Figura 4.1: Puntos en el plano y gráfica de la función

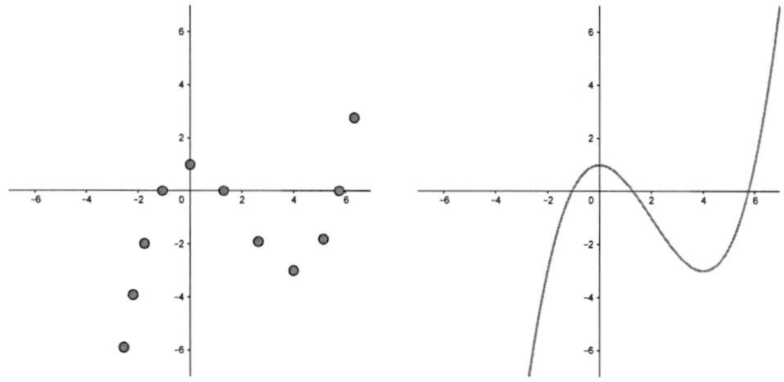

a) Puntos en el plano b) Gráfica de la función

Por el denominado **criterio de la recta vertical**, ver figura 4.2, una recta vertical corta a una función a lo sumo una vez, lo que implica que para cada valor de x existe como máximo un valor de $y = f(x)$ tal y como especificaba la definición de función real de una variable real.

Figura 4.2: Criterio de la recta vertical

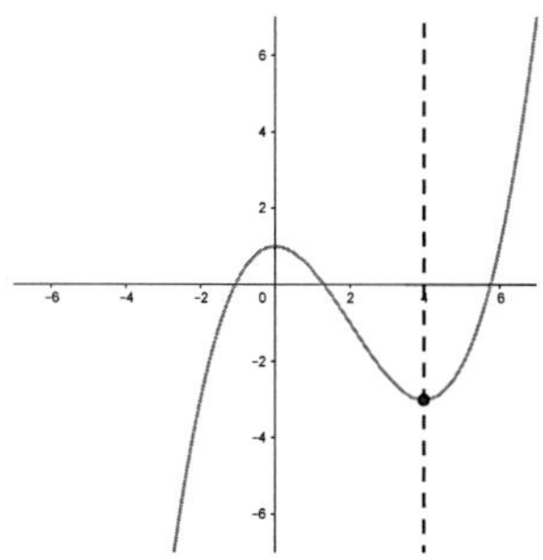

4.2.4. Función inyectiva

Se dice que una función f es **inyectiva**, también denominada función **uno a uno**, si se cumple que al aplicar la función sobre elementos distintos del dominio se obtienen imágenes distintas, o lo que es lo mismo, cuando no existen dos elementos distintos del dominio que tengan la misma imagen. Es decir dada la siguiente función

$$\begin{array}{rcl} f: A \subset \mathbb{R} & \longrightarrow & B \subset \mathbb{R} \\ x & \longrightarrow & y = f(x) \end{array}$$

se dice que es inyectiva si se tiene

$$a = b \Leftrightarrow f(a) = f(b)$$

Se dice que una función f de A en B es **suprayectiva** o sobreyectiva si su imagen o rango es todo el conjunto B, es decir $Im(f) = B$.

Se dice que una función f de A en B es **biyectiva** si es inyectiva y suprayectiva.

Ejemplo 4.4. Especificar si las siguientes funciones son inyectivas:

a) $f(x) = x^3$

Es inyectiva, para cada par de valores a y b, cumpliendo que $a = b$, se tiene que $f(a) = f(b)$

b) $f(x) = \pm\sqrt{x}$

No es inyectiva, existen dos valores $f(a)$ y $f(b)$ distintos tales como 2 y -2, y sin embargo $a = 4 = b$.

c) $f(x) = \pm\sqrt{-x+5x}, \forall x \in \{1, 4, 16\}$

No es inyectiva, existen dos valores $f(a)$ y $f(b)$ distintos tales como 4 y -4, y sin embargo $a = 4 = b$

■

4.2.5. Función a trozos

Una función **a trozos** o **por partes** es aquella que aplica una regla o ecuación diferente dependiendo del valor de la variable independiente.

Se suelen representar mediante casos para cada uno de los subintervalos en que se divide la definición.

$$f(x) = \begin{cases} f_1(x) & \forall x \in (-\infty, x_0) \\ f_2(x) & \forall x \in [x_0, x_1) \\ f_3(x) & \forall x \in [x_1, x_2) \\ etc... & \cdots \end{cases}$$

Ejemplo 4.5. Dibujar las gráficas de las siguientes funciones a trozos:

a) $f(x) = \begin{cases} x^2 & \forall x \in (-\infty, 0) \\ x & \forall x \in [0, 1] \\ x^3 & \forall x \in (1, \infty) \end{cases}$

Ver figura 4.3 a)

b) $f(x) = \begin{cases} x-1 & \forall x \in (-\infty, 0) \\ x+1 & \forall x \in [0, \infty) \end{cases}$

Ver figura 4.3 b)

c) $f(x) = \begin{cases} x & \forall x \in (-\infty, 0) \\ x^2 & \forall x \in [1, \infty) \end{cases}$

Ver figura 4.3 c)

Figura 4.3: Funciones a trozos

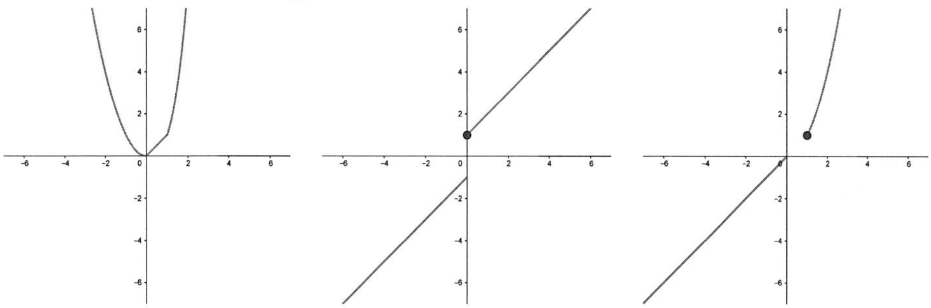

a) b) c)

■

4.3. Operaciones con funciones

De la misma manera que se podía realizar operaciones con los números, se va a poder realizar operaciones con las funciones, si bien se tendrá que tener en cuenta los dominios de cada una de las funciones intervinientes.

Sean las funciones f y g definidas en los conjuntos A y B respectivamente

$$\begin{aligned} f : A \subset \mathbb{R} &\longrightarrow \mathbb{R} \\ x &\longmapsto y = f(x) \end{aligned}$$

$$\begin{aligned} g : B \subset \mathbb{R} &\longrightarrow \mathbb{R} \\ x &\longmapsto y = g(x) \end{aligned}$$

Suma (diferencia) de funciones

Se define la función **suma** (**diferencia**) de f y g y se denota como$f \pm g$, mediante la expresión

$$(f \pm g)(x) = f(x) \pm g(x)$$

y donde el dominio de la función suma (diferencia) $Dom(f \pm g)$ estará formado por todos los valores para los que está definida la expresión $f(x) \pm g(x)$, que no es otro que el conjunto de todos los x que están en el dominio de f y que están a la vez en el dominio de g, luego se tiene

$$Dom(f \pm g) = Dom(f) \cap Dom(g) = A \cap B$$

Producto de un escalar por una función

Se define la función **producto** de un valor real c, denominado **escalar**, y una función f , que se denota como $c \cdot f$, mediante la expresión

$$(c \cdot f)(x) = c \cdot f(x)$$

y donde el dominio de la función resultante es

$$Dom(c \cdot f) = \mathbb{R} \cap Dom(f) = Dom(f) = A$$

Producto de funciones

Se define la función **producto** de f y g , que se denota como $f \cdot g$, mediante la expresión

$$(f \cdot g)(x) = f(x) \cdot g(x)$$

y donde el dominio de la función producto es

$$Dom(f \cdot g) = Dom(f) \cap Dom(g) = A \cap B$$

La suma y el producto de funciones son asociativas y conmutativas, además de existir la propiedad distributiva para la suma y el producto de funciones.

Cociente de funciones

Se define la función **cociente** de f y g, que se denota como $\frac{f}{g}$, mediante la expresión

$$\left(\frac{f}{g}\right)(x) = \frac{f(x)}{g(x)}$$

y donde el dominio de la función cociente es ahora la intersección del dominio de f y el dominio de g menos los valores x en que la función g vale 0

$$Dom\left(\frac{f}{g}\right) = (Dom(f) \cap Dom(g)) \setminus \{x : g(x) = 0\}$$

4.4. Composición de funciones

Componer dos funciones como su nombre indica es hacer una composición aplicando primero una función a un determinado valor y al resultado obtenido se le aplica una segunda función. Por lo tanto para poder componer dos funciones el conjunto imagen de la primera función tiene que coincidir, o al menos estar incluido, con el conjunto dominio de la segunda.

Se denomina función **compuesta** que se denota $(g \circ f)$ y se lee «f compuesto con g», a la que resulta de aplicar a la variable independiente x en primer lugar la función f y después al resultado $f(x)$ la función g.

Nótese que el orden de la escritura de la composición, $(g \circ f)$, es el inverso al orden de actuación de las funciones. Puede entenderse mejor el concepto si se escribe la composición de la siguiente manera, $g\left(f(x)\right)$ donde claramente a la variable x se le aplica primero la función f y al resultado obtenido se le aplica la función g.

$$(g \circ f)(x) = g\left(f(x)\right)$$

El dominio de la composición de funciones es el conjunto de todos los valores x del dominio de f tales que $f(x)$ pertenece al dominio de g

$$Dom\,(g \circ f) = \{x \in Dom(f) / f(x) \in Dom(g)\}$$

Ejemplo 4.6. Dadas las siguientes funciones $f(x) = x^2$ y $g(x) = x + 3$, hallar las siguientes composiciones de funciones

a)$(g \circ f)(x)$

$$(g \circ f)(x) = g\left(f(x)\right) = g(x^2) = x^2 + 3$$

b)$(f \circ g)(x)$

$$(f \circ g)(x) = f\left(g(x)\right) = f(x+3) = (x+3)^2 = x^2 + 6x + 9$$

■

La composición de funciones es asociativa, pero tal y como se ha podido ver en el ejemplo anterior la composición de funciones no es conmutativa

$$(g \circ f)(x) \neq (f \circ g)(x)$$

4.5. FUNCIÓN INVERSA

Se llama **recíproca** o **inversa** de una función a la correspondencia obtenida al intercambiar las imágenes por los correspondientes valores originales del dominio de la función.

Puede darse el caso por tanto que la inversa no sea una función tal y como se ha definido. Bastará para ello que en la función original dos elementos diferentes tengan la misma imagen, por lo que la inversa de la función asignará a esa imagen los dos valores originales, lo que entra en contradicción con la definición de función.

Ejemplo 4.7. Sea la función $f(x) = x^2$. Hallar la inversa y comprobar si es o no una función.

Hay que hallar una correspondencia que a cada valor de la imagen le haga corresponder un valor del dominio. Se define la correspondencia intercambiando los valores imágenes por los valores originales, de forma que a cada valor de la imagen se le asigne la raíz cuadrada de la misma.

$$g(y) = \pm\sqrt{y} = x$$

Pero entonces la correspondencia asigna al valor 4 los valores originales 2 y -2, en contradicción con el hecho contradice de que g sea una función, pues no se asigna a cada uno de los valores del ahora dominio, un único valor de la nueva imagen. Ver figura 4.4.

■

Figura 4.4: Funciones $f(x) = x^2$ y $g(y) = \pm\sqrt{x}$

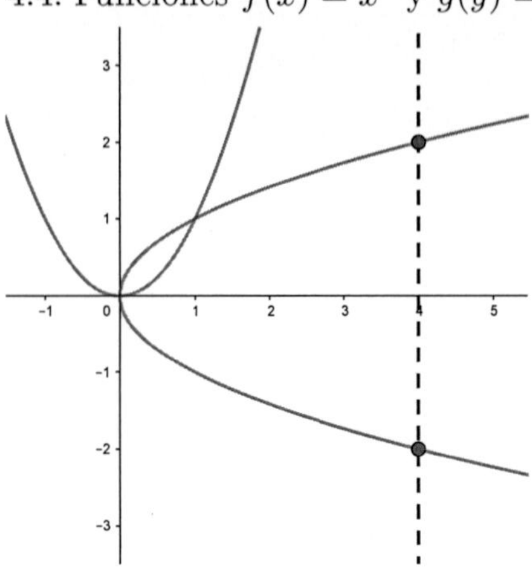

El caso anterior viene dado porque aunque f es uniforme, su inversa puede no serlo. Una posible solución es considerar la inversa como un conjunto de funciones uniformes, cada una de las cuales se llama **rama**.

Pero la manera de asegurarse que el supuesto anterior no ocurra es que la función original sea inyectiva. Efectivamente si se tiene que la función f es inyectiva de A en B, entonces el nuevo conjunto de pares obtenido por la función inversa genera una correspondencia g de B en A que es también una función y que además es inyectiva.

Se denomina función inversa de una función $f(x)$ y se denota por f^{-1}, a aquella por la que podemos expresar la x como variable dependiente de y, ahora convertida en variable independiente.

Se deduce de lo anterior que una función f posee función inversa f^{-1} si y solo si f es una funcion inyectiva.

La función inversa f^{-1} verifica la propiedad de que la composición de una función con su inversa es la identidad

$$\left(f^{-1} \circ f\right)(x) = \left(f \circ f^{-1}\right)(x) = x$$

El dominio de la función inversa es la imagen de la función original y su imagen es el dominio de la función original

$$Dom(f^{-1}) = Im(f)$$

$$Im(f^{-1}) = Dom(f)$$

La gráfica de la función f y de la función f^{-1} son simétricas respecto a la bisectriz del primer cuadrante, es decir, respecto de la función $f(x) = x$. Ver figura 4.5.

La inversa de la función inversa es la propia función original

$$\left(f^{-1}\right)^{-1}(x) = f(x)$$

4.5.1. Método para hallar la función inversa

Para hallar la función inversa $f^{-1}(x)$ de una función dada, $f(x)$, se van a seguir los siguientes pasos

i) Escribir la expresión a invertir en función de la variable y.

ii) Intercambiar y por x.

iii) Despejar la y.

iv) Cambiar la y por f^{-1}.

Ejemplo 4.8. Calcular la función inversa de $f(x) = 5x^5 + 7$

La función es inyectiva y está definida para todos los números reales, en consecuencia, su correspondencia recíproca es una función. Siguiendo el método para hallar la función inversa se tiene:

i) Expresar la expresión a invertir en función de la variable y

$$y = 5x^5 + 7$$

ii) Intercambiar y por x

$$x = 5y^5 + 7$$

iii) Despejar la y

$$x = 5y^5 + 7$$

$$x - 7 = 5y^5$$

$$y^5 = \frac{x-7}{5}$$

$$y = \sqrt[5]{\frac{x-7}{5}}$$

iv) Cambiar la y por f^{-1}, y ya se tiene la función inversa buscada. Ver figura 4.5.

$$f^{-1}(x) = \sqrt[5]{\frac{x-7}{5}}$$

Figura 4.5: Función y su inversa

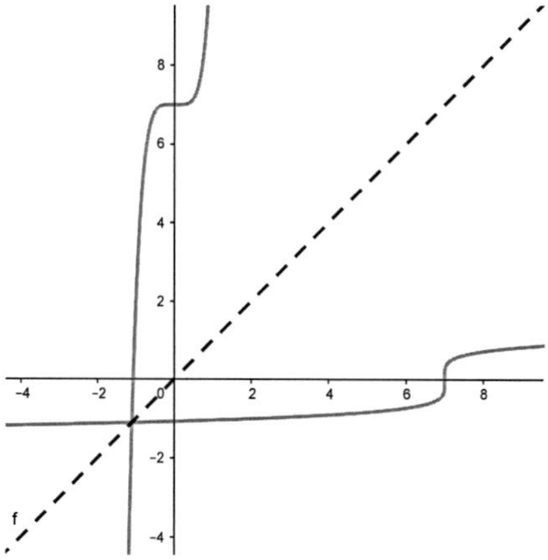

$f(x) = 5x^5 + 7$ y $f^{-1}(x) = \sqrt[5]{\frac{x-7}{5}}$

■

Ejemplo 4.9. Calcular la función inversa de $f(x) = \dfrac{x-1}{2x+3}$

La función es inyectiva y está definida para todos los números reales excepto para $x = -\dfrac{3}{2}$. Siguiendo el método para hallar la función inversa se tiene

i) Expresar la expresión a invertir en función de la variable y

$$y = \frac{x-1}{2x+3}$$

ii) Intercambiar y por x

$$x = \frac{y-1}{2y+3}$$

iii) Despejar la y

$$(2y+3)\,x = y-1$$

$$2yx + 3x = y - 1$$

$$2yx - y = -3x - 1$$

$$y(2x-1) = -3x - 1$$

$$y = \frac{-3x-1}{2x-1}$$

iv) Cambiar la y por f^{-1}, y ya se tiene la función inversa buscada

$$f^{-1}(x) = \frac{-3x-1}{2x-1}$$

■

4.6. FUNCIÓN MONÓTONA

Se dice que una función es **monótona creciente** en un intervalo (a, b) si dados dos puntos cualesquiera del intervalo se tiene que si

$$x_1 < x_2 \Rightarrow f(x_1) \leq f(x_2)$$

Y si el resultado es $f(x_1) < f(x_2)$ se dice que la función es **estríctamente creciente**.

Análogamente se dice que una función es **monótona decreciente** en un intervalo (a, b) si dados dos puntos cualesquiera del intervalo se tiene que si

$$x_1 < x_2 \Rightarrow f(x_1) \geq f(x_2)$$

Y si el resultado es $f(x_1) > f(x_2)$ se dice que la función es **estríctamente decreciente**.

Observando con atención la definición de monotonía estricta, se tiene que para cada dos valores cualesquiera siempre la imagen de uno es menor que la imagen del otro, es decir, nunca son iguales, lo cual no es más que la definición de función inyectiva. A partir de esto se puede enunciar el siguiente resultado:

Si una función f es estrictamente monótona en un intervalo, entonces es inyectiva en ese intervalo.

Y dado que si una función f es estrictamente monótona en un intervalo, es inyectiva en el intervalo, entonces tiene función inversa.

Ejemplo 4.10. Estudiar la monotonía de la función $f(x) = x^2 + 3$ en el intervalo $(-\infty, 0)$

Se toman dos valores del intervalo $(-\infty, 0)$, por ejemplo -4 y -2 y se tiene

$$-4 < -2 \Rightarrow f(-4) = (-4)^2 + 3 = 19 \geq 7 = (-2)^2 + 3 = f(-2)$$

Luego aparentemente y para estos dos valores se cumple que la función es estrictamente decreciente, ver figura 4.6.

Figura 4.6: Función monótona

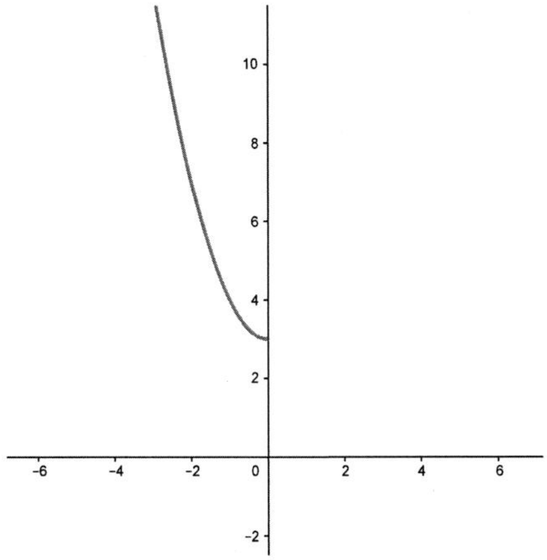

$f(x) = x^2 + 3$

■

La definición de monotonía implica que se tendría que probar para todos los valores del intervalo, pero hacer eso tomando valores de 2 en dos es una misión repetitiva, por tanto se necesitan otras herramientas para poder asegurar que la función es estrictamente decreciente en el intervalo. Estas herramientas se verán más adelante en el texto.

4.7. Función acotada

Se dice que una función $f(x)$ está **acotada superiormente** en un intervalo (a, b) si existe una constante M tal que $f(x) \leq M$ para todo x del intervalo.

- Se dice que M es una **cota superior** de la función $f(x)$. Se llama **supremo** de $f(x)$ a la menor de todas las cotas superiores. Si el supremo es un valor alcanzado por la función, entonces se denomina **máximo**.

De forma análoga se dice que una función $f(x)$ está **acotada inferiormente** en un intervalo (a, b) si existe una constante m tal que $f(x) \geq m$ para todo x del intervalo.

- Se dice que m es una **cota inferior** de la función $f(x)$. Se llama **ínfimo** de $f(x)$ a la mayor de todas las cotas inferiores. Si el ínfimo es un valor alcanzado por la función, entonces se denomina **mínimo**.

Finalmente se dice que una función $f(x)$ está **acotada** en un intervalo (a, b) si existe una constante K tal que $|f(x)| \leq K$ para todo x del intervalo.

Ejemplo 4.11. Estudiar si la función $f(x) = x^2 + 3$ está acotada en el intervalo $(-\infty, 0)$, y hallar si existen sus cotas, supremo, máximo, ínfimo y mínimo.

La función no está acotada superiormente, pues no existe un valor $M \in \mathbb{R}$ tal que $f(x) \leq M$ para todo $x \in (-\infty, 0)$.

En cambio si que está acotada inferiormente, pues existe un valor $m \in \mathbb{R}$, en particular $m = -50$ ó $m = 1$ ó $m = 3$, de forma que $f(x) \geq m$ para todo $x \in (-\infty, 0)$. Ver figura 4.7a).

A cada uno de los valores m que se pueden tomar se les llama cota inferior.

La mayor de todas las cotas inferiores es $m = 3$, luego ésta es el ínfimo.

Dado que el valor 3 no es alcanzado por la función $f(x)$ en el intervalo no hay mínimo.

■

Figura 4.7: Funciones acotadas

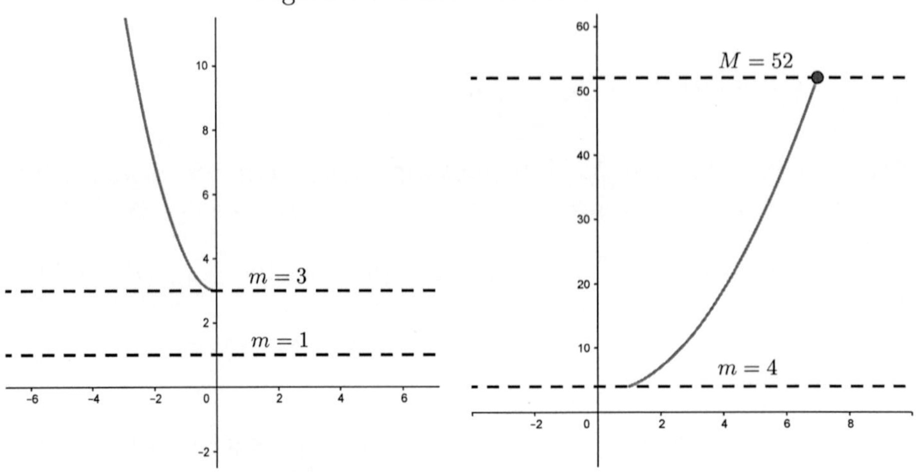

a) Función acotada inferiormente b) Función acotada

Ejemplo 4.12. Estudiar si la función $f(x) = x^2 + 3$ está acotada en el intervalo $(1, 7]$, y hallar si existen sus cotas, supremo, máximo, ínifmo y mínimo.

La función está acotada superiormente, pues existe un valor $M \in \mathbb{R}$, en particular $M = 100$ ó $M = 75$ ó $M = 52$, tal que $f(x) \leq M$ para todo $x \in (-\infty, 0)$. Ver figura 4.7b).

A cada uno de los valores M que se pueden tomar se les llama cota superior.

La mayor de todas las cotas superiores es $M = 52$, y se denomina supremo.

Dado que el valor 52 es alcanzado por la función $f(x)$ en el intervalo, entonces se denomina máximo de la función.

Por otro lado la función está acotada inferiormente, pues existe un valor $m \in \mathbb{R}$, en particular $m = 0$ ó $m = -4$ ó $m = 4$, de forma que $f(x) \geq m$ para todo $x \in (-\infty, 0)$.

La mayor de todas las cotas inferiores es $m = 4$, luego es el ínfimo.

Dado que el valor 4 no es alcanzado por la función $f(x)$ en el intervalo, entonces no hay mínimo.

■

4.8. Funciones simétricas

4.8.1. Función par e impar

Una función f se denomina **par** si para todo x se cumple que

$$f(-x) = f(x)$$

La gráfica de una función par es simétrica respecto del eje de ordenadas, OY.

Una función f se denomina **impar** si para todo x se cumple que

$$f(-x) = -f(x)$$

La gráfica de una función impar es simétrica respecto del origen de coordenadas, (0,0).

4.8.2. Método para estudiar la simetría de una función

Para determinar si una función tiene simetrías, es decir si es par o impar, hay que seguir los siguientes pasos

i) Hallar $f(-x)$ y simplificar la expresión.

ii) Si la expresión hallada es igual a $f(x)$, entonces es una función par.

iii) Si la expresión hallada es igual a $-f(x)$, entonces es una función impar.

iv) Si la expresión hallada no es igual a $f(x)$, ni a $-f(x)$, entonces la función no tiene paridad.

Ejemplo 4.13. Estudiar las simetrías de $f(x) = x^4 - 5x^2 + 4$

i) Se halla el valor de $f(-x)$ y se simplifica

$$f(-x) = (-x)^4 - 5(-x)^2 + 4 = x^4 - 5x^2 + 4 = f(x)$$

ii) Si la expresión hallada es igual a $f(x)$, entonces es una función par

Y como efectivamente la expresión $f(-x)$ es igual a $f(x)$, se puede asegurar que $f(x)$ es una función par.

Como puede observarse en la figura 4.8a), la función es simétrica respecto del eje OY.

■

Figura 4.8: Simetría de funciones

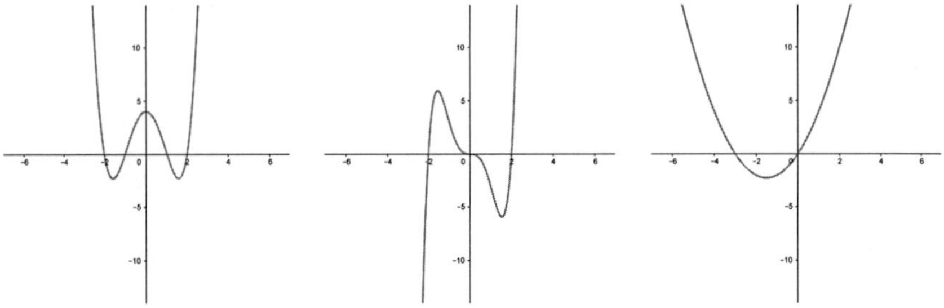

a) Función par $f(x) = x^4 - 5x^2 + 4$

b) Función impar $f(x) = x^5 - 4x^3$

c) Sin paridad $f(x) = x^2 + 3x$

Ejemplo 4.14. Estudiar las simetrías de $f(x) = x^5 - 4x^3$

i) Se halla el valor de $f(-x)$ y se simplifica

$$f(-x) = (-x)^5 - 4(-x)^3 = -x^5 + 4x^3 = -(x^5 - 4x^3) = -f(x)$$

ii) La expresión hallada no es igual a $f(x)$, luego la función $f(x)$ no es par.

iii) Si la expresión hallada es igual a $-f(x)$, entonces es una función impar

Y efectivamente la expresión $f(-x)$ es igual a $-f(x) = -\left(x^5 - 4x^3\right)$, luego se puede asegurar que $f(x)$ es una función impar.

Como puede observarse en la figura 4.8b), la función es simétrica respecto del origen de coordenadas.

■

Ejemplo 4.15. Estudiar las simetrías de $f(x) = x^2 + 3x$

i) Se halla el valor de $f(-x)$ y se simplifica

$$f(-x) = (-x)^2 + 3(-x) = x^2 - 3x$$

ii) La expresión hallada no es igual a $f(x)$, luego la función $f(x)$ no es par.

iii) La expresión hallada no es igual a $-f(x)$, luego la función $f(x)$ no es impar.

iv) Si la expresión hallada no es igual a $f(x)$, ni a $-f(x)$, entonces la función no tiene paridad.

Y tal como se muestra en la figura 4.8c), la función no es simétrica respecto del eje OY, ni respecto del origen de coordenadas.

■

4.9. Función periódica

Si la función f depende del tiempo, es decir, la variable x mide el tiempo, entonces una función periódica está representando un fenómeno que se repite periódicamente con el paso del tiempo cada T veces. Asimismo las funciones periódicas son muy utilizadas en el estudio de fenómenos con ondas y movimientos oscilatorios.

Una función $f : \mathbb{R} \to \mathbb{R}$ es **periódica**, con **periodo** T si se cumple que para todo x

$$f(x) = f(x \pm T)$$

Figura 4.9: Función periódica

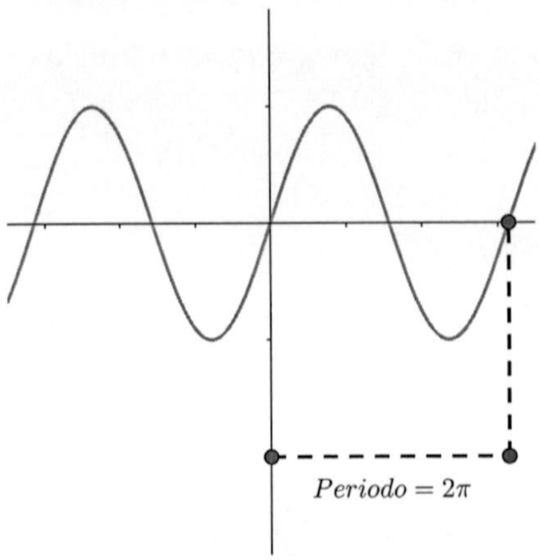

$f(x) = \operatorname{sen} x$

4.10. Funciones polinómicas y racionales

Se denomina función polinómica a la que está formada por un polinomio, $f(x) = P(x)$.

Se denomina función racional a la que está formada por un cociente de dos polinomios, $f(x) = \dfrac{P(x)}{Q(x)}$, o de dos funciones polinómicas.

Todas las operaciones descritas para los polinomios tienen validez para las funciones, así como los distintos métodos para factorizar o dividir, tales como el método de Ruffini o la descomposición en fracciones simples.

4.11. Funciones trigonométricas

4.11.1. Razones trigonométricas

Las razones trigonométricas son las relaciones existentes entre los tres lados del triángulo rectángulo, ver figura 4.10, y que dependen únicamente de los ángulos del mismo. Si se denomina por a al **cateto** adyacente, por b al cateto opuesto y por h a la **hipotenusa** y α es el ángulo que se esta midiendo, existen seis razones trigonométricas básicas:

Figura 4.10: Triángulo rectángulo

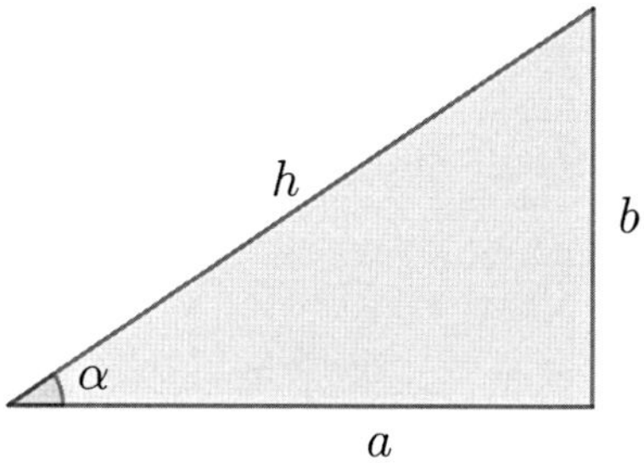

- El **seno** de un ángulo α, que es la relación entre el cateto opuesto al ángulo del que se quiere obtener la medición y la hipotenusa:

$$\operatorname{sen}\alpha = \frac{b}{h}$$

- El **coseno** de un ángulo, que es la relación entre el cateto contiguo o adyacente al ángulo y la hipotenusa:

$$\cos\alpha = \frac{a}{h}$$

- La **tangente** de un ángulo, que es la relación entre el cateto opuesto y el cateto contiguo:

$$\tan\alpha = \frac{b}{a}$$

- La **cotangente** de un ángulo, que es la relación entre el cateto adyacente y el cateto contiguo:

$$\cot\alpha = \frac{a}{b}$$

- La **secante** de un ángulo, que es la relación entre la hipotenusa y el cateto adyacente:

$$\sec \alpha = \frac{h}{a}$$

- La **cosecante** de un ángulo, que es la relación entre la hipotenusa y el cateto opuesto:

$$\csc \alpha = \frac{h}{b}$$

Si el **vértice** del ángulo que se quiere medir está en el centro de la circunferencia de radio unidad, ver figura 4.11, entonces la hipotenusa tiene valor 1, pues coincide con el radio, y ahora los valores del seno y coseno coinciden respectivamente con las longitudes de los catetos opuestos y contiguo respectivamente.

Figura 4.11: Triángulo rectángulo y círculo de radio 1

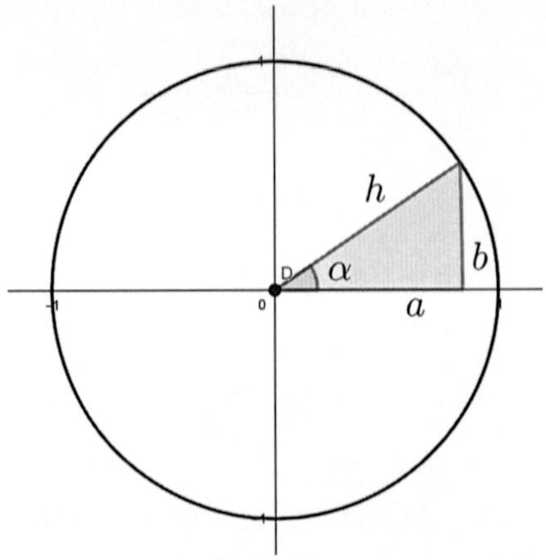

Luego aplicando el **Teorema de Pitágoras**, que dice que en un triángulo rectángulo la suma de los cuadrados de los catetos es igual al cuadrado de la hipotenusa, como la hipotenusa vale 1, se tiene la **relación fundamental de la trigonometría**:

$$a^2 + b^2 = h^2 = 1$$

$$\operatorname{sen} \alpha = b, \ \cos \alpha = a$$

$$\operatorname{sen}^2 \alpha + \cos^2 \alpha = 1$$

Las funciones trigonométricas son las que están asociadas a las razones trigonométricas, existen seis funciones trigonométricas básicas: seno, coseno, tangente, cotangente, secante y cosecante.

4.11.2. Igualdades trigonométricas

El seno y el coseno de la suma de ángulos vienen dados por las siguientes expresiones

$$\operatorname{sen}(x+y) = \operatorname{sen} x \cos y + \cos x \operatorname{sen} y$$

$$\cos(x+y) = \cos x \cos y - \operatorname{sen} x \operatorname{sen} y$$

A partir de la relación fundamental y de estas dos igualdades, se pueden obtener otras relaciones e igualdades trigonométricas:

- $\operatorname{sen}(2x) = 2 \operatorname{sen} x \cos x$
- $\cos(2x) = \cos^2 x - \operatorname{sen}^2 x = 1 - 2\operatorname{sen}^2 x = 2\cos^2 x - 1$
- $\operatorname{sen}(x-y) = \operatorname{sen} x \cos y - \cos x \operatorname{sen} y$
- $\cos(x-y) = \cos x \cos y + \operatorname{sen} x \operatorname{sen} y$
- $2 \operatorname{sen} x \cos y = \operatorname{sen}(x+y) + \operatorname{sen}(x-y)$
- $2 \cos x \cos y = \cos(x+y) + \cos(x-y)$
- $2 \operatorname{sen} x \operatorname{sen} y = \cos(x-y) - \cos(x+y)$
- $\operatorname{sen}\left(\frac{\pi}{2} + x\right) = \operatorname{sen}\frac{\pi}{2}\cos x + \cos\frac{\pi}{2}\operatorname{sen} x = \cos x$
- $\cos\left(\frac{\pi}{2} - x\right) = \cos\frac{\pi}{2}\cos x + \operatorname{sen}\frac{\pi}{2}\operatorname{sen} x = \operatorname{sen} x$

4.11.3. Función seno y coseno

A partir de las razones trigonométricas tal y como se ha mencionado se definen las funciones asociadas a las mismas.

La función **seno**, que se denota como $f(x) = \operatorname{sen} x$, es la función que devuelve el valor del seno del ángulo x, es una función cuyo dominio es $\mathbb{R}$, y su imagen es [-1,1], luego está acotada entre esos valores.

La función **coseno**, que se denota como $f(x) = \cos x$, es la función que devuelve el valor del coseno del ángulo x, es igualmente una función cuyo dominio es $\mathbb{R}$, y su imagen es [-1,1], luego también está acotada entre esos valores.

Las dos funciones están acotadas, como ya se ha enunciado, y en particular

$$|\operatorname{sen} x| \leq 1; |\cos x| \leq 1, \forall x \in \mathbb{R}.$$

Respecto de la periodicidad y dado que se han definido las funciones en referencia a los ángulos, se tiene que

$$\operatorname{sen}(x) = \operatorname{sen}(x \pm T)$$

donde $T = 2\pi$. Esto es debido a que como es conocido un ángulo de 0º grados es igual al de 360º, es decir que el de 0 radianes es igual al de 2π.

Lo mismo ocurre para la función coseno, luego es periódica con $T = 2\pi$.

En cuanto a la paridad, y conocido el periodo, se tiene que

$$\operatorname{sen}(-x) = \operatorname{sen}(2\pi - x) = -\operatorname{sen} x$$

$$\cos(-x) = \cos(2\pi - x) = \cos x$$

Luego la función seno es impar y la función coseno es par. Ver figura 4.12.

Figura 4.12: Funciones seno y coseno

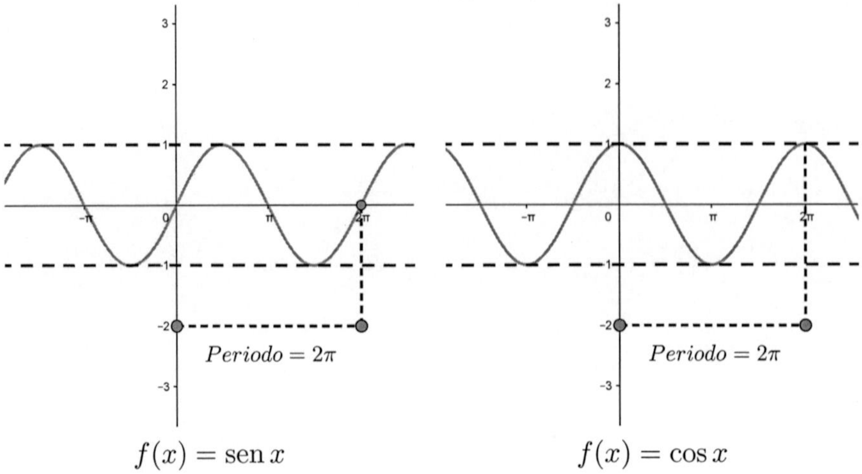

4.11.4. Funciones ondulatorias

Las funciones f del tipo

$$f(x) = k \cdot \operatorname{sen}(ax + b), a > 0$$

representan funciones cuya gráfica tiene forma ondulatoria.

El valor $k \in \mathbb{R}$ se denomina **amplitud** de onda e implica que la función está acotada por ese mismo valor, pues

$$|f(t)| \leq |k| \operatorname{sen}(ax + b) \leq |k|$$

Asimismo de la definición se deduce que el período es $\frac{2\pi}{a}$, y dado que la variable x es el tiempo, entonces se define la **frecuencia** v como el número de veces que se recorre la onda por unidad de tiempo, que es igual a la inversa del período. Finalmente se denomina **desfase** al valor b.

Ejemplo 4.16. Hallar el periodo, la amplitud y la frecuencia de las funciones siguientes.

Ver las gráficas en la figura 4.13.

a) $f(x) = 2\operatorname{sen}(x)$

La amplitud es el valor k, en este caso es igual a 2.

El periodo viene dado por la expresión $T = \frac{2\pi}{a} = \frac{2\pi}{1} = 2\pi$

La frecuencia es $v = \frac{1}{T} = \frac{1}{2\pi}$

El desfase es $b = 0$

b) $f(x) = 2\operatorname{sen}(2x)$

La amplitud es el valor k, en este caso es igual a 2.

El periodo viene dado por la expresión $T = \frac{2\pi}{a} = \frac{2\pi}{2} = \pi$

La frecuencia es $v = \frac{1}{T} = \frac{1}{\pi}$

El desfase es $b = 0$

c) $f(x) = 2\operatorname{sen}(2x + 2)$

La amplitud es el valor k, en este caso es igual a 2.

El periodo viene dado por la expresión $T = \frac{2\pi}{a} = \frac{2\pi}{2} = \pi$

La frecuencia es $v = \frac{1}{T} = \frac{1}{\pi}$

El desfase es $b = 2$

Figura 4.13: Funciones ondulatorias

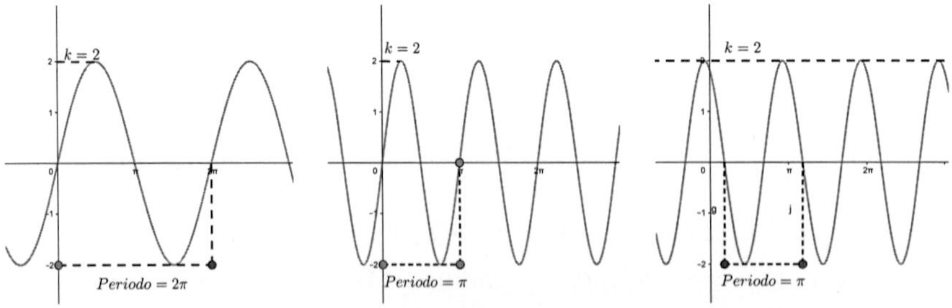

$f(x) = 2\operatorname{sen}(x)$ $\qquad$ $f(x) = 2\operatorname{sen}(2x)$ $\qquad$ $f(x) = 2\operatorname{sen}(2x+2)$

■

4.11.5. Otras funciones trigonométricas

Se define la **tangente** de un ángulo x como:

$$\tan x = \frac{\operatorname{sen} x}{\cos x}$$

y claramente por su definición, no está definida en los valores x tales que $\cos x = 0$, por tanto la función tangente no está definida en los puntos x tales que $x = \frac{\pi}{2} + k\pi, k = 0, \pm 1, \pm 2, \ldots$, es decir, presenta discontinuidad en esos puntos. Ver figura 4.14 a).

Su imagen es $\mathbb{R}$.

La tangente es una función periódica, de período π

$$\tan(x \pm \pi) = \tan x$$

La tangente es una función impar

$$\tan(-x) = \frac{\operatorname{sen}(-x)}{\cos(-x)} = \frac{-\operatorname{sen} x}{\cos x} = -\tan x$$

Finalmente y dado que $\operatorname{sen} x$ y $\cos x$ están tan próximos de 0 como se quiera, la función tangente no está acotada ni superior ni inferiormente.

Se define la **cotangente** de un ángulo x como

$$\cot x = \frac{1}{\tan x} = \frac{\cos x}{\operatorname{sen} x}$$

Ver figura 4.14 b).

Figura 4.14: Funciones tangente y cotangente

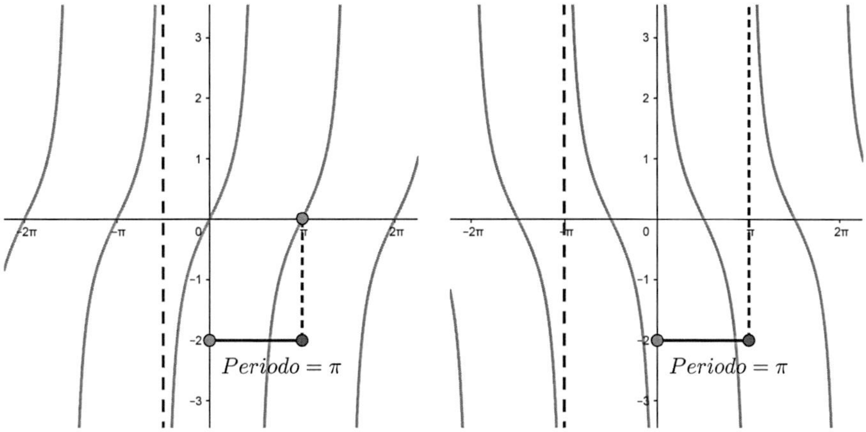

$f(x) = \tan x$ $\qquad$ $f(x) = \cot x$

Se define la secante de un ángulo x como

$$\sec x = \frac{1}{\cos x}$$

Ver figura 4.15 a).

Y se define la cosecante de un ángulo x como

$$\csc x = \frac{1}{\operatorname{sen} x}$$

Ver figura 4.15 b).

Ejemplo 4.17. Hallar el dominio, imagen, periodo y paridad de la cotangente, la secante y la cosecante.

a) Cotangente

La cotangente por su definición, no está definida en los valores x tales que $\operatorname{sen} x = 0$, por tanto la función cotangente no está definida en los puntos x tales que $x = \pi + k\pi, k = 0, \pm 1, \pm 2, \ldots$.

Como $\operatorname{sen} x$ y $\cos x$ están tan próximos de 0 como se quiera, la función cotangente no está acotada ni superior ni inferiormente y la imagen por tanto de la función es $\mathbb{R}$.

La cotangente es una función periódica, de período π

$$\cot(x \pm \pi) = \cot x$$

La cotangente es una función impar

$$\cot(-x) = \frac{\cos(-x)}{\operatorname{sen}(-x)} = \frac{\cos x}{-\operatorname{sen} x} = -\cot x$$

b) Secante

La secante por su definición, no está definida en los valores x tales que $\cos x = 0$, por tanto la función secante no está definida en los puntos x tales que $x = \frac{\pi}{2} + k\pi, k = 0, \pm 1, \pm 2, \dots$.

Como la imagen de la función $\cos x$ está en el intervalo [-1,1], entonces la función alcanzará todos los valores excepto los de ese intervalo, luego la función secante no está acotada ni superior ni inferiormente. Su imagen es $\mathbb{R} \backslash [-1, 1]$.

La secante es una función periódica, de período 2π

$$\sec(x \pm 2\pi) = \sec x$$

La secante es una función par

$$\sec(-x) = \frac{1}{\cos(-x)} = \frac{1}{\cos x} = \sec x$$

c) Cosecante

La cosecante por su definición, no está definida en los valores x tales que $\operatorname{sen} x = 0$, por tanto la función cosecante no está definida en los puntos x tales que $x = \pi + k\pi, k = 0, \pm 1, \pm 2, \dots$.

Como la imagen de la función $\operatorname{sen} x$ está en el intervalo [-1,1], entonces la función alcanzará todos los valores excepto los de ese intervalo, luego la función cosecante no está acotada ni superior ni inferiormente. Su imagen es $\mathbb{R} \backslash [-1, 1]$.

La cosecante es una función periódica, de período 2π

$$\csc(x \pm 2\pi) = \csc x$$

La cosecante es una función impar

$$\csc(-x) = \frac{1}{\operatorname{sen}(-x)} = \frac{1}{-\operatorname{sen} x} = -\csc x$$

Figura 4.15: Funciones secante y cosecante

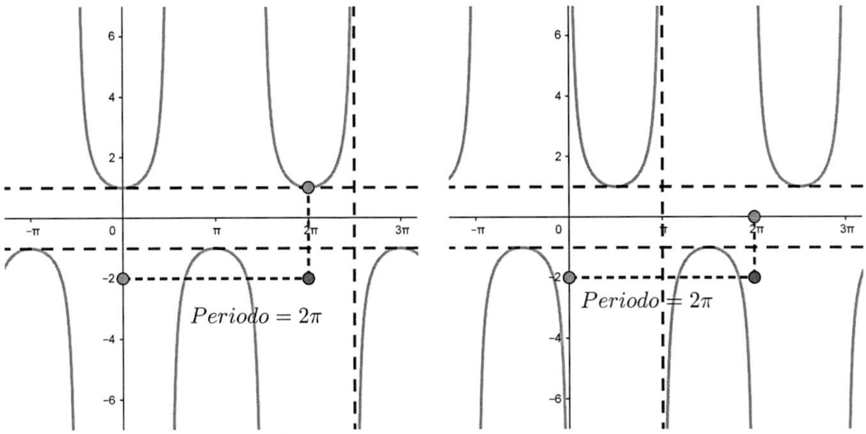

$f(x) = \sec x$ $\quad$ $f(x) = \csc x$

■

4.11.6. Funciones trigonométricas inversas

A partir de la definición de la función seno, se tiene que $f(x) = \operatorname{sen} x = y$, es decir, x es el arco cuyo seno vale y, lo que puede escribirse como

$$x = \operatorname{arc\,sen}(y) = \operatorname{sen}^{-1}(y)$$

Por tanto la función **arcoseno**, que se denota por arc sen, es la inversa de la función seno. Sin embargo al haber distintos ángulos con el mismo seno, $\operatorname{sen} x = \operatorname{sen}(\pi - x) = \operatorname{sen}(x + 2k\pi)$, la función inversa no está bien definida.

Para evitar este problema se define la función inversa del seno como

$$f(x) = \operatorname{arc\,sen}(x), -\frac{\pi}{2} \leq x \leq \frac{\pi}{2}$$

Ver figura 4.16 a).

De forma análoga se definen otras funciones trigonométricas inversas como el **arcocoseno**, ver figura 4.16 b), y la **arcotangente**

$$f(x) = \arccos(x), 0 \leq x \leq \pi$$

$$f(x) = \arctan(x), -\frac{\pi}{2} \leq x \leq \frac{\pi}{2}$$

Figura 4.16: Funciones trigonométricas inversas

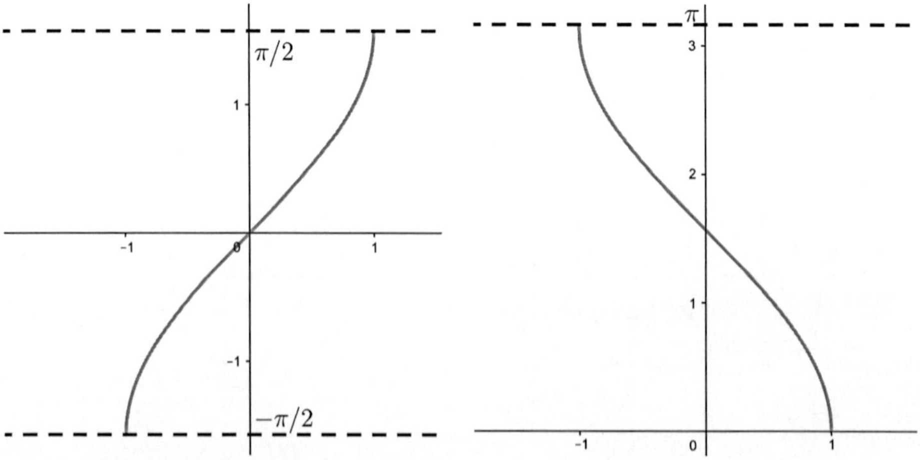

$f(x) = \operatorname{arc\,sen}(x)$ $f(x) = \operatorname{arc\,cos}(x)$

4.11.7. Coordenadas polares

Una vez conocidas las funciones trigonométricas, se pueden representar los puntos del plano (x, y) en función de su distancia al origen, que denotamos por r y del ángulo formado con el eje OX, que denotamos por α. Ver figura 4.17. Al par (r, α) se le denomina **coordenadas polares** del punto. Las coordenadas polares son únicas para cada punto, excepto para el origen, si se verifica que $r \geq 0$ y $0 < \alpha < 2\pi$

Figura 4.17: Coordenadas cartesianas y polares

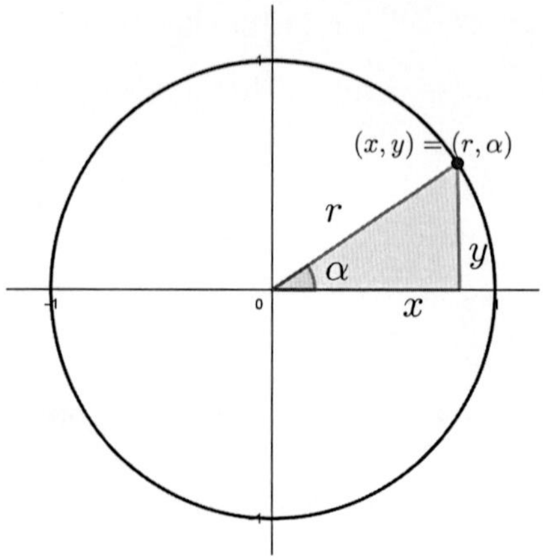

$(x, y) = (r, \alpha)$

Para pasar de coordenadas polares a cartesianas se tiene que para cualquier punto (x, y) se cumple que:

$$\operatorname{sen}\alpha = \frac{y}{r}$$
$$\cos\alpha = \frac{x}{r}$$

de dónde se puede obtener

$$x = r\cos\alpha$$
$$y = r\operatorname{sen}\alpha$$

Para pasar de coordenadas cartesianas a polares se tiene que

$$r^2 = x^2 + y^2 \Rightarrow r = +\sqrt{x^2 + y^2}$$
$$\tan\alpha = \frac{y}{x} \Rightarrow \alpha = \arctan\frac{y}{x}$$

Hay que tener en cuenta que como la variable r representa una distancia entonces sólo se toma el valor positivo de la raíz, asimismo como la tangente tiene periodo π, entonces el valor del ángulo α no está definido unívocamente, por lo que es importante observar en qué cuadrante está el punto (x, y).

4.12. Función exponencial

Una de las funciones que más se repite en la naturaleza es la función exponencial, de tal forma que el término «crecimiento exponencial» es utilizado en un sinfín de casos para ilustrar el crecimiento muy grande y/o muy rápido de algún fenómeno. Así se habla de crecimiento exponencial de una colonia de insectos, crecimiento exponencial de la población, crecimiento exponencial de los precios, etc...

Las **funciones exponenciales de base a** son de la forma

$$f(x) = a^x, a > 0$$

Si bien, se denomina **función exponencial** en general a la que tiene como base el número e, que es el denominado **número de Euler**, número irracional, cuyo valor es aproximadamente 2,71828...

$$f(x) = e^x$$

En la figura 4.18, se muestran la gráfica de la función exponencial en la parte a), y la gráfica de la función exponencial de base a, con distintos valores de a, tales como 0.1, 0.5, 1.5,e, 10, en la parte b).

Figura 4.18: Función exponencial

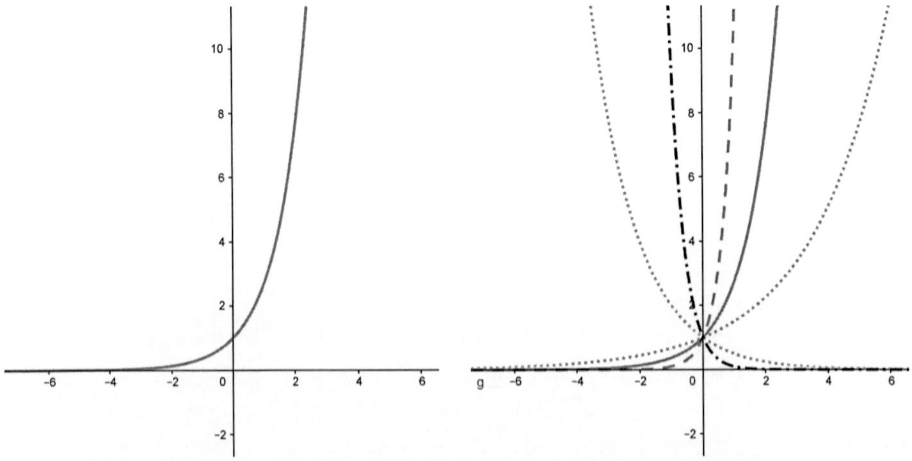

a) $f(x) = e^x$ b) $f(x) = a^x$

4.12.1. Propiedades de las funciones exponenciales

i) Una función exponencial es siempre positiva, es decir $f(x) > 0, \forall x \in \mathbb{R}$

ii) Si $a > 1$, entonces las funciones exponenciales son crecientes, y además con un crecimiento vertiginoso, de donde recibe el nombre de crecimiento exponencial

iii) Si $a > 1$,

$$\lim_{x \to \infty} a^x = \infty$$

$$\lim_{x \to -\infty} a^x = 0$$

iv) Si $0 < a < 1$, entonces las funciones exponenciales son decrecientes, y se denominan exponenciales negativas

v) Si $0 < a < 1$,

$$\lim_{x \to \infty} a^x = 0$$

$$\lim_{x \to -\infty} a^x = \infty$$

vi) Si $a = 1$, es un caso excepcional, pues la gráfica es la recta $y = 1$

4.13. Función logaritmo

La función logaritmo es la inversa de la función exponencial. Así, si consideramos la función exponencial de base a,

$$f(x) = a^x$$

su inversa es la **función logaritmo de base** a,

$$f^{-1}(x) = \log_a x$$

Al logaritmo de base 10, se le denomina **logaritmo decimal** y se escribe como $\lg x$

Al logaritmo de base e, se le denomina **logaritmo neperiano**, y se suele representar por $\ln x$.

Dado que en las propiedades de las funciones exponenciales se expuso que siempre toman valores positivos, la función logaritmo, para cualquier base $a > 0$, sólo está definida para números positivos.

En la figura 4.19, se muestran la gráfica de la función logaritmo neperiano en la parte a), y las gráficas de la función logaritmo de base a, con distintos valores de a, tales como 0.1, 0.5, 2,e, 10, en la parte b).

Figura 4.19: Función logaritmo

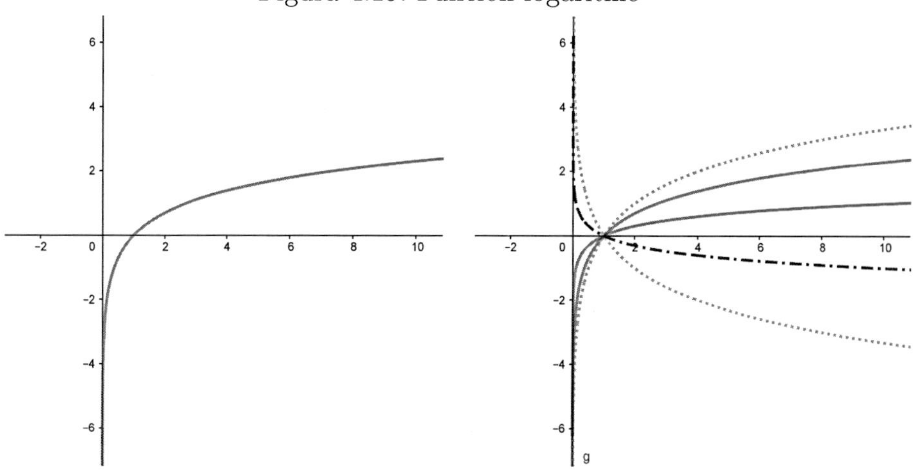

a) $f(x) = \ln x$ b) $f(x) = \log_a x$

4.13.1. Propiedades de la función logaritmo

Si se tiene una función exponencial $f(x) = a^x = y, a > 0$, entonces

i) $\lg_a y = x$

ii) $\lg_a a = 1$

iii) $\lg_a 1 = 0$

iv) $\lg_a a^x = x$

v) $a^{\lg_a x} = x$

vi) $\lg_a(xy) = \lg_a(x) + \lg_a(y)$

vii) $\lg_a \left(\frac{x}{y}\right) = \frac{\lg_a(x)}{\lg_a(y)}$

viii) $\lg_a x^b = b \lg_a x, b \in \mathbb{R}$

4.13.2. Cambio de base

Al operar con logaritmos puede darse el caso que se necesite expresar logaritmos de una determinada base como logaritmos en otra base.

Se puede expresar un logaritmo de base a en logaritmos de otra base b ya que

$$x = b^{\lg_b x} = a^{\lg_a x}$$

y entonces tomando logaritmos de base a

$$\lg_a b^{\lg_b x} = \lg_a a^{\lg_a x}$$

$$\lg_b x \lg_a b = \lg_a x$$

$$\lg_b x = \frac{\lg_a x}{\lg_a b}$$

En particular para expresar el logaritmo en base a de x en función del logaritmo neperiano se tiene

$$\lg_a x = \frac{\ln x}{\ln a}$$

Ejemplo 4.18. Hallar el valor de $\ln x$ en base 10.

Aplicando la igualdad

$$\lg_b x \lg_a b = \lg_a x$$

se tiene que para las bases $a = e$ y $b = 10$

$$\lg_{10} x \cdot \lg_e 10 = \lg_e x$$

$$\lg x \cdot \ln 10 = \ln x$$

Luego se tiene que

$$\ln x = \ln 10 \cdot \lg x \simeq 2,3026 \cdot \lg x$$

■

4.14. Funciones hiperbólicas

Una vez definidas las funciones trigonométricas y las funciones exponenciales, se pueden definir nuevas funciones denominadas **hiperbólicas**.

Se define el **seno hiperbólico** con la expresión

$$\operatorname{senh} x = \frac{e^x - e^{-x}}{2}$$

Se define el **coseno hiperbólico** como

$$\cosh x = \frac{e^x + e^{-x}}{2}$$

Al igual que el seno y el coseno recorrían la circunferencia de radio r mediante el cambio de coordenadas polares

$$x = r \cos \alpha$$
$$y = r \operatorname{sen} \alpha$$

el seno y el coseno hiperbólico recorren la hipérbola $x^2 - y^2 = r^2$ mediante el cambio de **coordenadas hiperbólicas**

$$x = r \cosh \alpha$$
$$y = r \operatorname{senh} \alpha$$

Conocidos el seno y el coseno hiperbólico se define la **tangente hiperbólica**

$$\tanh x = \frac{e^x - e^{-x}}{e^x + e^{-x}}$$

Las gráficas de esta tres funciones hiperbólicas se pueden observar en la figura 4.20.

Figura 4.20: Funciones hiperbólicas

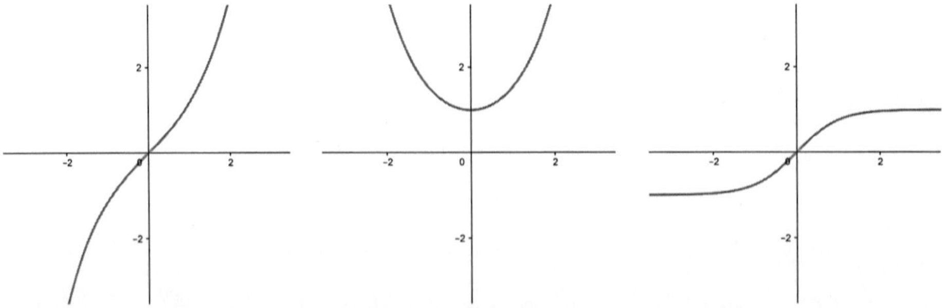

a) $f(x) = \operatorname{senh} x$ b) $f(x) = \cosh x$ b) $f(x) = \tanh x$

En determinados intervalos estas funciones son inyectivas, y por lo tanto se pueden definir sus inversas, que se llaman **argumento seno hiperbólico**, **argumento coseno hiperbólico** y **argumento tangente hiperbólico** respectivamente, ver figura 4.21, las cuales pueden expresarse mediante logaritmos neperianos, que como se ha visto es la inversa de la función exponencial

$$\operatorname{arg\,senh} x = \ln\left(x \pm \sqrt{x^2+1}\right)$$

$$\operatorname{arg\,cosh} x = \ln\left(x \pm \sqrt{x^2-1}\right)$$

$$\operatorname{arg\,tanh} x = \frac{1}{2}\ln\left(\frac{1+x}{1-x}\right)$$

Figura 4.21: Funciones hiperbólicas inversas

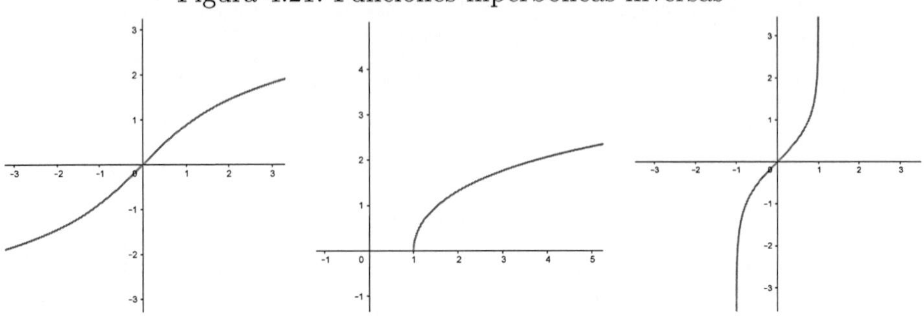

a) $f(x) = \operatorname{arg\,senh} x$ b) $f(x) = \operatorname{arg\,cosh} x$ b) $f(x) = \operatorname{arg\,tanh} x$

4.15. Funciones elementales

Se llaman **funciones elementales** a todas las que se han estudiado hasta aquí (racionales, trigonométricas, exponenciales), sus inversas y las que se pueden obtener a partir de ellas bien por operaciones algebraicas, bien por composición de funciones.

Diferenciamos dentro de las funciones elementales entre las **funciones algebraicas,** que son las que se obtienen a partir de las polinómicas y racionales, y las **funciones trascendentes**, entre las que se encuentran las funciones trigonométricas y las funciones exponenciales..

- En las **funciones polinómicas**, el dominio es todo $\mathbb{R}$.
- En las **funciones racionales**, el dominio es todo $\mathbb{R}$, a excepción de los valores que hacen nulo el denominador.
- En las **funciones radicales**, el dominio es
    - $\mathbb{R}$, si el radical es de tipo impar $(2k+1)$.
    - $\mathbb{R}^+ \cup \{0\} = \{x \geq 0\}$, si el radical es de tipo par $(2k)$.
- En las **funciones exponenciales** el dominio es $\mathbb{R}$.
- En las **funciones logarítmicas** el dominio es $\mathbb{R}^+$.
- En las **funciones hiperbólicas** el dominio es $\mathbb{R}$.

4.16. Palabras clave

Arcocoseno
Arcoseno
Arcotangente
Coordenadas polares
Coordenadas hiperbólicas
Composición de funciones
Cosecante
Coseno
Cota
Cotangente
Dominio
Función
Función a trozos
Función acotada
Función biyectiva
Función creciente
Función decreciente
Función elemental
Función exponencial
Función hiperbólica
Función impar
Función inversa
Función inyectiva
Función logarítmica
Función monótona
Función par
Función periódica
Función suprayectiva
Función trigonométrica
Grafo
Gráfica
Imagen
Ínfimo
Máximo
Mínimo
Número e
Producto de funciones
Rango
Recorrido
Secante
Seno
Suma de funciones
Supremo
Tangente
Variable dependiente
Variable independiente

4.17. AUTOEVALUACIÓN

1. Dadas las funciones $f(x) = e^{2x+3}$, y $g(x) = \ln x$, calcular $(f \circ g)(x)$

   a) No se puede calcular la composición pedida.
   b) $(f \circ g)(x) = x^2 \cdot e^3$.
   c) $(f \circ g)(x) = 2x + 3$.

2. La función $f(x) = x^3 + x$ es

   a) Par.
   b) Impar.
   c) Periódica.

3. La función $f(x) = \tan x$ es una función

   a) Periódica de periodo π.
   b) Periódica de periodo 2π.
   c) No es periódica.

4. La función $f(x) = 3 - x$ es

   a) Monótona creciente.
   b) Monotona decreciente.
   c) No es monótona.

5. El dominio de $\sqrt[n]{x}$ viene dado por

   a) Todos los números reales si $n = 2k + 1$.
   b) Todos los números reales si $n = 2k$.
   c) Todos los números reales con independencia del valor de n.

6. La inversa de la funcion $f(x) = e^{2x+3}$ viene dada por

   a) $f^{-1}(x) = \frac{1}{2}(\ln x - 3)$.
   b) $f^{-1}(x) = \ln\left(\frac{1}{2}x - 3\right)$.
   c) $f^{-1}(x) = \frac{1}{2}\ln x - 3$.

7. La inversa de la función $f(x) = \cos x$ viene dada por

   a) $f^{-1}(x) = \arccos x$.

b) $f^{-1}(x) = \text{sen} x$.

c) $f^{-1}(x) = \csc x$.

8. El dominio de la función $f(x) = \cos(e^x)$viene dado por

a) El intervalo $(-1, 1)$.

b) Todos los números reales.

c) El intervalo $(0, +\infty)$.

9. Si $f(x)$ es una función par

a) $f^{-1}(x)$ también es par.

b) $f^{-1}(x)$ tiene que ser impar.

c) Ninguna de las anteriores opciones es cierta.

10. Si $f(x)$ es una función monotona creciente

a) $f^{-1}(x)$ también es monótona creciente.

b) $f^{-1}(x)$ es monótona decreciente.

c) Ninguna de las anteriores opciones es cierta.

4.18. PROBLEMAS

Obtener el dominio de la siguientes funciones:

1. $f(x) = \dfrac{2-3x}{x^3 - 2x^2 - 5x + 6}$

2. $f(x) = \sqrt{\dfrac{2x-6}{(x^2-4)}}$

3. $f(x) = lg\left(\dfrac{2x-3}{(x^2-1)}\right)$

4. $f(x) = \dfrac{\sqrt[3]{x-5}}{x^2-1}$

5. $f(x) = \begin{cases} -x^2+6 & , \text{ si } -2 < x \leq 2 \\ x+2 & , \text{ si } 2 < x \leq 6 \\ (x-4)^3 & , \text{ si } 6 < x \leq 20 \end{cases}$

6. Hallar $(f \circ g)(x)$ y $(g \circ f)(x)$ para las siguientes funciones

a) $f(x) = x^3 + 2x + 1, \ g(x) = \ln(x+5)$

b) $f(x) = \dfrac{1}{senx}, \ g(x) = e^{x+1}$

7. Hallar la inversa de las siguientes funciones

   a) $f(x) = \ln x^2$

   b) $f(x) = \dfrac{3x^2}{x} + 1$

   Nota: Considerar sólo las raíces positivas

8. Hallar $f^{-1}(x)$ para las siguientes funciones

   a) $f(x) = \sqrt{2x-4}$

   b) $f(x) = \ln\left(\dfrac{x^2+3}{x^2-1}\right)$

   Nota: Considerar sólo las raíces positivas.

9. Estudiar la paridad de las siguientes funciones

   a) $f(x) = -x^2 + 1$

   b) $f(x) = |x|$

10. Estudiar si las siguientes funciones están acotadas y que tipo de acotación tienen.

    a) $f(x) = \dfrac{1}{x^2}$

    b) $f(x) = -|x+3|$

Capítulo 5

Límites y continuidad

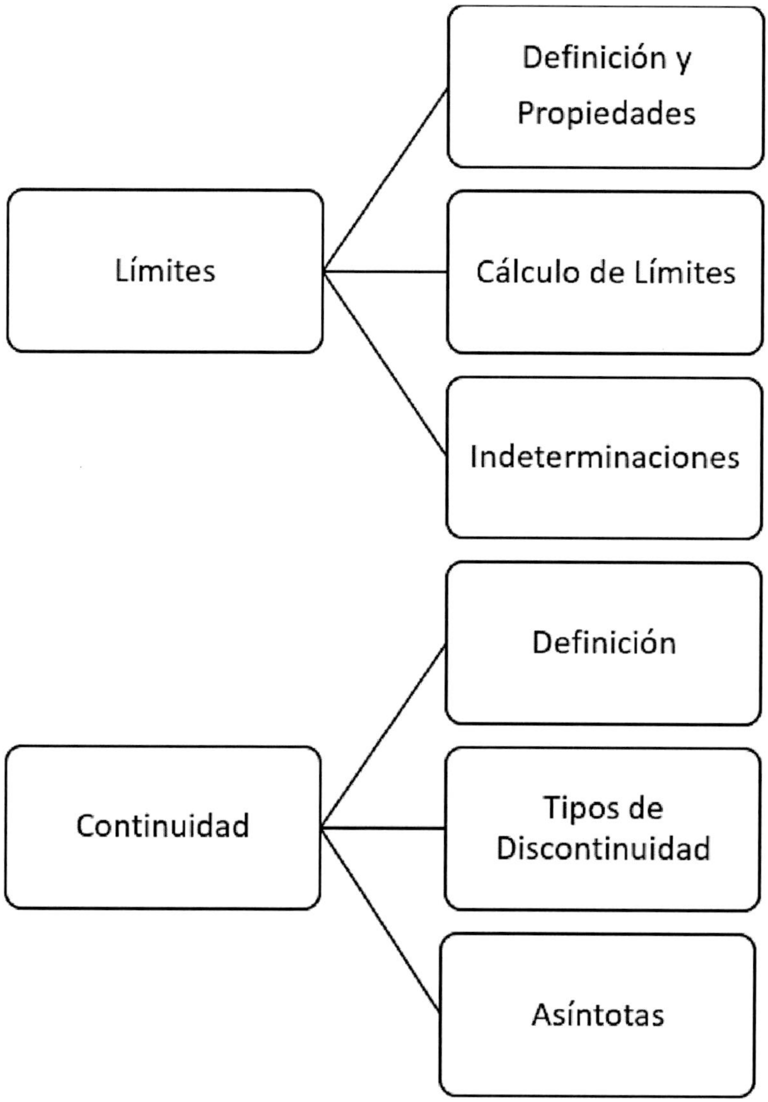

Objetivos

- Comprender el concepto de límite como aproximación.
- Saber en que ocasiones existe o no el límite.
- Determinar límites laterales.
- Aprender las diferentes reglas de cálculo de límites.
- Entender la idea de continuidad.
- Identificar los distintos tipos de discontinuidad.

5.1. Límites

5.1.1. Introducción

El concepto de límite es fundamental para el estudio del Cálculo Diferencial e Integral, tal y como se aborda en este libro.

Los distintos conceptos que a partir de aquí van a ser expuestos a lo largo de los siguientes capítulos: continuidad, derivación, representación gráfica, integración, cálculo de áreas, etc... requieren de la comprensión teórica del concepto de límite, así como del conocimiento de las reglas para el cálculo de los mismos.

Intuitivamente el concepto de límite de una función cuando x tiende a un punto a, es conocer el valor de la función cuando x se acerca lo más posible al punto dado, por ello una manera de hallar el límite es ir tomando valores aproximados al punto y evaluar la función en esos valores.

Ejemplo 5.1. Hallar el límite de la función $f(x) = x^2$ cuando x tiende a 2 por aproximaciones..

Figura 5.1: Límite por aproximación

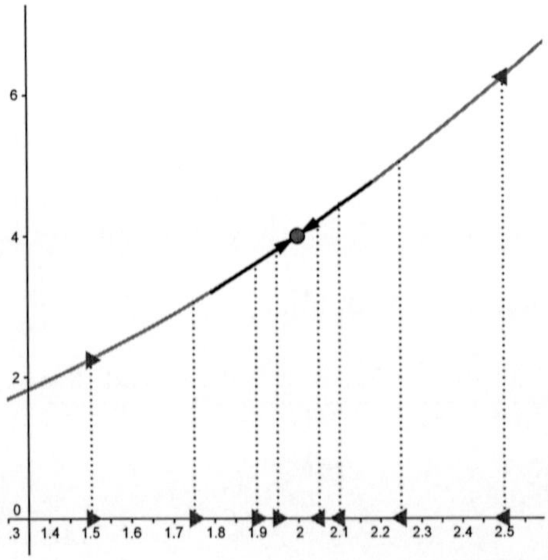

Intuitivamente para calcular el límite se dan valores superiores e inferiores al punto buscado, en este caso a 2, tal y como se muestra en la figura 5.1 y se van acercando los valores de la función cada vez más al valor del límite, obteniéndose la siguiente tabla:

$x < 2$	$f(x) = x^2$	$x > 2$	$f(x) = x^2$
1	1	3	9
1,50	2,25	2,5	6,25
1,75	3,0625	2,25	5,0625
1,90	3,61	2,10	4,41
1,95	3,8025	2,05	4,2025
1,99	3,9601	2,01	4,0401
1,995	3,98	2,005	4,02
1,999	3,996	2,001	4,004
1,9999	3,9996	2,0001	4,0004

De dónde se puede deducir que el valor del límite para la función dada en el punto $x = 2$ es igual a 4 como puede observarse en la figura 5.1.

■

5.1.2. Definición de Límite

Una definición inicial de **límite** es que la función f, definida en un cierto intervalo, tiende hacia el límite L cuando x tiende a a, y se escribe como

$$\lim_{x \to a} f(x) = L$$

si al acercarse lo suficiente x a a, pero siendo distinto de a, $f(x)$ se acerca a L tanto como se quiera. De esta definición se deduce que no es necesario que el valor x sea igual a a.

Ejemplo 5.2. Hallar el límite de la función $f(x) = \dfrac{x^3 - 1}{x - 1}$ cuando x tiende a 1 por aproximaciones.

En este caso se puede comprobar que la función en principio no está definida para el punto 1, lo cuál no es óbice para que se pueda hallar el límite.

Nuevamente se dan valores a izquierda y derecha del punto buscado, en este caso 1, y los valores de la función se van aproximando cada vez más al valor del límite, obteniéndose la siguiente tabla:

$x < 1$	$f(x)$	$x > 1$	$f(x)$
0	1	2	7
0,50	1,75	1,5	4,75
0,75	2,3125	1,25	3,8125
0,90	2,71	1,10	3,31
0,95	2,8525	1,05	3,1525
0,99	2,9701	1,01	3,0301
0,995	2,985	1,005	3,015
0,999	2,997	1,001	3,003
0,9999	2,9997	1,0001	3,0003

De dónde se puede deducir que el valor del límite para la función dada cuando x tiende a 1 es igual a 3. Ver figura 5.2.

■

Figura 5.2: Límite de una función en un punto

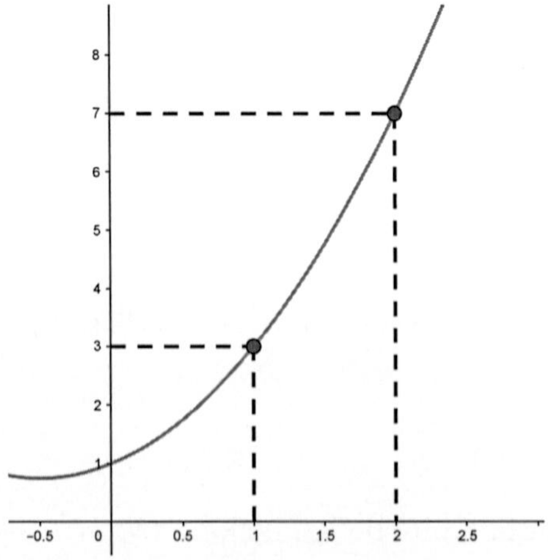

$$f(x) = \frac{x^3 - 1}{x - 1}$$

Una definición formal desde el punto de vista matemático es la siguiente:

La función f, definida en un cierto intervalo, tiende hacia el límite L, si para todo $\varepsilon > 0$ existe algún $\delta > 0$ tal que, para todo x del intervalo, si $0 < |x - a| < \delta$, entonces se tiene que $|f(x) - L| < \varepsilon$.

De la definición se infiere que el límite de una función en un punto, $x = a$, si existe es único.

Al tipo de límite visto hasta el momento se le denomina **límite finito**, pues el valor L es un número finito perteneciente a $\mathbb{R}$.

La manera de calcular el límite de una función cuando x tiende a a, es sustituir el valor de a en la función $f(x)$ y si el resultado obtenido es un número finito real entonces ese es el valor del límite.

Ejemplo 5.3. Hallar el límite de $f(x) = \dfrac{x^3 - 1}{x - 1}$ cuando x tiende a 2.

En este caso se sustituye directamente el valor al que se tiende en la función

$$\lim_{x \to 2} f(x) = \lim_{x \to 2} \frac{x^3 - 1}{x - 1} = \frac{2^3 - 1}{2 - 1} = 7$$

Como el resultado obtenido al realizar la sustitución es un número real finito entonces el valor del límite es 7. Ver figura 5.2.

■

Pudiera ser que el resultado del límite de la función f fuera ∞ cuando x tiende al punto a, se conoce como **límite infinito** y se escribe:

$$\lim_{x \to a} f(x) = \infty$$

Se define **límite finito en el infinito** si la función f tiene un límite finito L, cuando x tiende a ∞ y se escribe:

$$\lim_{x \to \infty} f(x) = L$$

Se dice que la función f tiene un **límite infinito en el infinito** si el valor del límite es ∞, cuando x tiende a ∞ y se escribe:

$$\lim_{x \to \infty} f(x) = \infty$$

5.1.2.1. Límites laterales

Se denominan **límites laterales** a los límites por la izquierda, valores inferiores a a, y por la derecha, valores superiores a a, de una función en un punto a y se escriben:

- Por la izquierda: $\lim_{x \to a^-} f(x) = L$
- Por la derecha: $\lim_{x \to a^+} f(x) = L$

De la definición de límites laterales se deduce que si la función f tiene límite L cuando x tiende a a, entonces han de existir los límites laterales por la izquierda y por la derecha y han de ser iguales a L.

$$\lim_{x \to a} f(x) = \lim_{x \to a^-} f(x) = \lim_{x \to a^+} f(x) = L$$

Por tanto, si no existe uno de los límites laterales de una función en un punto, o si existiendo ambos límites laterales no coinciden, entonces no existe el límite de la función en el punto.

5.1.2.2. Inexistencia de límites

Los casos más frecuentes de inexistencia de límites finitos vienen dados por alguna de las tres causas siguientes:

i) Los límites laterales son diferentes.

ii) El límite es infinito.

iii) La función oscila indefinidamente cuando x tiende al punto a.

Ejemplo 5.4. Hallar el límite de $f(x) = \dfrac{x}{|x|}$ cuando x tiende a 0.

En primer lugar se hallan los límites laterales:

$$\lim_{x \to 0^-} f(x) = \lim_{x \to 0^-} \frac{x}{|x|} = -1$$

$$\lim_{x \to 0^+} f(x) = \lim_{x \to 0^+} \frac{x}{|x|} = 1$$

Como los límites laterales existen pero son distintos, según se puede ver en la figura 5.3 entonces se puede asegurar que no hay límite cuando x tiende a 0.

■

Figura 5.3: Límites laterales distintos

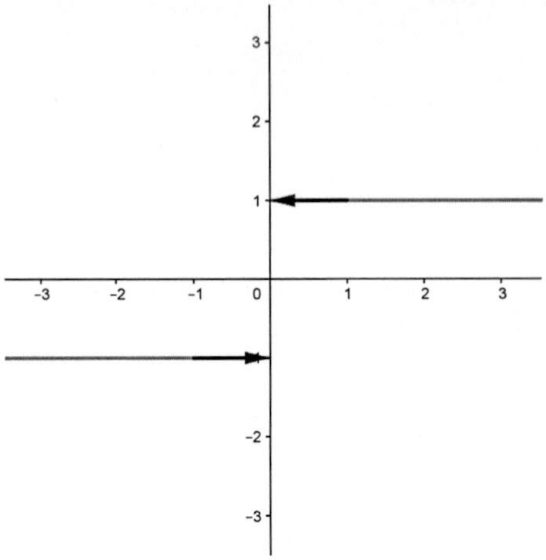

$$f(x) = \frac{x}{|x|}$$

Ejemplo 5.5. Hallar el límite de $f(x) = \dfrac{2}{x^2}$ cuando x tiende a 0.

La función no está definida en el punto $x = 0$, por lo que no se puede evaluar la función en ese valor, por ello se dan valores a derecha y a izquierda:

$x < 0$	$f(x)$	$x > 0$	$f(x)$
-1	2	1	2
$-0,5$	8	$0,5$	8
$-0,25$	32	$0,25$	32
$-0,1$	200	$0,1$	200
$-0,05$	800	$0,05$	800
$-0,01$	20000	$0,01$	20000
$-0,001$	2000000	$0,001$	2000000

Y lo que ocurre es que según se acerca x al punto 0, los valores van creciendo hasta infinito tal y como se muestra en la figura 5.4.

Por tanto se concluye que no existe límite finito.

■

Figura 5.4: Límite no finito

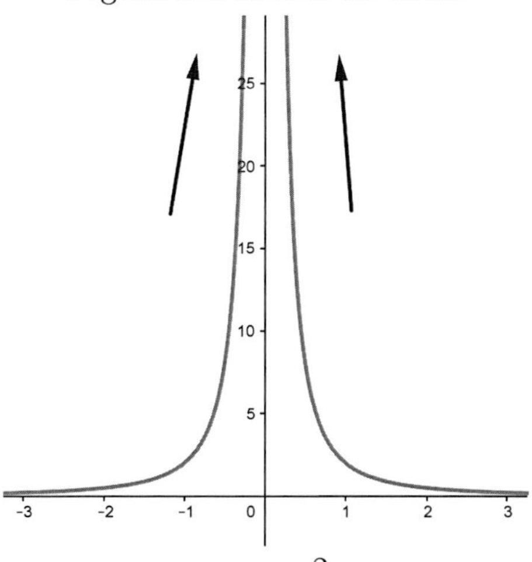

$$f(x) = \frac{2}{x^2}$$

Ejemplo 5.6. Hallar el límite de $f(x) = \cos\frac{1}{x}$ cuando x tiende a 0.

En este caso se pueden tomar distintos puntos cada vez más cercanos a 0, pero el valor de la función oscila en todo momento entre -1 y 1, luego no se acerca tanto como se quiera a un determinado valor.

$x < 0$	$f(x) = \cos\frac{1}{x}$	$x > 0$	$f(x) = \cos\frac{1}{x}$
$-\pi$	0,95	π	0,95
$-\pi/10$	-0,99	$\pi/10$	-0,99
$-\pi/20$	0,99	$\pi/20$	0,99
$-\pi/30$	-0,99	$\pi/30$	-0,99
$-\pi/40$	0,99	$\pi/40$	0,99
$-\pi/50$	-0,98	$\pi/50$	-0,98
$-\pi/100$	0,92	$\pi/100$	0,92

Como los límites laterales existen pero son distintos, entonces se puede asegurar que no hay límite cuando x tiende a 0. En la figura 5.5 se observa claramente que por muy cerca que se esté del 0, el límite oscila entre -1 y 1.

■

Figura 5.5: Límite oscilando

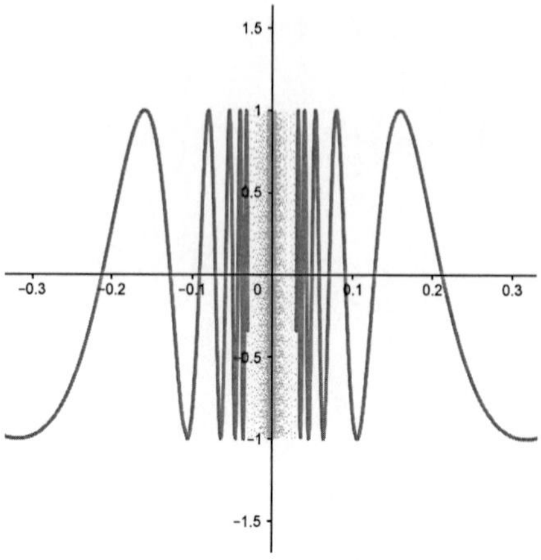

$f(x) = \cos\frac{1}{x}$

5.1.3. Cálculo de límites

Para calcular el límite de la función $f(x)$ cuando x tiende a a, como se ha enunciado se sustituye el valor del punto a en la función si está definida la función en ese punto. Además se pueden utilizar las siguientes reglas para el cálculo de límites.

Dadas $f(x)$ y $g(x)$ funciones para las que existe límite cuando x tiende a a y sabiendo que:

$$\lim_{x\to a} f(x) = L \text{ y } \lim_{x\to a} g(x) = K$$

Límite de la suma (diferencia)

El límite de la suma (diferencia) de funciones es igual a la suma (diferencia) de los límites de cada una de las funciones.

$$\lim_{x\to a} (f(x) \pm g(x)) = \lim_{x\to a} f(x) \pm \lim_{x\to a} g(x) = L \pm K$$

Límite del producto de un escalar por una función

El límite del producto de un escalar por una función es igual al producto del escalar por el límite de la función.

$$\lim_{x\to a} [c \cdot f(x)] = c \cdot L,\ c \in \mathbb{R}$$

Límite del producto

El límite del producto de funciones es igual al producto de los límites de cada una de las funciones.

$$\lim_{x\to a} (f(x) \cdot g(x)) = \lim_{x\to a} f(x) \cdot \lim_{x\to a} g(x) = L \cdot K$$

Límite del cociente

El límite del cociente de funciones es igual al cociente de los límites de cada una de las funciones, siempre que el valor del límte del denominador sea distinto de 0.

$$\lim_{x\to a} \left(\frac{f(x)}{g(x)}\right) = \frac{\lim_{x\to a} f(x)}{\lim_{x\to a} g(x)} = \frac{L}{K},\ K \neq 0$$

Límite de la potencia

El límite de la función f elevada a la función g es igual al límite de la función f elevada al límite de la función g.

$$\lim_{x\to a} (f(x))^{g(x)} = \lim_{x\to a} (f(x))^{\lim_{x\to a} g(x)} = L^K$$

Ejemplo 5.7. Calcular los siguientes límites:

a) $\lim_{x\to 1}\left(\frac{3}{x-3}-\frac{x+5}{x^2-4}\right)$

Se trata del límite de una diferencia, por tanto es igual a la diferencia de los límites

$$\lim_{x\to 1}\left(\frac{3}{x-3}-\frac{x+5}{x^2-4}\right)=\lim_{x\to 1}\frac{3}{x-3}-\lim_{x\to 1}\frac{x+5}{x^2-4}=\frac{3}{-2}-\frac{6}{-3}=-1$$

b) $\lim_{x\to 1}\frac{f(x)}{g(x)}$, dónde $f(x)=x^2-9$ y $g(x)=x^2-x-6$.

Se trata del límite de un cociente

$$L=\lim_{x\to 1}\frac{f(x)}{g(x)}=\frac{\lim\limits_{x\to 1}\left(x^2-9\right)}{\lim\limits_{x\to 1}\left(x^2-x-6\right)}$$

y si se sustituye directamente se tiene

$$L=\frac{1-9}{1-1-6}=\frac{-8}{-6}=\frac{4}{3}$$

c) $\lim_{x\to 2}\left(\frac{x+4}{x}\right)^{2x}$

Se trata del límite de una potencia y se puede escribir

$$L=\lim_{x\to 2}\left(\frac{x+4}{x}\right)^{\lim\limits_{x\to 2}(2x)}$$

Y sustituyendo

$$L=\left(\frac{2+4}{2}\right)^{2\cdot 2}=\left(\frac{6}{2}\right)^{4}=3^4=81$$

■

5.2. INFINITÉSIMOS

Un **infinitésimo** o **infinitesimal** es un número infinitamente pequeño, y por tanto extremadamente próximo a 0. Se puede definir a partir del concepto de límite como:

$$\lim_{x\to a} f\left(x\right)=0$$

es decir, una función f es infinitésima si su límite tiende a 0 cuando $x = a$.

De esta defininción se tiene que algunas funciones son infinitésimos en determinados puntos.

Ejemplo 5.8. Especificar en que puntos son infinitésimos las siguientes funciones:

a) $f(x) = x - 3$

La función vale 0 si $x = 3$, por tanto la función f es un infinitésimo cuando $x = 3$.

b) $f(x) = \cos(x)$

La función vale 0 si $x = \dfrac{\pi}{2} + k\pi, k \in \mathbb{Z}$, por tanto la función f es un infinitésimo cuando x toma alguno de esos valores.

■

5.2.1. Propiedades de los infinitésimos

Sean f y g infinitésimos en el punto a,

Suma (diferencia) de infinitésimos

La suma (diferencia) de infinitésimos es un infinitésimo.

$$\lim_{x \to a} (f(x) \pm g(x)) = \lim_{x \to a} f(x) \pm \lim_{x \to a} g(x) = 0 \pm 0 = 0$$

Producto de un escalar por un infinitésimo

El producto de un escalar por un infinitésimo es un infinitésimo.

$$\lim_{x \to a} [c \cdot f(x)] = c \cdot \lim_{x \to a} f(x) = c \cdot 0 = 0,\ c \in \mathbb{R}$$

Producto de infinitésimos

El producto de dos infinitésimo es un infinitésimo.

$$\lim_{x \to a} (f(x) \cdot g(x)) = \lim_{x \to a} f(x) \cdot \lim_{x \to a} g(x) = 0 \cdot 0 = 0$$

5.2.2. Comparación de infinitésimos

Sean f y g infinitésimos en el punto a,

i) Si $\lim\limits_{x \to a} \dfrac{f(x)}{g(x)} = \pm\infty$, se dice que f y g son infinitésimos comparables en el punto $x = a$ y que f es un infinitésimo de orden inferior a g en el punto $x = a$.

ii) Si $\lim\limits_{x \to a} \dfrac{f(x)}{g(x)} = 0$, se dice que f y g son infinitésimos comparables en el punto $x = a$ y que f es un infinitésimo de orden superior a g en el punto $x = a$.

iii) Si $\lim\limits_{x \to a} \dfrac{f(x)}{g(x)} = L \neq 0$, se dice que f y g son infinitésimos del mismo orden en el punto $x = a$.

5.2.3. Infinitésimos equivalentes

Sean f y g infinitésimos en el punto a,

Si $\lim\limits_{x \to a} \dfrac{f(x)}{g(x)} = 1$, se dice que f y g son infinitésimos del mismo orden en el punto $x = a$, y en particular que f es un infinitésimo equivalente a g.

Si dos infinitésimos son equivalentes, entonces se pueden aproximar el uno al otro, es decir, se puede decir que $f \simeq g$ cuando x tiende a a. Y por tanto, puede sustituirse el uno por el otro en el producto o en el cociente para el cálculo de límites.

Algunos infinitésimos equivalentes son:

Si $x \to 0$

- $\operatorname{sen}(x) \simeq x$
- $\tan(x) \simeq x$
- $1 - \cos(x) \simeq \dfrac{x^2}{2}$
- $\operatorname{arc\,sen}(x) \simeq x$
- $\arctan(x) \simeq x$

- $e^x - 1 \simeq x$
- $\ln(1 + x) \simeq x$

Si $x \to 1$

- $\ln(f(x)) \simeq f(x) - 1$

Ejemplo 5.9. Calcular el siguiente límite aplicando infinitésimos

$$\lim_{x\to 0} \frac{1 - \cos 2x}{x \operatorname{sen} 3x} = \frac{0}{0}$$

Por un lado es conocido que $1 - \cos 2x$=$2\operatorname{sen}^2 x$, por tanto

$$\lim_{x\to 0} \frac{1 - \cos 2x}{x \operatorname{sen} 3x} = \lim_{x\to 0} \frac{2 \operatorname{sen}^2 x}{x \operatorname{sen} 3x}$$

Ahora se sustituyen los factores $\operatorname{sen}^2 x$ y $\operatorname{sen} 3x$ por sus respectivos infinitésimos equivalentes que son x^2 y $3x$, y ya se puede obtener un valor para el límite

$$\lim_{x\to 0} \frac{2 \operatorname{sen}^2 x}{x \operatorname{sen} 3x} = \lim_{x\to 0} \frac{2x^2}{x 3x} = \lim_{x\to 0} \frac{2x^2}{3x^2} = \lim_{x\to 0} \frac{2}{3} = \frac{2}{3}$$

■

5.3. Indeterminaciones

Hay algunos límites que al calcularlos no ofrecen un valor determinado finito, L, o infinito, ∞, sino que se presentan una serie de valores que se denominan **indeterminaciones** y cuyas formas simbólicas son las siguientes:

$$\frac{\infty}{\infty},\ \infty - \infty,\ 0 \cdot \infty,\ \frac{0}{0},\ 1^{\infty},\ 0^0,\ \infty^0$$

Para resolver las indeterminaciones se aplican las siguientes técnicas

i) Tipo $\frac{\infty}{\infty}$

Sea $f(x)$ una función de la forma

$$f(x) = \frac{a_0 x^p + a_1 x^{p-1} + \ldots + a_p}{b_0 x^q + b_1 x^{q-1} + \ldots + b_q}$$

entonces

$$\lim_{x\to\infty} f(x) = \begin{cases} \infty & \text{si } p > q \\ \dfrac{a_0}{b_0} & \text{si } p = q \\ 0 & \text{si } p < q \end{cases}$$

Si $f(x)$ no es una función racional, entonces la indeterminación

$$\lim_{x\to a} \frac{h(x)}{g(x)} = \frac{\infty}{\infty}$$

se resolverá aplicando Regla de L'Hôpital, que se mostrará en próximos capítulos.

Ejemplo 5.10. Hallar los siguientes límites

a) $\lim\limits_{x\to\infty} \dfrac{x^3+3x-2}{x^4-x^2}$

En este caso los grados de los polinomios que conforma la función racional son $p = 3$ y $q = 4$ luego

$$\lim_{x\to\infty} \frac{x^3+3x-2}{x^4-x^2} = 0$$

b) $\lim\limits_{x\to\infty} \dfrac{2x^4+3x-2}{7x^4-x^2}$

En este caso $p = 4$ y $q = 4$ luego

$$\lim_{x\to\infty} \frac{2x^4+3x-2}{7x^4-x^2} = \frac{2}{7}$$

c) $\lim\limits_{x\to\infty} \dfrac{x^5+3x-2}{x^4-x^2}$

En este caso $p = 5$ y $q = 4$ luego

$$\lim_{x\to\infty} \frac{x^5+3x-2}{x^4-x^2} = +\infty$$

■

ii) Tipo $\infty - \infty$

1. $\lim\limits_{x\to a}\left(\dfrac{P(x)}{Q(x)} - \dfrac{M(x)}{N(x)}\right)$, se resuelve sumando fracciones y simplificando.
2. $\lim\limits_{x\to\infty}\left(\sqrt{P(x)} - \sqrt{Q(x)}\right)$, se resuelve multiplicando y dividiendo por el conjugado.

Ejemplo 5.11. Calcular los siguientes límites

a) $\lim\limits_{x\to 1}\left(\dfrac{3}{x-1} - \dfrac{x+5}{x^2-1}\right)$

Se está ante una indeterminación

$$\lim_{x\to 1}\left(\frac{3}{x-1} - \frac{x+5}{x^2-1}\right) = \frac{3}{0} - \frac{6}{0} = \infty - \infty \Rightarrow \text{Indeterminación}$$

Operando las fracciones se tiene

$$\lim_{x\to 1}\left(\frac{3}{x-1} - \frac{x+5}{x^2-1}\right) = \lim_{x\to 1}\left(\frac{3(x+1)}{(x-1)(x+1)} - \frac{x+5}{x^2-1}\right) =$$

$$= \lim_{x\to 1}\frac{3(x+1)-(x+5)}{x^2-1} = \lim_{x\to 1}\frac{3x+3-x-5}{x^2-1} =$$

$$= \lim_{x\to 1}\frac{2x-2}{x^2-1} = \lim_{x\to 1}\frac{2(x-1)}{(x-1)(x+1)} = \lim_{x\to 1}\frac{2}{(x+1)} = \frac{2}{2} = 1$$

b) $\lim\limits_{x\to\infty}\left(\sqrt{x+3} - \sqrt{x}\right)$

Se está ante una indeterminación

$$\lim_{x\to\infty}\left(\sqrt{x+3} - \sqrt{x}\right) = \infty - \infty \Rightarrow \text{Indeterminación}$$

Este tipo de indeterminación se resuelve multiplicando y dividiendo por el conjugado

$$\lim_{x\to\infty}\frac{\left(\sqrt{x+3} - \sqrt{x}\right)\left(\sqrt{x+3} + \sqrt{x}\right)}{\sqrt{x+3} + \sqrt{x}} =$$

$$\lim_{x\to\infty}\frac{\left(\sqrt{x+3}\right)^2 - \left(\sqrt{x}\right)^2}{\sqrt{x+3} + \sqrt{x}} =$$

$$\lim_{x\to\infty}\frac{x+3-x}{\sqrt{x+3} + \sqrt{x}} =$$

$$\lim_{x\to\infty}\frac{3}{\sqrt{x+3} + \sqrt{x}} = 0$$

■

iii) Tipo $0 \cdot \infty$

$$\lim_{x \to a} \left(f\left(x\right) \cdot g(x) \right) = 0 \cdot \infty$$

entonces se reescribe el límite

$$\lim_{x \to a} \left(f\left(x\right) \cdot g(x) \right) = \lim_{x \to a} \frac{g(x)}{1/f(x)} = \frac{\infty}{\infty}$$

y se resuelve como las del apartado 1.

Ejemplo 5.12. Hallar el siguiente límite

$$\lim_{x \to 1} \left[(x-1) \left(\frac{x+5}{x^2-1} \right) \right]$$

Si se sustituye directamente se está ante una indeterminación

$$\lim_{x \to 1} \left[(x-1) \left(\frac{x+5}{x^2-1} \right) \right] = 0 \cdot \infty \Rightarrow \text{Indeterminación}$$

y al operar queda

$$\lim_{x \to 1} \left[(x-1) \left(\frac{x+5}{x^2-1} \right) \right] = \lim_{x \to 1} \frac{(x-1)(x+5)}{(x-1)(x+1)} =$$

$$\lim_{x \to 1} \frac{(x+5)}{(x+1)} = \frac{6}{2} = 3$$

■

iv) Tipo $\frac{0}{0}$

$$\lim_{x \to a} \frac{f(x)}{g(x)} = \frac{0}{0}$$

1. Si $f(x)$ y $g(x)$ son polinomios, se resuelve simplificando.
2. En otros casos, se aplica la Regla de L'Hôpital, que se estudiará en próximos capítulos.

Ejemplo 5.13. Hallar el siguiente límite

$$\lim_{x \to 3} \frac{x^2-9}{x^2-x-6}$$

Al sustituir directamente se tiene una indeterminación

$$\lim_{x\to 3}\frac{x^2-9}{x^2-x-6}=\frac{0}{0}\Rightarrow \text{Indeterminación}$$

Como se trata del límite de un cociente de polinomios, los cuales pueden escribirse como producto de monomios, se simplifica y se tiene

$$\lim_{x\to 3}\frac{x^2-9}{x^2-x-6}=\lim_{x\to 3}\frac{(x-3)(x+3)}{(x-3)(x+2)}=\lim_{x\to 3}\frac{(x+3)}{(x+2)}=\frac{6}{5}$$

■

v) Tipo 1^∞

1. $\lim\limits_{x\to\infty}[f(x)]^{g(x)}=1^\infty$, siendo $\lim\limits_{x\to\infty}f(x)=1$ y $\lim\limits_{x\to\infty}g(x)=\infty$, convertir en número e:

$$\lim_{x\to\infty}[f(x)]^{g(x)}=e^{\lim\limits_{x\to\infty}(f(x)-1)\cdot g(x)}$$

2. $\lim\limits_{x\to\infty}\left(1+\dfrac{1}{f(x)}\right)^{g(x)}=1^\infty$, siendo $\lim\limits_{x\to\infty}f(x)=\lim\limits_{x\to\infty}g(x)=\infty$, convertir en número e:

$$\lim_{x\to\infty}\left(1+\frac{1}{f(x)}\right)^{g(x)}=\lim_{x\to\infty}\left(1+\frac{1}{f(x)}\right)^{\frac{f(x)g(x)}{f(x)}}=e^{\lim\limits_{x\to\infty}\frac{g(x)}{f(x)}}$$

Ejemplo 5.14. Hallar el siguiente límite $\lim\limits_{x\to\infty}\left(\dfrac{x+1}{x-1}\right)^x$

Al sustituir directamente se tiene una indeterminación

$$\lim_{x\to\infty}\left(\frac{x+1}{x-1}\right)^x=1^\infty\Rightarrow \text{Indeterminación}$$

Como $f(x)=\dfrac{x+1}{x-1}$ y $g(x)=x$, aplicando el caso 1) se tiene

$$\lim_{x\to\infty}[f(x)]^{g(x)}=e^{\lim\limits_{x\to\infty}(f(x)-1)\cdot g(x)}$$

$$\lim_{x\to\infty}\left(\frac{x+1}{x-1}\right)^x=e^{\lim\limits_{x\to\infty}\left(\frac{x+1}{x-1}-1\right)\cdot x}=e^{\lim\limits_{x\to\infty}\left(\frac{2}{x-1}\right)\cdot x}=e^2$$

■

5.4. CONTINUIDAD

5.4.1. Continuidad de una función

De forma intuitiva se dice que una función es **continua** si es posible dibujar su gráfica sin levantar el lápiz del papel, es decir, se puede trazar el dibujo de la gráfica de forma continuada tal y como puede observarse en la figura 5.6.

Figura 5.6: Función continua

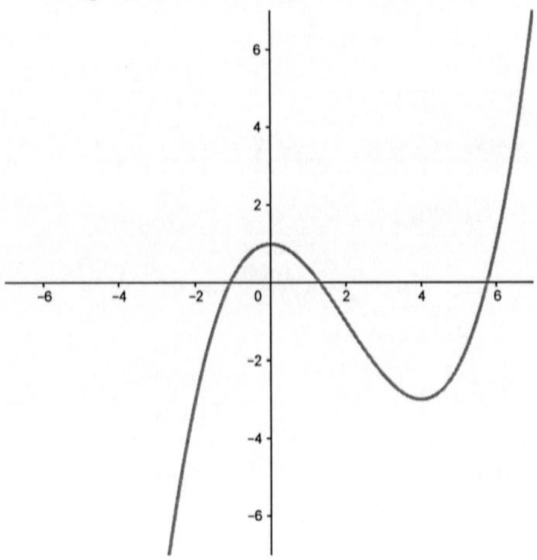

Se dice que una función $f(x)$ es continua en el punto $x = a$ si se cumplen las siguientes tres condiciones:

i) Existe la función evaluada en el punto, $f(a)$.

ii) Existe el límite de la función cuando x tiende al punto a, lo que implica que han de existir los límites laterales y ser iguales:

$$\lim_{x \to a^-} f(x) = \lim_{x \to a^+} f(x) = \lim_{x \to a} f(x)$$

iii) El valor de la función en el punto y el límite de la función cuando x tiende al punto son iguales:

$$\lim_{x \to a} f(x) = f(a)$$

Se dice que la función f es continua en (a, b) si es continua en todo punto $x \in (a, b)$.

Ejemplo 5.15. Estudiar la continuidad en el punto $x = 2$ de la función

$$f(x) = \frac{1}{x+1}$$

i) Existe la función evaluada en el punto, $f(2) = \frac{1}{3}$.

ii) Existe el límite de la función cuando x tiende al punto 2, lo que implica que han de existir los límites laterales y ser iguales:

$$\left.\begin{array}{l} \lim\limits_{x\to 2^-} \dfrac{1}{x+1} = \dfrac{1}{3} \\ \lim\limits_{x\to 2^+} \dfrac{1}{x+1} = \dfrac{1}{3} \end{array}\right\} \Longrightarrow \lim_{x\to 2} \frac{1}{x+1} = \frac{1}{3}$$

iii) El valor de la función en el punto y el límite de la función cuando x tiende al punto son iguales:

$$f(2) = \frac{1}{3} = \lim_{x\to 2} \frac{1}{x+1} = \frac{1}{3}$$

Por tanto la función es continua en el punto $x = 2$. Ver figura 5.7.

■

Figura 5.7: Función continua

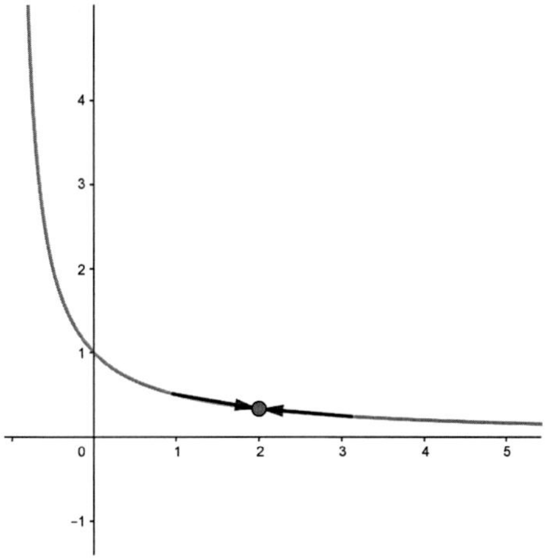

$$f(x) = \frac{1}{x+1}$$

Ejemplo 5.16. Estudiar la continuidad en el punto $x = -1$ de la función

$$f(x) = \frac{1}{x+1}$$

No existe la función en el punto, $\nexists\ f(-1)$, luego la función no es continua en ese punto. Ver figura 5.8.

■

Figura 5.8: Función no continua

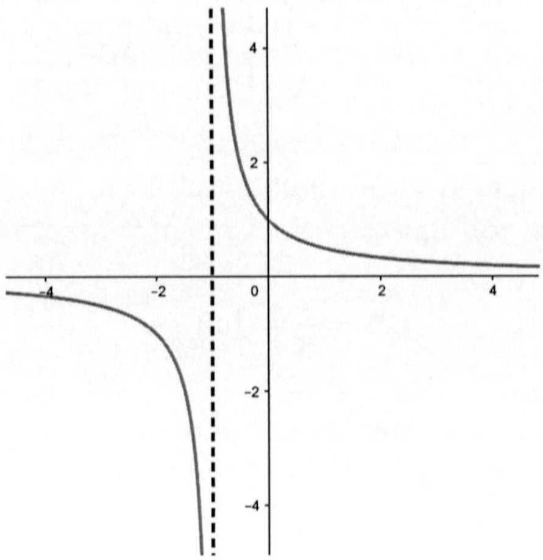

$f(x) = \frac{1}{x+1}$

5.4.2. Continuidad lateral

Se dice que una función es **continua por la izquierda** (por la **derecha**) si se cumplen las siguientes tres condiciones:

i) Existe la función evaluada en el punto, $f(a)$.

ii) Existe el límite lateral por la izquierda de la función (por la derecha)

$$\exists \lim_{x \to a^-} f(x), \left(\exists \lim_{x \to a^+} f(x)\right)$$

iii) El valor de la función en el punto y el límite lateral de la función son iguales:

$$\lim_{x \to a^-} f(x) = f(a), \left(\lim_{x \to a^+} f(x) = f(a)\right)$$

Se dice que la función f es continua en $[a, b]$ si es continua en (a, b) , y además es continua a la derecha de a y es continua a la izquierda de b, es decir, se cumple que

$$\lim_{x \to a^+} f(x) = f(a)$$

$$\lim_{x \to b^-} f(x) = f(b)$$

Ejemplo 5.17. Estudiar la continuidad de la función $f(x) = +\sqrt{x}$

Esta función está definida en $[0, \infty)$ y en todos los puntos distintos de cero es continua. Ver figura 5.9. Se estudia que ocurre en $x = 0$

i) Existe $f(x)$ para $x = 0$, $f(0) = \sqrt{0} = 0$.

ii) Existe el límite por la derecha

$$\lim_{x \to 0^+} \sqrt{x} = 0$$

iii) El valor de la función en el punto y el límite lateral de la función son iguales:

$$\lim_{x \to 0^+} \sqrt{x} = 0 = f(0)$$

luego, se puede afirmar que la función es continua por la derecha.

■

Figura 5.9: Función continua por la derecha

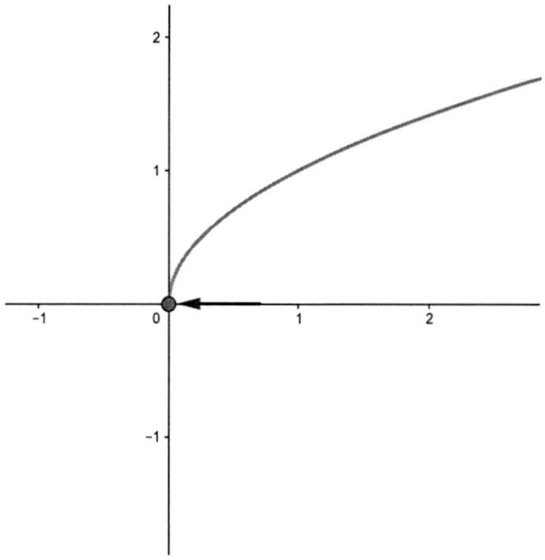

$f(x) = +\sqrt{x}$

5.4.3. Propiedades de las funciones continuas

Suma (diferencia) de funciones

La suma (diferencia) de funciones continuas es continua

Producto de funciones

El producto de funciones continuas es una función continua

Cociente de funciones

El cociente de funciones continuas, donde la función del denominador es distinta de 0, es una función continua

Composición de funciones

Sea g una función continua en el punto a y sea la función f continua en $g(a)$, entonces se tiene que la función compuesta $f(g(x))$ es continua en el punto a.

Funciones inversas o recíprocas

Sea f continua en un intervalo, y estríctamente creciente (o decreciente), entonces existe una función inversa f^{-1} que es también continua y estríctamente creciente (o decreciente).

Ejemplo 5.18. Estudiar la continuidad de las siguientes funciones:

a) $f(x) = \dfrac{x^2 - 9}{x^2 + 6}$

Esta función es un cociente de polinomios que son funciones continuas y puesto que el denominador no se anula nunca se puede afirmar que es una función continua.

b) $f(x) = \left(\dfrac{x^2 - 9}{x^2 + 6}\right)^{(x+1)}$

En este caso se toman $g(x) = \dfrac{x^2 - 9}{x^2 + 6}$ y $h(x) = x + 1$, y puesto que tanto la función $g(x)$ como la función $h(x)$ son continuas, se puede afirmar que la función f

$$f(x) = (g(x))^{h(x)} = \left(\frac{x^2 - 9}{x^2 + 6}\right)^{(x+1)}$$

es una función continua.

c) $f(x) = (\sqrt{x})^7$

Dadas $h(x) = \sqrt{x}$ y $g(x) = x^7$ funciones continuas, entonces la función f es una composición de funciones continuas

$$f(x) = (g \circ h)(x) = g(\sqrt{x}) = \left(\sqrt{x}\right)^7$$

y es también una función continua.

■

5.4.4. Continuidad por tipo de función

De todo lo anterior se deduce que todas las funciones elementales son continuas en su dominio:

- Las funciones polinómicas, $P(x)$, son continuas en todo $\mathbb{R}$.
- Las funciones racionales (cocientes de funciones polinómicas $P(x)$ y $Q(x)$) son continuas $\forall a, Q(a) \neq 0$.
- Las raíces n-ésimas son continuas en su dominio: $\mathbb{R}$ si n impar, $\mathbb{R}^+$ si n par, pues son inversas de funciones estrictamente crecientes y continuas.

Las funciones trigonométricas y sus inversas son continuas en todo su dominio:

- $\operatorname{sen}(x)$ es continua para todo x de $\mathbb{R}$.
- $\cos(x)$ es continua para todo x de $\mathbb{R}$.
- $\tan(x)$ es continua para todo x de $\mathbb{R}$, si $\cos(x) \neq 0$.
- $\operatorname{arc\,sen}(x)$, $\arccos(x)$ y $\arctan(x)$ son funciones continuas.

La funciones exponenciales y logarítmicas son continuas en todo su dominio.

Las funciones hiperbólicas, que por definición son sumas y cocientes con denominadores no nulos de funciones continuas, son por lo tanto continuas en todo su dominio.

A la vista de lo anterior, por combinación de las distintas propiedades se puede afirmar que un gran número de funciones son continuas en prácticamente todos sus puntos sin necesidad de acudir a la definición de continuidad para probarlo.

Las funciones definidas a trozos son continuas si cada función es continua en su intervalo de definición, y si los límites laterales en los puntos de división de la función son iguales entre sí e iguales a la función evaluada en ese punto.

Ejemplo 5.19. Estudiar la continuidad de las siguientes funciones

a) $f(x) = \cos(e^x)$

Si se definen $g(x) = \cos x$ y $h(x) = e^x$ que son funciones continuas, entonces la función f es una composición de funciones continuas

$$f(x) = (g \circ h)(x) = g(h(x)) = \cos(e^x)$$

y es una función continua

b) $f(x) = e^x + \cos x$

Si se definen $g(x) = \cos x$ y $h(x) = e^x$ que son funciones continuas, entonces la función f es una suma de funciones continuas

$$f(x) = g(x) + h(x) = e^x + \cos x$$

y es una función continua

■

5.4.5. Discontinuidad

Se dice que una función tiene una discontinuidad en un punto $x = a$, si la función no es continua en el punto $x = a$.

De la definición de continuidad se deduce que para que haya discontinuidad tiene que ocurrir alguno de los siguientes supuestos:

i) No existe la función evaluada en el punto, $\nexists f(a)$.

ii) No existe el límite de la función cuando x tiende al punto a, lo que implica que o no existe alguno de los límites laterales o si existen no son iguales

$$\nexists \lim_{x \to a^-} f(x) \text{ ó } \nexists \lim_{x \to a^+} f(x)$$

$$\lim_{x \to a^-} f(x) \neq \lim_{x \to a^+} f(x)$$

iii) Existen el valor de la función en el punto y el límite de la función cuando x tiende al punto, pero no son iguales:

$$\lim_{x \to a} f(x) \neq f(a)$$

5.4.5.1. Tipos de discontinuidad

De acuerdo a los supuestos que generan discontinuidad, las discontinuidades se clasifican en los siguientes tipos:

Discontinuidad Evitable

La discontinuidad evitable es aquella que como su nombre indica podría evitarse extendiendo o ampliando la definición de la función.

La discontinuidad evitable se da en cualquiera de los siguientes casos:

i) No existe $f(a)$

ii) Existe $f(a)$ pero su valor no coincide con el límite de la función en el punto, $\lim_{x \to a} f(x) \neq f(a)$

Ejemplo 5.20. Estudiar la continuidad de la función

$$f(x) = \begin{cases} x^2 \text{ si } x < 2 \\ 2x \text{ si } x > 2 \end{cases}$$

En este caso es una función a trozos, donde cada rama es una función polinómica continua en todo su dominio. El único posible punto de discontinuidad sería donde se unen las ramas. Se estudia por tanto que ocurre en el punto $x = 2$.

La primera condición de continuidad de una función en un punto es que la funcióon esté definida en el punto, pero eso no ocurre para la presente función, luego se concluye que la función no es continua en $x = 2$ por no existir $f(2)$, tal y como se observa en la figura 5.10a). Se está en el caso i) de la discontinuidad evitable.

■

Ejemplo 5.21. Extender la definición de la función siguiente para que sea continua:

$$f(x) = \begin{cases} x^2 \text{ si } x < 2 \\ 2x \text{ si } x > 2 \end{cases}$$

Como se ha visto en el ejemplo anterior, el problema es que la función no está definida en el punto $x = 2$. Luego bastará con extender la definición, que se puede hacer de cualquiera de las siguientes formas:

$$f(x) = \begin{cases} x^2 \text{ si } x \leq 2 \\ 2x \text{ si } x > 2 \end{cases}$$

$$f(x) = \begin{cases} x^2 \text{ si } x < 2 \\ 4 \text{ si } x = 2 \\ 2x \text{ si } x > 2 \end{cases}$$

$$f(x) = \begin{cases} x^2 \text{ si } x < 2 \\ 2x \text{ si } x \geq 2 \end{cases}$$

■

Figura 5.10: Discontinuidad evitable

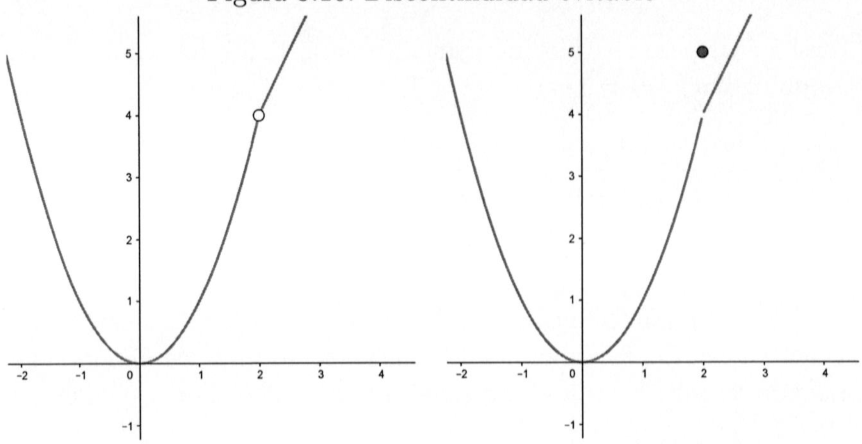

Tipo i) No existe $f(a)$ Tipo ii) $\lim_{x \to a} f(x) \neq f(a)$

Ejemplo 5.22. Estudiar la continuidad de la función

$$f(x) = \begin{cases} x^2 \text{ si } x < 2 \\ 5 \text{ si } x = 2 \\ 2x \text{ si } x > 2 \end{cases}$$

En este caso es una función a trozos, donde cada rama es una función polinómica que son continuas en todo su dominio. El único posible punto de discontinuidad sería donde se unen las ramas. Se estudia por tanto que ocurre en el punto $x = 2$.

Se dice que una función $f(x)$ es continua en el punto $x = a$ si se cumplen las siguientes tres condiciones:

i) Existe la función evaluada en el punto, $f(2) = 5$.

ii) Existe el límite de la función cuando x tiende al punto 2, lo que implica que han de existir los límites laterales y ser iguales:

$$\left.\begin{array}{r}\lim\limits_{x\to 2^-} f(x) = \lim\limits_{x\to 2^-} x^2 = 2^2 = 4 \\ \lim\limits_{x\to 2^+} f(x) = \lim\limits_{x\to 2^+} 2x = 4\end{array}\right\}$$

iii) El valor de la función en el punto y el límite de la función cuando x tiende al punto son iguales, pero esa condición no se cumple, pues

$$f(2) = 5 \neq 4 = \lim_{x\to 2} f(x)$$

Luego la función no es continua en el punto $x = 2$ tal y como se puede apreciar en la figura 5.10b). Se está en el caso ii) de la discontinuidad evitable.

■

Discontinuidad Inevitable o de primera especie

La discontinuidad inevitable, también denominada de primera especie, se produce cuando existen los límites laterales pero son distintos,

$$\lim_{x\to a^-} f(x) \neq \lim_{x\to a^+} f(x)$$

Se denomina **salto** a la diferencia en valor absoluto de los límites laterales:

$$\left|\lim_{x\to a^-} f(x) - \lim_{x\to a^+} f(x)\right|$$

De acuerdo al tipo de salto que se tenga se definen a su vez dos nuevos tipos:

i) Discontinuidad inevitable de **salto finito**, donde la diferencia entre los límites laterales es un valor finito real

ii) Discontinuidad inevitable de **salto infinito**, donde la diferencia entre los límites laterales es infinito, es decir uno de los límites o los dos es infinito.

Ejemplo 5.23. Estudiar la continuidad de la función

$$f(x) = \begin{cases} x^2 \text{ si } x \leq 2 \\ 4x \text{ si } x > 2 \end{cases}$$

En este caso es una función a trozos, donde cada rama es una función polinómica que son continuas en todo su dominio. El único posible punto de discontinuidad sería donde se unen las ramas. Se estudia por tanto que ocurre en el punto $x = 2$.

Se dice que una función $f(x)$ es continua en el punto $x = a$ si se cumplen las siguientes tres condiciones:

i) Existe la función evaluada en el punto, $f(2) = 4$.

ii) No existe el límite de la función cuando x tiende al punto 2, pues aunque existen los límites laterales, no son iguales:

$$\left.\begin{array}{r} \lim\limits_{x\to 2^-} f(x) = \lim\limits_{x\to 2^-} x^2 = 2^2 = 4 \\ \lim\limits_{x\to 2^+} f(x) = \lim\limits_{x\to 2^+} 4x = 8 \end{array}\right\}$$

Luego la función no es continua en el punto $x = 2$ tal y como se puede apreciar en la figura 5.11a). Como la difeerncia entre los límites laterales en valor absoluto es una cantidad finita, este caso es un ejemplo de discontinuidad inevitable de salto finito.

■

Figura 5.11: Discontinuidad inevitable

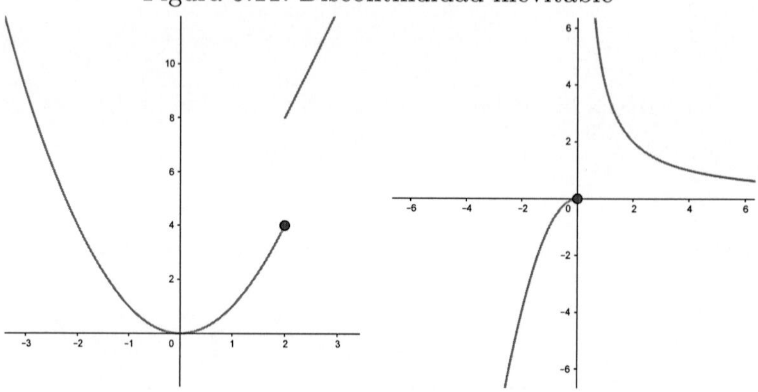

$$f(x) = \begin{cases} x^2 \text{ si } x \leq 2 \\ 4x \text{ si } x > 2 \end{cases}$$

Salto finito

$$f(x) = \begin{cases} -x^2 \text{ si } x \leq 0 \\ \dfrac{4}{x} \text{ si } x > 0 \end{cases}$$

Salto infinito

Ejemplo 5.24. Estudiar la continuidad de la función

$$f(x) = \begin{cases} -x^2 \text{ si } x \leq 0 \\ \dfrac{4}{x} \text{ si } x > 0 \end{cases}$$

En este caso es una función a trozos, donde la primera rama es una función polinómica continua en todo su dominio, y la segunda es una función racional que tal y como está definida es también continua en todo su dominio. El único posible punto de discontinuidad sería donde se unen las ramas. Se estudia por tanto que ocurre en el punto $x = 0$.

i) Existe la función evaluada en el punto, $f(0) = 0$.

ii) No existe el límite de la función cuando x tiende al punto 2, pues aunque existen los límites laterales, no son iguales:

$$\left. \begin{array}{r} \lim\limits_{x \to 0^-} f(x) = \lim\limits_{x \to 0^-} x^2 = 2^2 = 0 \\ \lim\limits_{x \to 0^+} f(x) = \lim\limits_{x \to 0^+} \dfrac{4}{x} = \infty \end{array} \right\}$$

Luego la función no es continua en el punto $x = 0$ tal y como se puede apreciar en la figura 5.11b). Como la diferencia entre los límites laterales en valor absoluto es una cantidad infinita, este caso es un ejemplo de discontinuidad inevitable de salto infinito.

■

Discontinuidad Esencial o de segunda especie

La discontinuidad esencial, también denominada de segunda especie, se da cuando no existe alguno o ninguno de los límites laterales en el punto.

$$\text{No existe } \lim_{x \to a^-} f(x) \text{ y/o no existe } \lim_{x \to a^+} f(x).$$

Suele producirse porque la función no está definida a partir de un determindo punto.

Ejemplo 5.25. Estudiar la continuidad de la función

$$f(x) = \begin{cases} x^2 \text{ si } x \leq 2 \\ 2x \text{ si } 2 < x \leq 5 \end{cases}$$

En este caso la función no es continua en $x = 5$ ya que existe $f(5) = 10$ y existe el límite lateral por la izquierda

$$\lim_{x \to 5^-} f(x) = \lim_{x \to 5^-} 2x = 10$$

Sin embargo no existe el límite lateral por la derecha

$$\nexists \lim_{x \to 5^+} f(x)$$

Ver figura 5.12.

■

Figura 5.12: Discontinuidad esencial

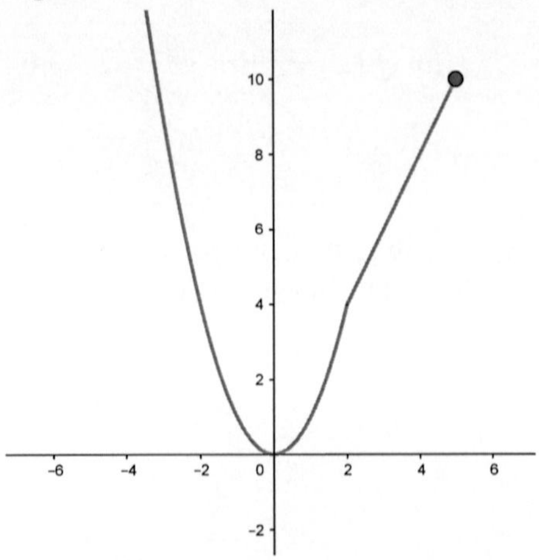

$$f(x) = \begin{cases} x^2 \text{ si } x \leq 2 \\ 2x \text{ si } 2 < x \leq 5 \end{cases}$$

5.5. ASÍNTOTAS

De forma intuitiva se puede definir una **asíntota** como una recta que es tangente a la gráfica de la función en el infinito, es decir la gráfica tiende al valor de la recta según se aproxima a ella. De hecho a las asíntotas también se las denomina tangentes en el infinito. Como es conocido las rectas pueden ser verticales, horizontales y oblicuas, por tanto pueden existir los tres tipos de asíntotas.

5.5.1. Asíntotas verticales

Se dice que la función f tiene una **asíntota vertical** en el punto a, y se denota por la recta $x = a$, si la función tiende a infinito cuando x tiende al valor a:

$$\lim_{x \to a} f(x) = \pm\infty$$

Por lo general, si el denominador de una función racional, ya simplificada, vale 0 para un punto $x = a$, entonces existe una asíntota vertical en ese punto.

Ejemplo 5.26. Estudiar las asíntotas verticales de la siguiente función:

$$f(x) = \frac{1}{x}$$

El dominio es $(-\infty, 0) \cup (0, +\infty)$ y como $x = 0$ anula el denominador

$$\lim_{x \to 0^+} \frac{1}{x} = +\infty$$

$$\lim_{x \to 0^-} \frac{1}{x} = -\infty$$

Luego la función tiene una asíntota vertical en $x = 0$.

■

Figura 5.13: Asíntota vertical

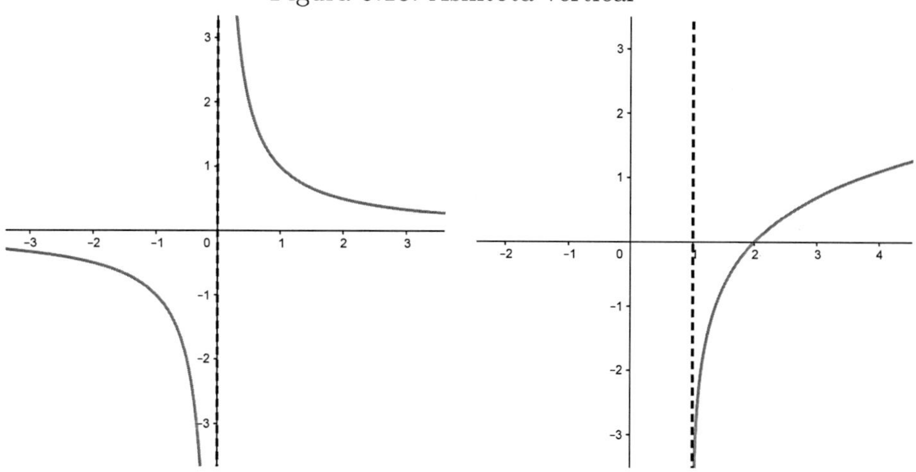

$f(x) = \frac{1}{x}$ $f(x) = \ln(x - 1)$

Ejemplo 5.27. Estudiar las asíntotas verticales de la siguiente función:

$$f(x) = \ln(x-1)$$

El dominio es $(1, +\infty)$ y en $x = 1$ se tiene

$$\lim_{x \to 1^+} \ln(x-1) = -\infty$$

Luego la función tiene una asíntota vertical en $x = 1$.

■

Ejemplo 5.28. Estudiar las asíntotas verticales de la función

$$f(x) = \frac{1}{x^2 - 1}$$

El dominio de $f(x)$ es

$$\text{Dom}\, f = \{x \in \mathbb{R} / x^2 - 1 \neq 0\} = \mathbb{R} \setminus \{-1, 1\}$$

Para $x = -1$, se tiene que

$$\lim_{x \to -1^-} f(x) = +\infty$$

$$\lim_{x \to -1^+} f(x) = -\infty$$

luego existe una asíntota vertical en $x = -1$.

Para $x = 1$, se tiene que

$$\lim_{x \to 1^+} f(x) = +\infty$$

$$\lim_{x \to 1^-} f(x) = -\infty$$

luego existe una asíntota vertical en $x = 1$.

Ver figura 5.14.

■

Figura 5.14: Asíntota vertical doble

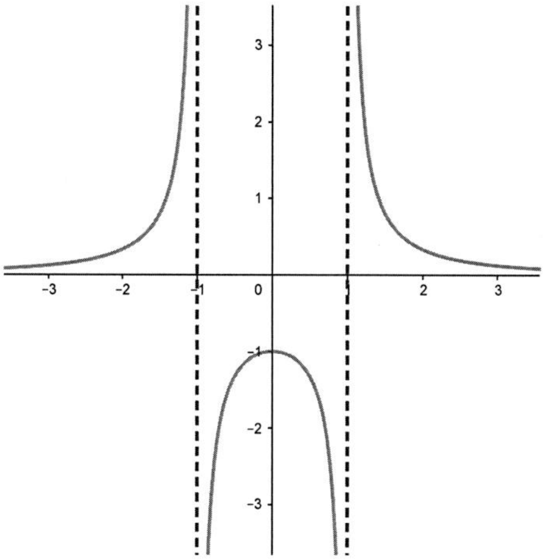

$$f(x) = \frac{1}{x^2 - 1}$$

5.5.2. Asíntotas horizontales

Se dice que la función f tiene una **asíntota horizontal** en el punto a, y se denota por la recta $y = a$, si la función tiende al valor a cuando x tiende a infinito o a menos infinito:

$$\lim_{x \to \infty} f(x) = a$$

$$\lim_{x \to -\infty} f(x) = a$$

Si una función f tiene asíntota horizontal no puede tener asíntota oblicua.

Ejemplo 5.29. Estudiar las asíntotas horizontales de $f(x) = e^x$

Si se calculan los límites se tiene

$$\lim_{x \to \infty} e^x = \infty$$

$$\lim_{x \to -\infty} e^x = 0$$

Luego la función tiene una asíntota horizontal en $y = 0$. Ver figura 5.15.

■

Figura 5.15: Asíntota horizontal

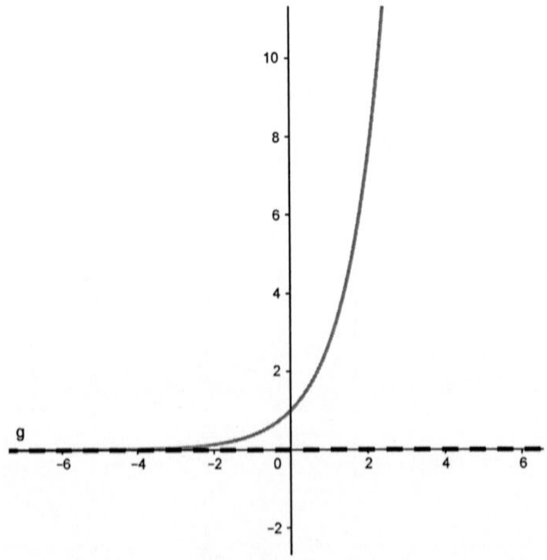

$f(x) = e^x$

Ejemplo 5.30. Estudiar las asíntotas horizontales de $f(x) = \arctan x$

Si se calcula el límite se tiene

$$\lim_{x \to \infty} \arctan x = \frac{\pi}{2}$$

lo que se debe a que el ángulo cuya tangente vale infinito corresponde al ángulo cuyo coseno vale cero y éste es el ángulo $\frac{\pi}{2}$. Es decir, la función tiene una tangente horizontal en $y = \frac{\pi}{2}$.

Por otro lado, con un razonamiento análogo, se tiene

$$\lim_{x \to -\infty} \arctan x = -\frac{\pi}{2}$$

Es decir, la función tiene una tangente horizontal en $y = -\frac{\pi}{2}$.

Luego la función cuenta con dos asíntotas horizontales. Ver figura 5.16.

■

Figura 5.16: Asíntota horizontal doble

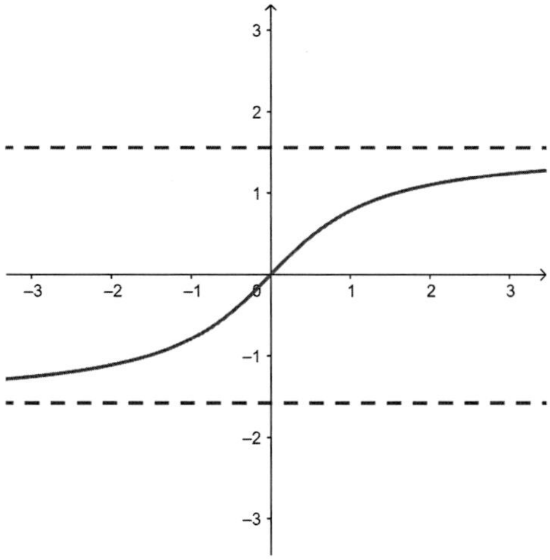

$f(x) = \arctan x$

Ejemplo 5.31. Estudiar las asíntotas de la función

$$f(x) = \frac{1}{x^2 - 1}$$

Las asíntotas verticales ya se calcularon y son $x = -1$ y $x = 1$.

Para el cálculo de las asíntotas horizontales en este caso se tiene que

$$\lim_{x \to +\infty} f(x) = 0$$

$$\lim_{x \to -\infty} f(x) = 0$$

luego existe una asíntota horizontal en $y = 0$.

Como existen asíntotas horizontales no pueden existir asíntotas oblicuas. Ver figura 5.17.

■

Figura 5.17: Asíntotas vertical y horizontal

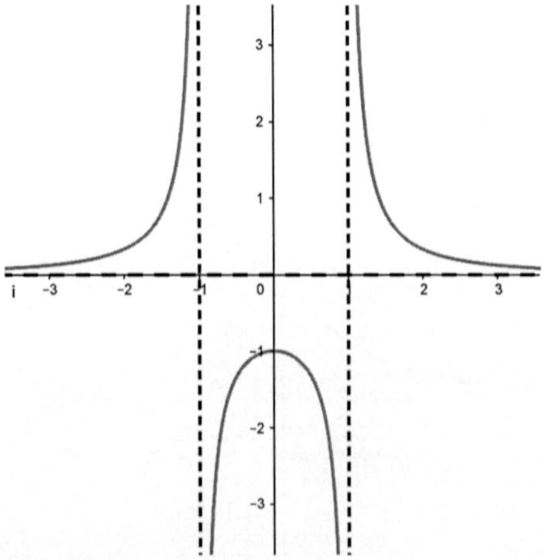

$$f(x) = \frac{1}{x^2 - 1}$$

5.5.3. Asíntotas oblicuas

Se dice que la función f tiene una **asíntota oblicua**, y se denota por la recta $y = mx + n$, si se cumple que

$$m = \lim_{x \to \infty} \frac{f(x)}{x} \neq 0$$

$$n = \lim_{x \to \infty} (f(x) - mx)$$

Ejemplo 5.32. Estudiar las asíntotas oblicuas de

$$f(x) = \frac{2x^2}{x - 3}$$

En primer lugar se calcula el valor de m

$$m = \lim_{x \to \infty} \frac{f(x)}{x} = \lim_{x \to \infty} \frac{\frac{2x^2}{x-3}}{x} = \lim_{x \to \infty} \frac{2x^2}{x^2 - 3x} = 2 \neq 0$$

Como el valor de m es distinto de 0, entonces se calcula ahora el valor de n

$$n = \lim_{x \to \infty} (f(x) - mx)$$

$$n = \lim_{x \to \infty} \left(\frac{2x^2}{x - 3} - 2x \right) = \lim_{x \to \infty} \frac{2x^2 - 2x^2 + 6x}{x - 3} = \lim_{x \to \infty} \frac{6x}{x - 3} = 6$$

Luego la función tiene una asíntota oblicua en

$$y = mx + n = 2x + 6$$

Ver figura 5.18.

∎

Figura 5.18: Asíntota oblicua

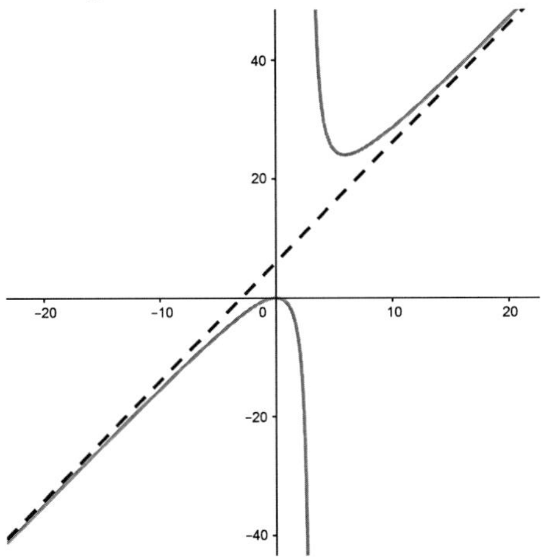

$$f(x) = \frac{2x^2}{x-3}$$

Ejemplo 5.33. Estudiar las asíntotas de la función

$$f(x) = \frac{-x^2}{x-4}$$

El dominio de la función son todos los números reales distintos de 4, y se tiene que

$$\lim_{x \to 4^+} \frac{-x^2}{x-4} = +\infty$$

$$\lim_{x \to 4^-} \frac{-x^2}{x-4} = -\infty$$

Luego la función tiene una asíntota vertical en

$$x = 4$$

Para el cálculo de las asíntotas horizontales en este caso se tiene que

$$\lim_{x \to +\infty} f(x) = -\infty$$

$$\lim_{x \to -\infty} f(x) = +\infty$$

luego no existen asíntotas horizontales.

Por otro lado,

$$m = \lim_{x \to \infty} \frac{f(x)}{x} = \lim_{x \to \infty} \frac{\frac{-x^2}{x-4}}{x} = \lim_{x \to \infty} \frac{-x^2}{x^2 - 4x} = -1 = m$$

$$n = \lim_{x \to \infty} \left(\frac{-x^2}{x-4} + x \right) = \lim_{x \to \infty} \left(\frac{-4x}{x-4} \right) = -4$$

y por lo tanto la función tiene una asíntota oblicua

$$y = mx + n = -x - 4$$

Ver figura 5.19.

■

Figura 5.19: Asíntotas vertical y oblicua

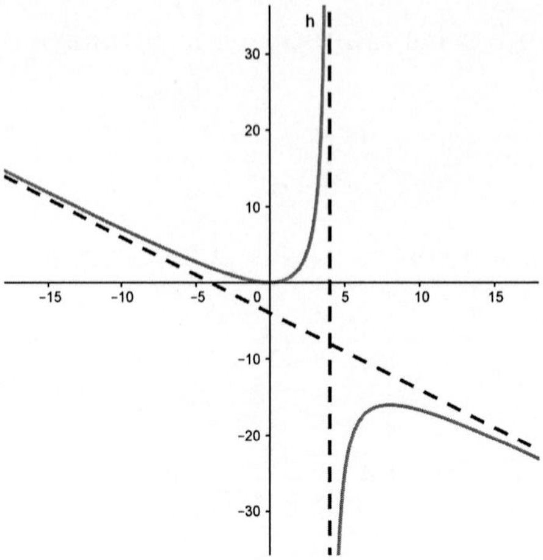

$$f(x) = \frac{-x^2}{x-4}$$

5.6. Teorema de Bolzano y otros

Del concepto de continuidad se pueden extraer diferentes resultados, algunos de los cuáles son muy significativos.

Un primer resultado es que si se tiene que una función es continua en un intervalo y se tiene que la función es positiva en un determinado punto a, es decir $f(a) > 0$, entonces se puede afirmar que la función es positiva en un entorno del punto a, es decir, existe un valor $\delta > 0$ tal que la función es positiva en el intervalo $(x - \delta, x + \delta)$:

$$f(x) > 0, \forall x \in (x - \delta, x + \delta)$$

Otros resultados son los que se exponen a continuación en forma de teoremas.

5.6.1. Teorema de Bolzano

Si f es una función continua en el intervalo cerrado $[a, b]$, y se tiene que los signos de la función f evaluada en los extremos del intervalo son opuestos, es decir

$$f(a) \cdot f(b) < 0$$

entonces existe un cierto valor c perteneciente al intervalo $[a, b]$, tal que la función se anula en ese punto c,

$$f(c) = 0$$

lo que es lo mismo que decir que c es una raíz de la función.

Nótese que mediante este teorema se puede afirmar la existencia de una raíz de una función f en un cierto intervalo cerrado, pero no se dice cuál es esa raíz, para hallar la raíz se debe acudir a otros métodos.

La demostración intuitiva de este teorema, es que dado que la función es continua, es decir no hay saltos, y si se supone que $f(a)$ es negativa y $f(b)$ es positiva, (análogo en caso contrario), en algún momento la función que es negativa debe cruzar el eje OX para llegar a $f(b)$ que es positiva, y es para ese valor c en que cruza el eje OX cuando la función se anula. Ver figura 5.20.

Figura 5.20: Teorema de Bolzano

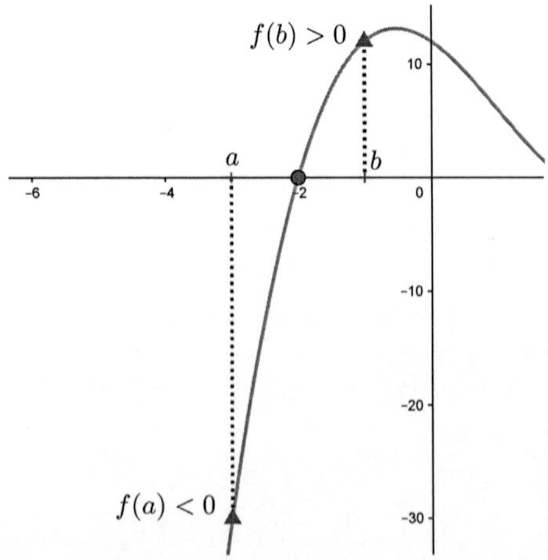

$$f(x) = x^3 - 3x^2 - 4x + 12$$

Ejemplo 5.34. Comprobar la existencia de la raíz en el intervalo $[-3, -1]$ de la función $f(x) = x^3 - 3x^2 - 4x + 12$.

Se observa que la función al ser una función polinómica es continua en todo su dominio y en particular en el intervalo cerrado $[-3, -1]$.

Se calcula el valor de la función en los extremos:

$$f(-3) = (-3)^3 - 3 \cdot (-3)^2 - 4 \cdot (-3) + 12 = -30 < 0$$

$$f(-1) = (-1)^3 - 3 \cdot (-1)^2 - 4 \cdot (-1) + 12 = 12 > 0$$

y como los signos en los extremos son opuestos, se verifican los supuestos del Teorema de Bolzano y se puede aseguar que existe una raíz c en el intervalo $[-3, -1]$, es decir $f(c) = 0$.

Para hallar la raíz, se podría por ejemplo probar con valores mediante el teorema del Factor, o con el método de Ruffini, vistos anteriormente, y así se llegaría a que la raíz buscada es $c = -2$ tal como se muestra en la figura 5.20.

■

5.6.2. Teorema de los Valores Intermedios

A partir del Teorema de Bolzano, si en vez de buscar una raíz se busca un valor $f(c)$ que se encuentre entre $f(a)$ y $f(b)$, se pueden relajar las condiciones necesarias, en particular no se necesita que los signos de los extremos sean opuestos. Así se puede enunciar el teorema de los Valores Intermedios de la siguiente manera.

Si f es una función continua en el intervalo cerrado $[a, b]$, se puede asegurar que para cualquier valor m entre $f(a)$ y $f(b)$ existe un cierto valor c perteneciente al intervalo $[a, b]$, tal que la función evaluada en ese punto c es igual al valor m,

$$f(c) = m$$

Este teorema también es conocido como Teorema o **Propiedad de Darboux**.

5.6.3. Método para hallar los valores intermedios

Dado que por el Teorema de Bolzano se puede asegurar la existencia de una raíz de una función continua en un intervalo cerrado, la idea es construir una función al que se pueda aplicar este teorema, y a partir de ese momento buscar la raíces de acuerdo a los distintos métodos conocidos, para luego volver a la función original.

i) Construir la función $g(x) = f(x) - m$

ii) Verificar que $g(x)$ cumple el Teorema de Bolzano

iii) Hallar la raíz c por algún método conocido: teorema del resto, teorema de la raíz racional, etc...

iv) Como $g(c) = 0$, entonces $f(c) - m = 0$ y por tanto $f(c) = m$, luego c es el valor buscado.

Ejemplo 5.35. Estudiar si la función $f(x) = x^3 - 3x^2 - 4x + 12$ alcanza el valor 6 en el intervalo [0,2].

Se calcula el valor de la función en los extremos

$$f(0) = 0^3 - 3 \cdot 0^2 - 4 \cdot 0 + 12 = 12$$

$$f(2) = 2^3 - 3 \cdot 2^2 - 4 \cdot 2 + 12 = 0$$

Y aplicando el teorema de los valores intermedios se puede asegurar que dado que la función f, al ser polinómica, es continua en el intervalo cerrado [0,2], entonces alcanza todos los valores entre $f(0)$ y $f(2)$, y en particular el 6, es decir existe un valor c, tal que $f(c) = 6$.

Una vez llegados a este punto se quiere hallar el valor c tal que $f(c) = 6$.

i) Se construye la función

$$g(x) = f(x) - m = x^3 - 3x^2 - 4x + 12 - 6 = x^3 - 3x^2 - 4x + 6$$

ii) Se verifica que $g(x)$ cumple el teorema de Bolzano, es una función continua en un intervalo cerrado y los signos son opuestos pues

$$g(0) = 6$$

$$g(2) = -6$$

Por lo tanto existe una raíz c, es decir $g(c) = 0$.

iii) Se halla la raíz c por algún método conocido, en particular por el teorema del Factor se llega a que 1 es una raíz de la función g.

iv) Como $g(1) = 0$, entonces $f(1) - 6 = 0$ y por tanto $f(1) = 6$, luego $c = 1$ es el valor buscado, ver figura 5.21.

■

Figura 5.21: Teorema de los valores intermedios

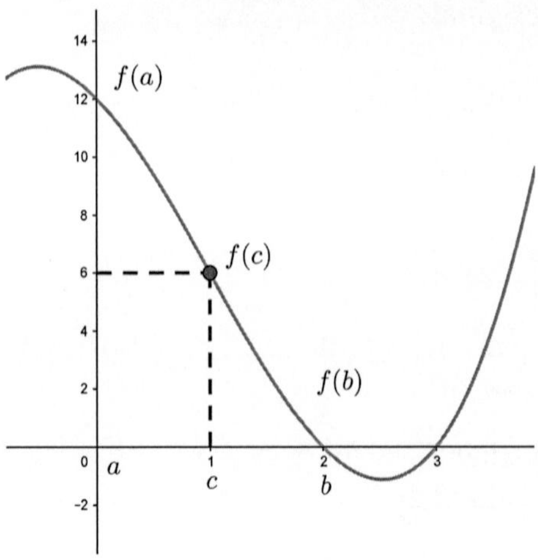

$$f(x) = x^3 - 3x^2 - 4x + 12$$

Otro resultado interesante es que si f es una función continua en el intervalo cerrado $[a, b]$, entonces f es una función acotada en el intervalo $[a, b]$, es decir existe una constante K tal que

$$|f(x)| \leq K$$

para todo x del intervalo $[a, b]$, y a partir de este resultado se puede enunciar el teorema de los valores extremos.

5.6.4. Teorema de los Valores Extremos ó de Weierstrass

Sea f una función continua en el intervalo cerrado $[a, b]$, entonces la función f alcanza un valor máximo y un valor mínimo en ese intervalo.

Formalmente esto significa que existen dos valores c y d pertenecientes al intervalo de forma que

$$f(c) \leq f(x) \leq f(d), \forall x \in [a, b]$$

Este teorema es de gran importancia, pues asegura la existencia de los valores máximos y mínimos en determinadas condiciones. Los valores máximo y mínimo pueden alcanzarse en los puntos interiores del intervalo o en los extremos del mismo.

Este teorema es por otra parte muy útil pues va a ser utilizado para los problemas de optimización, los cuáles consisten en encontrar los puntos en los que una función alcanza su valor máximo o valor mínimo.

Ejemplo 5.36. Hallar los extremos de la función $f(x) = x^2 - 4x + 4$ en el intervalo $[0, 3]$.

Dado que la función f es continua, por ser polinómica, entonces en un intervalo cerrado es acotada.

Por el teorema de los valores extremos, f alcanza el máximo y el mínimo en el intervalo cerrado.

Si se esboza la gráfica de la función f, se trata de una parábola con las ramas hacia arriba que tiene su vértice en $x = 2$ tal y como se puede ver en la figura 5.22.

Los valores en los extremos del intervalo son $f(0) = 4$ y $f(3) = 1$.

Por tanto el máximo se alcanza en el extremo inferior del intervalo $x = 0$ mientras que el mínimo se alcanza en el vértice de la parábola $x = 0$.

■

Figura 5.22: Teorema de los valores extremos

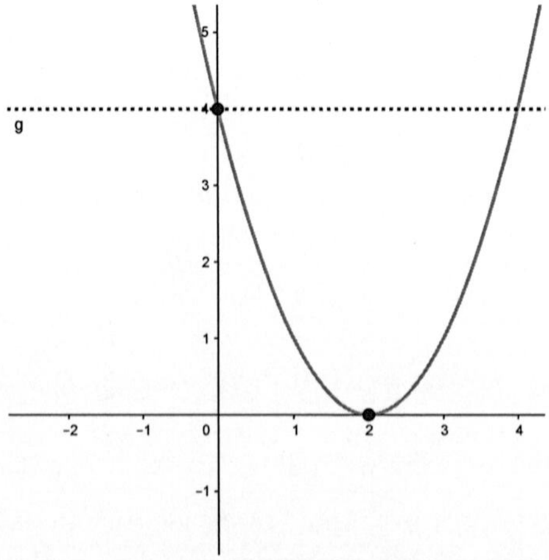

$f(x) = x^2 - 4x + 4$

5.7. Palabras clave

- Asíntota horizontal
- Asíntota oblicua
- Asíntota vertical
- Continuidad
- Continuidad lateral
- Discontinuidad
- Discontinuidad esencial
- Discontinuidad evitable
- Discontinuidad inevitable
- Discontinuidad de primera especie
- Discontinuidad de segunda especie
- Indeterminaciones
- Infinitésimos
- Infinitésimos equivalentes
- Límites
- Límites laterales
- Teorema de Bolzano
- Teorema de los valores extremos
- Teorema de los valores intermedios
- Teorema de Weierstrass

5.8. Autoevaluación

1. El valor del límite $\lim\limits_{x\to 0} \dfrac{x^2+6x+5x^3}{2x^2+x}$ es:

   a) $\frac{1}{2}$

   b) 0.

   c) 6.

2. El valor del límite $\lim\limits_{x\to -\infty} \dfrac{x^3+3x^2+2x+5}{2x+6}$

   a) 0.

   b) ∞.

   c) $\frac{1}{2}$.

3. El valor de $\lim\limits_{x\to \infty} \left(\dfrac{x^3-1}{x^2+3x+6} - \dfrac{x^2}{x+1}\right)$ es

   a) 0.

   b) -2.

   c) ∞.

4. Los posibles puntos de discontinuidad de $f(x) = \dfrac{\sqrt[3]{x}}{x^2-49}$ son

   a) $x=7, x=-7$.

   b) $x=7, x=-7, x=0$.

   c) $x=0$.

5. La función $f(x) = xe^{1/x}$es

   a) Continua $\forall x \in \mathbb{R}$.

   b) Continua $\forall x \in \mathbb{R} - \{0\}$.

   c) Continua en $(0, +\infty)$.

6. Al estudiar la continuidad de $f(x) = \dfrac{1}{x-1}$ en el punto $x=1$ se tiene que

   a) Es continua en el punto.

   b) Tiene una discontinuidad evitable.

c) Tiene una discontinuidad inevitable.

7. Si $\lim\limits_{x \to c} f(x) = a$, entonces $f(c) = a$

   a) Para cualquier par de puntos a y c.

   b) Solo si $f(x)$ es continua en c.

   c) Solo si $f(x)$ es continua en a.

8. La función $f(x) = \dfrac{1}{x^2 - 49}$ tiene

   a) Asíntota horizontal en $y = 7$.

   b) Asíntota vertical en $x = 7$ y $x = -7$.

   c) No tiene asíntotas.

9. Si $x = a$ es una asíntota vertical de $f(x)$, quiere decir que

   a) $\lim\limits_{x \to \infty} f(x) = a$.

   b) La función no está definida en $x = a$.

   c) $\lim\limits_{x \to a} f(x) = \infty$.

10. La función $f(x) = \dfrac{x^2}{x - 1}$ tiene

    a) Una asintota horizontal en $x = 1$ y otra oblicua en $y = x + 1$.

    b) Una asintota vertical en $x = 1$ y otra oblicua en $y = x + 1$.

    c) Solo una asintota horizontal en $x = 1$.

5.9. Problemas

1. Calcular los siguientes límites:

   a) $\lim\limits_{x \to 3} \dfrac{x^5 - 3x^4 - 3x + 9}{x^2 - 6x + 9}$

   b) $\lim\limits_{x \to 2} \dfrac{\sqrt{x^2 - 5x + 6}}{\sqrt{x^2 - 8x + 12}}$

   c) $\lim\limits_{x \to 5} \dfrac{5 - x}{\sqrt{5} - \sqrt{x}}$

   d) $\lim\limits_{x \to 1} \dfrac{\sqrt{x} - 1}{1 - x}$

e) $\lim_{x\to 0} \dfrac{\sqrt{4+2x+x^2}-\sqrt{4-2x+x^2}}{\sqrt{2+x}-\sqrt{2-x}}$

2. Calcular el límite de la siguiente función en $x = 10$

$$f(x) = \begin{cases} \dfrac{x^2}{x+5}, & \text{si } x < 10 \\ \sqrt{8x+1}, & \text{si } x \geq 10 \end{cases}$$

3. Calcular los siguientes límites en el infinito

a) $\lim_{x\to\infty} \dfrac{1}{x}$

b) $\lim_{x\to -\infty} \left(x^3 - 4x + 3\right)$

c) $\lim_{x\to\infty} \dfrac{(5x+2)(x+3)}{-(x+6)^2}$

d) $\lim_{x\to -\infty} \dfrac{x^3+3x^2+2x+5}{2x+6}$

e) $\lim_{x\to\infty} \dfrac{6x^3+3x^2+8}{x+\sqrt{9x^6+23}}$

f) $\lim_{x\to\infty} \dfrac{1+x^{-1}+x^{-2}+x^{-3}}{2+3x^{-1}+4x^{-2}+5x^{-3}}$

g) $\lim_{x\to -\infty} \dfrac{3+5x+4x^2+x^5}{4+x^2}$

4. Calcular los siguientes límites

a) $\lim_{x\to\infty} e^{\frac{x^2+2}{x-3}}$

b) $\lim_{x\to\infty} \left(\dfrac{2x-1}{3x}\right)^{\frac{4x^2+2}{3x^2+5x}}$

c) $\lim_{x\to\infty} \left(\dfrac{4}{3}\right)^{x}$

d) $\lim_{x\to -\infty} 3^{x+5}$

e) $\lim_{x\to -\infty} \left(\dfrac{5}{6}\right)^{x}$

5. Calcular los siguientes límites

a) $\lim_{x \to \infty} \left(\dfrac{2x^2 - 3}{2x} - x \right)$

b) $\lim_{x \to \infty} \left(\sqrt{x+3} - \sqrt{x} \right)$

c) $\lim_{x \to \infty} \left(\sqrt{4x^2 + 2x} - 2x \right)$

d) $\lim_{x \to \infty} \left(\dfrac{2 - x^4}{x^2 + 1} + \dfrac{5x^3}{x + 1} \right)$

Estudiar la continuidad de las siguientes funciones indicando el tipo de discontinuidad existente en su caso

6. $f(x) = x^3(x - 1)$

7. $f(x) = \dfrac{1}{x^2 - 49}$

8. $f(x) = \sqrt{\dfrac{3x + 15}{x^2 - 9}}$

9. $f(x) = \begin{cases} -x^2 + 6 & , \text{ si } -2 < x \leq 2 \\ x + 2 & , \text{ si } 2 < x \leq 6 \\ (x - 4)^3 & , \text{ si } 6 < x \leq 20 \end{cases}$

10. $f(x) = \begin{cases} x^2 & , \text{ si } x \in [0, 1] \\ \dfrac{1}{x} & , \text{ si } x \in (1, +\infty) \end{cases}$

Capítulo 6

Derivación

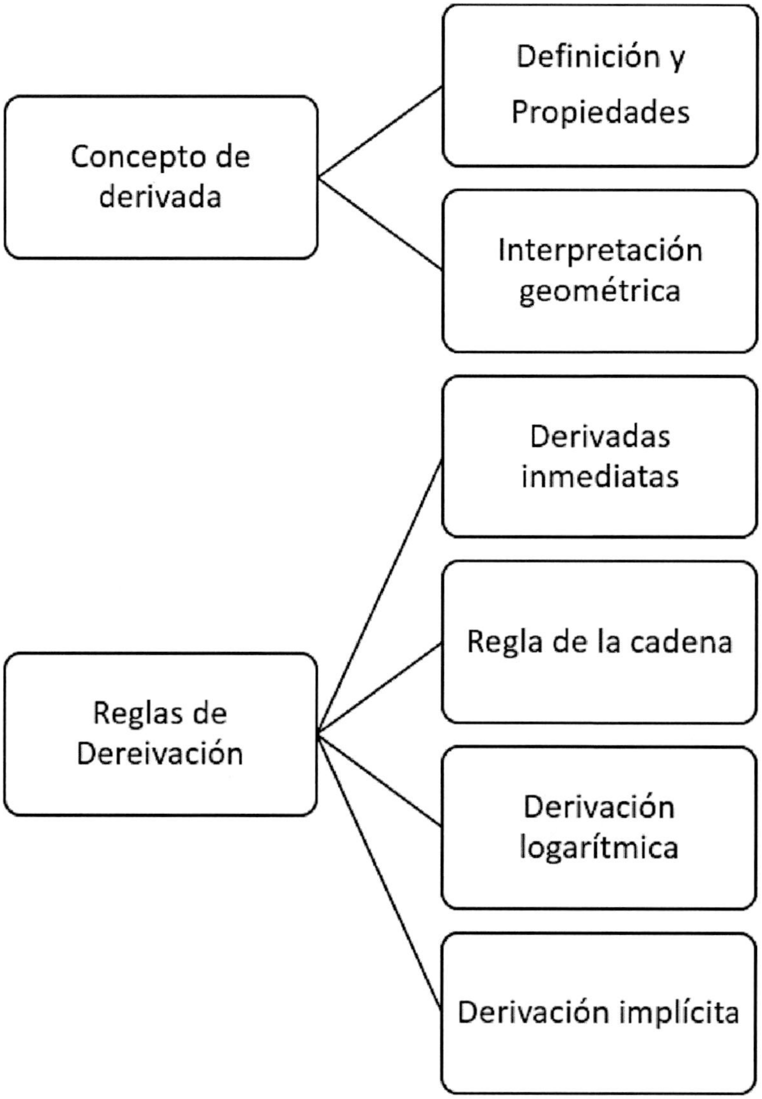

Objetivos

- Conocer el concepto de derivada y su interpretación como variación.
- Realizar las operaciones más habituales de derivación.
- Conocer y aplicar las reglas de derivación.
- Aplicar la regla de la cadena.
- Conocer las relaciones entre derivabilidad y continuidad.
- Derivar funciones implícitas y explícitas.

6.1. Concepto de derivada

6.1.1. Tasa de variación

Uno de los aspectos económicos que suscita más interés es la evolución de los valores (precios, cotizaciones, índices, etc...), es decir de las variables, que representan los distintos fenómenos en estudio. Es claro que estos valores cambian con el paso del tiempo, así evolucionan los precios de un determinado bien, evolucionan los tipos de interés, evoluciona el índice de la bolsa, etc...

Si por ejemplo, se toma el precio del barril de petróleo en dos momentos del tiempo, fácilmente se puede hallar la variación del precio entre esos dos momentos, y para ello basta con sustraer al valor tomado en el segundo momento del tiempo, p_2, el valor tomado en el primer momento del tiempo, p_1. Por tanto se define la **variación absoluta** o diferencia de precios como:

$$v = p_2 - p_1$$

De forma general, y más formal, para dos momentos del tiempo cualesquiera denominados t y $t-1$, esta variación se puede escribir de la siguiente manera:

$$\Delta x = x_t - x_{t-1}$$

es decir, se define la **variación** como el valor del momento t menos elvalor del momento $t-1$. Nótese que se utiliza el símbolo, Δ, para especificar la variación. El signo de la variación indica si es positivo que ha habido incremento, y si es negativo que ha habido decremento.

A partir de la definición de variación absoluta se pueden obtener las variaciones relativas, ritmos de cambio o tasas de variación.

Una de las tasas más utilizadas es la **tasa de variación porcentual**, dónde lo que se busca es el aumento o disminución porcentual de la variable económica en estudio. Así dados dos valores en el tiempo se tiene que la tasa de variación porcentual es el ratio entre la variación absoluta y el valor de la variable en el momento $t-1$, y multiplicado por 100 al tratarse de un porcentaje.

$$T = \frac{\Delta x}{x_{t-1}} \cdot 100 = \frac{x_t - x_{t-1}}{x_{t-1}} \cdot 100$$

La **tasa de variación media** es la ratio entre la variación absoluta y el número de períodos transcurridos, así entre el momento 0 y el momento t, habrán transcurridos t períodos.

$$TM = \frac{\Delta x}{t} = \frac{x_t - x_o}{t}$$

Ejemplo 6.1. Si el precio del barril de petróleo brent en diciembre de 2016 es de 50,56€ y en diciembre de 2017 es de 54,38€. Hallar la variación del precio, la tasa de variación porcentual y la tasa de variación media mensual.

La variación absoluta es la diferencia de precios, luego

$$\Delta x = x_{2017} - x_{2016} = 54,38 - 50,56 = 3,82$$

La tasa de variación porcentual es la ratio de la variación absoluta sobre el precio original,

$$T = \frac{\Delta x}{x_{t-1}} \cdot 100 = \frac{3,82}{50,56} \cdot 100 = 7,55\,\%$$

Y finalmente la tasa de variación media mensual es la ratio entre la variación absoluta y el número de períodos transcurridos, que al pedirlo el problema en meses es igual a $t = 12$, por tanto se tiene

$$TM = \frac{\Delta x}{12} = \frac{3,82}{12} = 0,3183$$

■

6.1.2. La tasa de variación instantánea

Si se aplica el concepto de tasa de variación media a una función matemática $f(x)$, entonces se está dando solución a la pregunta de ¿cuántas unidades varía la variable y por cada unidad que varía la variable x?. La respuesta vendrá dada por la variación absoluta de la función $f(x)$ en los puntos x_1 y x_2 dividida por la variación existente entre los puntos x_1 y x_2, es decir la ratio entre el Δy y Δx,

$$TM_f = \frac{f(x_2) - f(x_1)}{x_2 - x_1} = \frac{\Delta y}{\Delta x}$$

Como se sabe que x_2 es igual a x_1 más una cierta cantidad h, $x_2 = x_1 + h$, lo que se está calculando es la tasa de variación media en el intervalo $[x, x+h]$, entonces se puede escribir la tasa de variación media como

$$TM_f = \frac{f(x+h) - f(x)}{x + h - x} = \frac{f(x+h) - f(x)}{h}$$

Cuando h se va haciendo cada vez más pequeña, es decir cuando la variación de la variable x es cada vez menor, se acerca al concepto de límite ya estudiado en capítulos anteriores, aplicado a la tasa de variación media. Así para el ejemplo anterior, se puede pasar a la tasa de variacion media diaria, a la tasa de variación media horaria y así sucesivamente según h se va aproximando a 0.

Se define la **tasa de variación instantánea** de la función $f(x)$, TI_f, como el límite de la tasa de la variación media cuando h tiende a 0.

$$TI_f = \lim_{h \to 0} \frac{f(x+h) - f(x)}{h}$$

Ejemplo 6.2. Dada la función $f(x) = x^2$, hallar la tasa de variación instantánea.

De acuerdo a la definición se tiene que la tasa de variación instantánea es:

$$TI_f = \lim_{h \to 0} \frac{f(x+h) - f(x)}{h} = \lim_{h \to 0} \frac{(x+h)^2 - x^2}{h} = \lim_{h \to 0} (2x + h) = 2x$$

■

6.1.3. El problema de la recta tangente

6.1.3.1. Pendiente de una recta

Dada una recta no vertical, la **pendiente de la recta**, que se denota por m, mide las unidades que la recta asciende o desciende verticalmente por cada unidad de desplazamiento horizontal. Es decir dados dos puntos $P_1 = (x_1, y_1)$ y $P_2 = (x_2, y_2)$, entonces se define la pendiente

$$m = \frac{y_2 - y_1}{x_2 - x_1} = \frac{\Delta y}{\Delta x}$$

que como se puede observar en la figura 6.1 no es más que la razón entre los incrementos de los ejes.

Figura 6.1: Pendiente de una recta

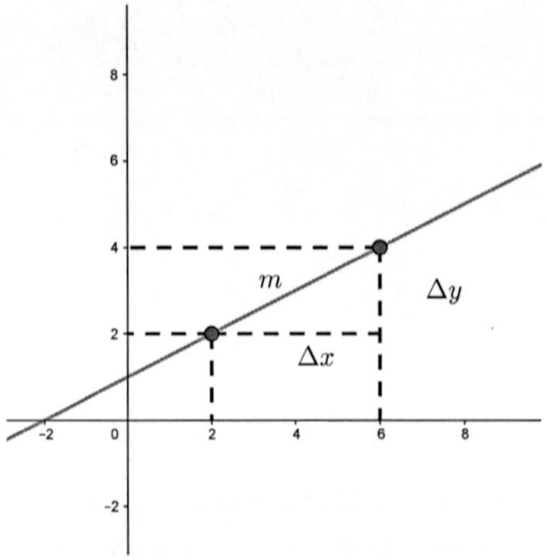

Ejemplo 6.3. Hallar la pendiente de la recta que pasa por los puntos $P_1 = (0, 2)$ y $P_2 = (1, 4)$.

A partir de la definición se tiene que la pendiente es

$$m = \frac{\Delta y}{\Delta x} = \frac{y_2 - y_1}{x_2 - x_1} = \frac{4-2}{1-0} = 2$$

■

6.1.3.2. Ecuación de la recta

Si se conoce la pendiente de una recta, m, y uno de los puntos de la recta, (x_0, y_0), entonces se puede obtener la **ecuación de la recta** en su forma

punto-pendiente, ver figura 6.2. cuya expresión es:

$$y - y_0 = m(x - x_0)$$

Ejemplo 6.4. Hallar la ecuación punto pendiente de la recta que pasa por el punto $P_1 = (0, 2)$ y tiene pendiente $m = 2$.

De acuerdo a la definición de la ecuación punto-pendiente de la recta

$$y - y_0 = m(x - x_0)$$

$$y - 2 = 2(x - 0)$$

$$y = 2x + 2$$

■

Figura 6.2: Ecuación de la recta

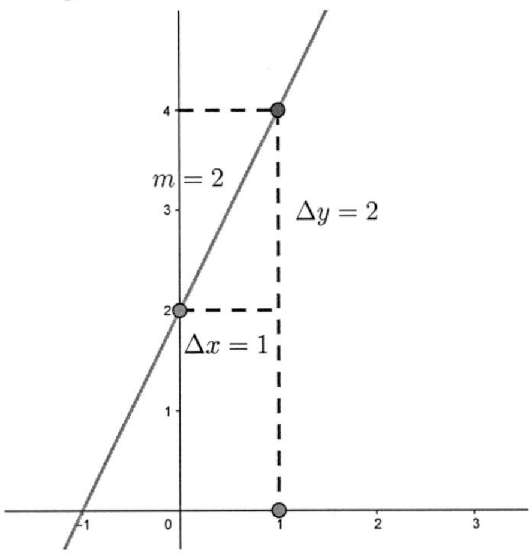

$y = 2x + 2$

6.1.3.3. Recta tangente

Una **recta tangente** a una curva es aquella que corta a la curva en un único punto, denominado **punto de tangencia.** Si la recta corta en más de un punto a la curva se denomina **recta secante.**

Uno de los problemas fundamentales del cálculo es hallar la recta tangente en un punto P a la gráfica de la función f.

Como se sabe hallar la ecuación punto-pendiente de la recta, el problema de la recta tangente es equivalente a hallar la pendiente de la recta tangente en el punto P.

Para hallar la pendiente de la recta se realiza un proceso de aproximación, así se toma en primer lugar una recta secante que pase por el punto $P = (x_1, y_1)$ y por otro punto $Q = (x_2, y_2)$, por tanto la pendiente de la recta secante que se denota por m_s es

$$m_s = \frac{\Delta y}{\Delta x} = \frac{y_2 - y_1}{x_2 - x_1}$$

Como el punto P está en la curva se puede escribir $P = (x_1, y_1) = (c, f(c))$ y como Q también está sobre la curva se puede escribir que $Q = (x_2, y_2) = (c+h, f(c+h))$, luego la pendiente de la recta ahora se puede escribir como

$$m_s = \frac{\Delta y}{\Delta x} = \frac{y_2 - y_1}{x_2 - x_1} = \frac{f(c+h) - f(c)}{c+h-c} = \frac{f(c+h) - f(c)}{h}$$

Figura 6.3: Recta tangente

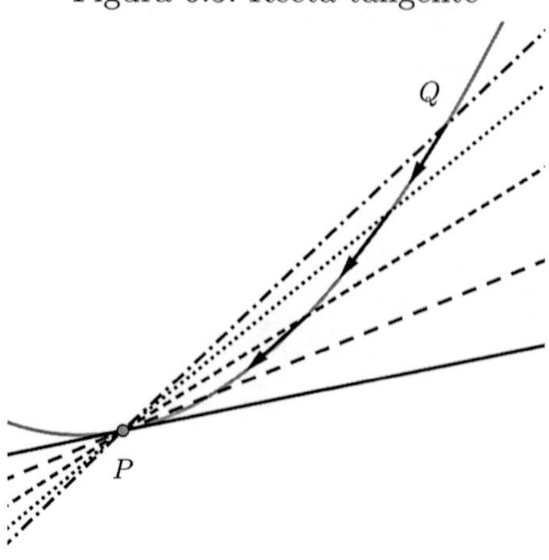

Según se va acercando el punto Q hacia el punto P, como puede observarse en la figura 6.3 la pendiente de la recta secante se va aproximando a la pendiente de la recta tangente, y finalmente se tiene que la pendiente de la recta tangente es el límite de las rectas secantes cuando h tiende a 0

$$m = \lim_{h \to 0} \frac{f(c+h) - f(c)}{h}$$

Ejemplo 6.5. Hallar la pendiente de la recta tangente a $f(x) = x^2$

De acuerdo a la definición se tiene que la pendiente de la recta tangente es

$$m = \lim_{h \to 0} \frac{f(x+h) - f(x)}{h}$$

Luego se tiene

$$m = \lim_{h \to 0} \frac{(x+h)^2 - x^2}{h} = \lim_{h \to 0} (2x + h) = 2x$$

Nótese que la pendiente de la recta tangente coincide con la tasa de variación instantánea visto anteriormente.

■

6.1.4. Derivada en un punto

A partir de la definición de tasa de variación instantánea es inmediata la definición de derivada en un punto.

La **derivada** de la función $f(x)$ en el punto $x = a$, que se denota por $f'(a)$, es el límite de la ratio del incremento de la función en el punto, $\Delta y = f(a+h) - f(a)$ y el incremento de la variable, $\Delta x = a + h - a = h$, cuando este incremento tiende a 0, suponiendo que el límite exista.

$$f'(a) = \lim_{\Delta x \to 0} \frac{\Delta y}{\Delta x} = \lim_{\Delta x \to 0} \frac{f(a + \Delta x) - f(a)}{\Delta x} = \lim_{h \to 0} \frac{f(a+h) - f(a)}{h}$$

También se puede escribir como

$$f'(a) = \lim_{x \to a} \frac{f(x) - f(a)}{x - a}$$

La derivada de un función en un punto es un número, es decir, un valor.

Se dice que una función es **derivable** en un punto si existe su derivada en el punto. Una función es derivable en un intervalo abierto (a, b), si es derivable en todos los puntos del intervalo.

Cuando el resultado del límite es $\pm\infty$ se dice que la función no es derivable en el punto, el valor de la derivada es infinita y gráficamente se corresponde con que la recta tangente a la curva es vertical.

Ejemplo 6.6. Hallar la derivada de la función $f(x) = x^2$ en el punto $x = 0$.

Aplicando la definición de la derivada se tiene

$$f'(0) = \lim_{h \to 0} \frac{f(0+h) - f(0)}{h} = \lim_{h \to 0} \frac{h^2 - 0}{h} = \lim_{h \to 0} h = 0$$

Luego se concluye que la derivada de la función en el punto $x = 0$, es $f'(0) = 0$.

■

Figura 6.4: Interpretación geométrica de la derivada

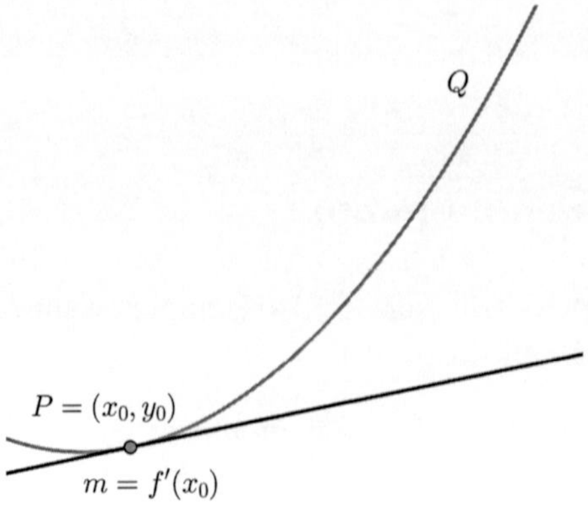

6.1.5. Interpretación geométrica

La derivada en un punto coincide con la pendiente de la recta tangente en el punto a la gráfica de la función f. Ver figura 6.4.

Esto permite utilizar la derivada de la función en un punto para calcular la pendiente y entonces la **ecuación de la recta tangente** a $f(x)$ en el punto $P = (x_0, y_0)$ se puede escribir ahora como

$$y - y_0 = f'(x_0)(x - x_0)$$

$$y = y_0 + f'(x_0)(x - x_0)$$

6.1.6. Derivadas laterales

Si la función $f(x)$ está definida en el intervalo $[a, b)$, se llama **derivada lateral por la derecha**, o derivada por la derecha, en el punto $x = a$, al siguiente límite si existe y es finito

$$f'\left(a^{+}\right) = \lim_{h \to 0^{+}} \frac{f\left(a+h\right) - f\left(a\right)}{h}$$

Análogamente si la función $f(x)$ está definida en el intervalo $(b, a]$, se llama **derivada lateral por la izquierda**, o derivada por la izquierda, en el punto $x = a$, al siguiente límite si existe y es finito

$$f'\left(a^{-}\right) = \lim_{h \to 0^{-}} \frac{f\left(a+h\right) - f\left(a\right)}{h}$$

Si las derivadas laterales en un punto existen y no son iguales entonces la función no es derivable en ese punto.

Se dice que una función $f(x)$ es derivable en un intervalo cerrado $[a, b]$ si es derivable en (a, b) y existen la derivada lateral derecha en a y la derivada lateral izquierda en b.

Ejemplo 6.7. Hallar las derivadas laterales de las siguientes funciones en los puntos que se especifican

a) $f(x) = x^2$ en el punto $x = 2$.

Se halla la derivada lateral por la derecha de la función en el punto solicitado

$$f'\left(2^{+}\right) = \lim_{h \to 0^{+}} \frac{f\left(2+h\right) - f\left(2\right)}{h} = \lim_{h \to 0^{+}} \frac{h^2 + 4h}{h} = \lim_{h \to 0^{+}} h + 4 = 4$$

Se halla la derivada lateral por la izquierda de la función en el punto solicitado

$$f'\left(2^{-}\right) = \lim_{h \to 0^{-}} \frac{f\left(2+h\right) - f\left(2\right)}{h} = \lim_{h \to 0^{-}} \frac{h^2 + 4h}{h} = \lim_{h \to 0^{-}} h + 4 = 4$$

Como las derivadas parciales existen y son iguales, entonces la función es derivable en el punto $x = 2$

b) $f(x) = |x|$ en el punto $x = 0$.

Se halla la derivada lateral por la derecha de la función en el punto solicitado

$$f'\left(0^{+}\right) = \lim_{h\to 0^{+}} \frac{f\left(0+h\right) - f\left(0\right)}{h} = \lim_{h\to 0^{+}} \frac{|h|}{h} = \lim_{h\to 0^{+}} \frac{h}{h} = 1$$

Se halla la derivada lateral por la izquierda de la función en el punto solicitado

$$f'\left(0^{-}\right) = \lim_{h\to 0^{-}} \frac{f\left(0+h\right) - f\left(0\right)}{h} = \lim_{h\to 0^{-}} \frac{|h|}{h} = \lim_{h\to 0^{-}} \frac{-h}{h} = -1$$

Como las derivadas laterales en el punto solicitado $x = 0$ no son iguales, entonces se concluye que la función no es derivable en ese punto.

■

6.2. CONTINUIDAD Y DERIVABILIDAD

Si una función $f(x)$ es derivable en el punto $x = a$, entonces la función es continua en ese punto.

Para probar que la función $f(x)$ es continua en el punto $x = a$ se tiene que dar que exista el límite de la función cuando x tiende a a y que además se cumpla que es igual a la función en el punto

$$\lim_{x\to a} f(x) = f(a)$$

Que se puede escribir como

$$\lim_{x\to a} f(x) - f(a) = \lim_{x\to a} \left(f(x) - f(a)\right) = 0$$

este último resultado es el que se quiere probar,

$$\lim_{x\to a} \left(f(x) - f(a)\right) = \lim_{x\to a} (x-a) \left(\frac{f(x) - f(a)}{(x-a)}\right) =$$

$$= \lim_{x\to a} (x-a) \cdot \lim_{x\to a} \frac{f(x) - f(a)}{(x-a)} = 0 \cdot f'(a) = 0$$

Por tanto si la función es derivable en un punto es continua en el mismo punto.

De este resultado se desprende que si una función no es continua en un punto entonces no es derivable en ese punto.

Finalmente se tiene que si una función no es derivable en un punto no se puede decir nada sobre la continuidad de la función en el punto. Y que si una función es continua en un punto no implica que la función sea derivable en ese punto.

Ejemplo 6.8. Sea la función $f(x) = x^2$, comprobar si es derivable en el punto $x = 1$ y continua en el punto $x = 1$.

Se halla la derivada de la función en el punto

$$f'(1) = \lim_{h\to 0} \frac{f(1+h) - f(1)}{h} = \lim_{h\to 0} \frac{h^2 + 2h}{h} = \lim_{h\to 0} (h+2) = 2$$

y como el límite existe y es finito entonces $f'(a) = f'(1) = 2$.

Por el resultado anterior como la función es derivable en el punto entonces la función es continua en dicho punto.

■

Ejemplo 6.9. Sea la función $f(x) = \left|x^2 - 1\right|$, comprobar si es derivable y continua en el punto $x = 1$.

Se halla la derivada de la función en el punto

$$f'(1) = \lim_{h\to 0} \frac{f(1+h) - f(1)}{h} = \begin{cases} \lim\limits_{h\to 0^+} \frac{\left|h^2+2h\right|}{h} = \lim\limits_{h\to 0^+} (h+2) = 2 \\ \lim\limits_{h\to 0^-} \frac{\left|h^2+2h\right|}{h} = \lim\limits_{h\to 0^-} (-h-2) = -2 \end{cases}$$

Como las derivadas laterales son distintas, se concluye que la función no es derivable en el punto. Sin embargo, la función es continua tal y como se puede comprobar:

$$f(1) = 0$$

$$\left.\begin{array}{l} \lim\limits_{x\to 1^+} f(x) = \lim\limits_{x\to 1^+} \left|x^2 - 1\right| = 0 \\ \lim\limits_{x\to 1^-} f(x) = \lim\limits_{x\to 1^-} \left|x^2 - 1\right| = 0 \end{array}\right\} \Rightarrow \lim_{x\to 1} \left|x^2 - 1\right| = 0$$

pues existe el valor de la función en el punto, existe el límite de la función en el punto y son iguales, véase la figura 6.5.

Figura 6.5: Continuidad y derivabilidad

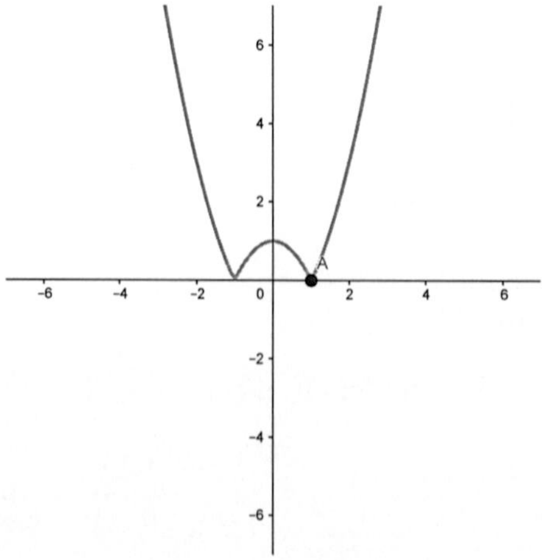

$f(x) = |x^2 - 1|$

■

6.3. FUNCIÓN DERIVADA

Dado un intervalo, si en cada punto del intervalo existe la derivada de la función $f(x)$, se obtiene una nueva función dependiente de la variable x que se llama **función derivada** y se representa por $f'(x)$,

$$f'(x) = \lim_{\Delta x \to 0} \frac{\Delta y}{\Delta x} = \lim_{\Delta x \to 0} \frac{f(x + \Delta x) - f(x)}{\Delta x} = \lim_{h \to 0} \frac{f(x+h) - f(x)}{h}$$

Al proceso por el que se halla la derivada de una función se le llama **derivación**.

Dado que en algunos textos se denota la función como $y = f(x)$, entonces la función derivada también se denota como y' o incluso siguiendo la **notación de Leibniz** como $\frac{dy}{dx}$ ó $\frac{df}{dx}$, es decir en el numerador la función y en el denominador la variable sobre la que se deriva.

Nótese que mientras la derivada de una función en un punto es un número, la función derivada de una función es otra función.

6.3.1. Método de obtención de funciones derivadas

Se puede hallar la función derivada, $f'(x)$, de cualquier función $f(x)$ mediante la aplicación de la definición anterior, es decir, calculando el límite del cociente de los incrementos cuando h tiende a 0, lo cuál se puede hacer mediante los siguientes cuatro pasos:

i) Hallar el valor de la función en el punto $x+h$, es decir, hallar $f(x+h)$

ii) Hallar el incremento de los valores de la función

$$\Delta y = f(x+h) - f(x)$$

iii) Hallar el cociente de los incrementos:

$$\frac{\Delta y}{\Delta x}$$

iv) Hallar el límite del cociente anterior, cuando $h \to 0$

$$\lim_{h \to 0} \frac{\Delta y}{\Delta x}$$

6.3.1.1. Regla de la función constante

Sea una función constante, $f(x) = c$, aplicando el algoritmo de obtención de funciones derivadas, se tiene:

i) Hallar $f(x+h) = c$

ii) Hallar $\Delta y = f(x+h) - f(x) = c - c = 0$

iii) Hallar $\dfrac{\Delta y}{\Delta x} = 0$

iv) Hallar el límite, cuando $h \to 0$, $\lim\limits_{h \to 0} \dfrac{\Delta y}{\Delta x} = 0$

Por tanto se concluye que la función derivada de la función constante, $f(x) = c$, es la función nula, $f'(x) = 0$

6.3.1.2. Regla de la función identidad

Sea la función identidad, $f(x) = x$, aplicando el algoritmo de obtención de funciones derivadas, se tiene:

i) Hallar $f(x+h) = x + h$

ii) Hallar $\Delta y = f(x+h) - f(x) = x + h - x = h$

iii) Hallar $\dfrac{\Delta y}{\Delta x} = \dfrac{h}{h} = 1$

iv) Hallar el límite, cuando $h \to 0$, $\lim\limits_{h\to 0} \dfrac{\Delta y}{\Delta x} = 1$

Se concluye que la función derivada de la función identidad, $f(x) = x$, es la función uno, $f'(x) = 1$

6.3.1.3. Regla simple de las potencias

Sea la función potencia, $f(x) = x^n$, con $n \in \mathbb{N}$, aplicando el algoritmo de obtención de funciones derivadas, se tiene:

i) Hallar $f(x+h) = (x+h)^n$, expresión que se puede desarrollar mediante el binomio de Newton, visto en el capítulo 1, obteniendo

$$(x+h)^n = \binom{n}{0} x^n + \binom{n}{1} x^{n-1}h + \cdots + \binom{n}{n-1} xh^{n-1} + \binom{n}{n} h^n$$

de dónde simplificando se llega a

$$(x+h)^n = x^n + nx^{n-1}h + \cdots + nxh^{n-1} + h^n$$

ii) Hallar Δy

$$\Delta y = f(x+h) - f(x) = x^n + nx^{n-1}h + ... + nxh^{n-1} + h^n - x^n$$

$$\Delta y = nx^{n-1}h + ... + nxh^{n-1} + h^n$$

iii) Hallar $\dfrac{\Delta y}{\Delta x}$

$$\frac{\Delta y}{\Delta x} = \frac{nx^{n-1}h + ... + nxh^{n-1} + h^n}{h}$$

$$\frac{\Delta y}{\Delta x} = nx^{n-1} + \binom{n}{2} x^{n-2}h + nxh^{n-2} + h^{n-1}$$

iv) Hallar el límite cuando $h \to 0$

$$\lim_{h\to 0}\frac{\Delta y}{\Delta x} = \lim_{h\to 0}\left(nx^{n-1} + \binom{n}{2}x^{n-2}h + nxh^{n-2} + h^{n-1}\right) = nx^{n-1}$$

Por tanto se concluye que la función derivada de la función potencia, $f(x) = x^n$, es la función $f'(x) = nx^{n-1}$

Este resultado se puede generalizar para cualquier número real, de esta forma también se tiene una regla para hallar la derivada de la raíz n-ésima de una función, pues bastaría con escribirla en forma de potencias y aplicar la regla.

Ejemplo 6.10. Hallar la derivadas de las siguientes funciones:

a) $f(x) = x^5$

$$f'(x) = 5x^{5-1} = 5x^4$$

b) $f(x) = \dfrac{1}{x^3} = x^{-3}$

$$f'(x) = -3x^{-3-1} = -3x^{-4} = \frac{-3}{x^4}$$

c) $f(x) = \sqrt[3]{x^2} = x^{2/3}$

$$f'(x) = \frac{2}{3}x^{2/3-1} = \frac{2}{3}x^{-1/3} = \frac{2}{3\sqrt[3]{x}}$$

■

Aplicando el algoritmo de obtención de funciones derivadas, se pueden hallar las distintas funciones derivadas de una dada, en particular se obtienen las siguientes reglas de derivación de funciones.

Regla del producto de una función por un escalar.

Si f es una función derivable y c es un número real, entonces cf es derivable y se tiene que

$$(c\cdot f(x))' = c\cdot f'(x), \quad c\in\mathbb{R}$$

Regla de la suma y de la diferencia

Si f y g son dos funciones derivables, entonces la suma o la diferencia de f y g es también derivable y se tiene que

$$(f(x) \pm g(x))' = f'(x) \pm g'(x)$$

Regla del producto de funciones

Si f y g son dos funciones derivables, entonces el producto $f \cdot g$ es derivable y se tiene que

$$(f(x) \cdot g(x))' = f'(x)\, g(x) + f(x)\, g'(x)$$

Regla del cociente de funciones

Si f y g son dos funciones derivables en todos los puntos x en los que se da que $g(x) \neq 0$, entonces el cociente f/g es derivable y se tiene que

$$\left(\frac{f(x)}{g(x)}\right)' = \frac{f'(x)\, g(x) - f(x)\, g'(x)}{[g(x)]^2}$$

Ejemplo 6.11. Hallar la derivadas de las siguientes funciones:

a) $f(x) = x^5 + x^3$

Sean $f_1(x) = x^5$ y $f_2(x) = x^3$, luego se está ante la derivada de una suma que es igual a la suma de las derivadas

$$(f_1(x) + f_2(x))' = f'(x) + g'(x)$$

$$f_1'(x) = 5x^{5-1} = 5x^4$$

$$f_2'(x) = 3x^{3-1} = 3x^2$$

$$f'(x) = (f_1(x) + f_2(x))' = f_1'(x) + f_2'(x) = 5x^4 + 3x^2$$

b) $f(x) = (x^5 - 1)(x^3 + 3x)$

Sean $f_1(x) = (x^5 - 1)$ y $f_2(x) = (x^3 + 3x)$, y se está ante la derivada de un producto

$$(f(x) \cdot g(x))' = f'(x)\, g(x) + f(x)\, g'(x)$$

$$f_1'(x) = 5x^{5-1} - 0 = 5x^4$$

$$f_2'(x) = 3x^{3-1} + 3x^{1-1} = 3x^2 + 3$$

$$f'(x) = (f_1(x) \cdot f_2(x))' = f_1'(x)\, f_2(x) + f_1(x)\, f_2'(x)$$

$$f'(x) = 5x^4(x^3 + 3x) + (x^5 - 1)\left(3x^2 + 3\right)$$

$$f'(x) = 5x^7 + 15x^5 + 3x^7 + 3x^5 - 3x^2 - 3 = 8x^7 + 18x^5 - 3x^2 - 3$$

c) $f(x) = \dfrac{x^4}{x^2+1}$

Sean $f_1(x) = x^4$ y $f_2(x) = (x^2+1)$, y se está ante la derivada de un cociente

$$\left(\frac{f(x)}{g(x)}\right)' = \frac{f'(x)\,g(x) - f(x)\,g'(x)}{[g(x)]^2}$$

$$f_1'(x) = 4x^3$$

$$f_2'(x) = 2x$$

$$\left(\frac{f_1(x)}{f_2(x)}\right)' = \frac{f_1'(x)\,f_2(x) - f_1(x)\,f_2'(x)}{[f_2(x)]^2}$$

$$f'(x) = \frac{4x^3(x^2+1) - x^4 2x}{[x^2+1]^2} = \frac{4x^5+4x^3-2x^5}{[x^2+1]^2} = \frac{2x^5+4x^3}{[x^2+1]^2}$$

■

6.3.1.4. Regla del logaritmo neperiano

Sea la función logaritmo neperiano $f(x) = \ln x$, aplicando el algoritmo de obtención de funciones derivadas, se tiene:

i) Hallar $f(x+h) = \ln(x+h)$

ii) Hallar $\Delta y = f(x+h) - f(x) = \ln(x+h) - \ln x = \ln\left(\dfrac{x+h}{x}\right) = \ln\left(1+\dfrac{h}{x}\right)$

iii) Hallar $\dfrac{\Delta y}{\Delta x} = \dfrac{\ln\left(1+\frac{h}{x}\right)}{h} = \dfrac{1}{h}\ln\left(1+\dfrac{h}{x}\right) = \ln\left(1+\dfrac{h}{x}\right)^{1/h}$

iv) Hallar el límite, cuando $h \to 0$, $\lim\limits_{h\to 0}\dfrac{\Delta y}{\Delta x} = \lim\limits_{h\to 0}\ln\left(1+\dfrac{h}{x}\right)^{1/h}$

Se tiene un límite de la forma simbólica 1^∞, que como ya se ha visto es igual al número e elevado al límite del exponente multiplicado por la base disminuida en una unidad, luego

$$f'(x) = \ln e^{\lim\limits_{h\to 0}\frac{1}{h}\left(1+\frac{h}{x}-1\right)} = \ln e^{1/x} = \frac{1}{x}$$

Por tanto se concluye que la función derivada de la función logaritmo, $f(x) = \ln x$, es la función $f'(x) = x^{-1} = \dfrac{1}{x}$

6.3.1.5. Regla del logaritmo en base a

A partir de la regla del logaritmo neperiano, se puede hallar la derivada del logaritmo en una base cualquiera.

Como se sabe

$$\log_a x = \frac{\ln x}{\ln a}$$

por tanto si se tiene la función $f(x) = \log_a x$, entonces dado que $\ln a$ es una constante, por la regla del producto de una función por un escalar se tiene que la derivada de la función logaritmo de base a es

$$f'(x) = \frac{1}{\ln a}(\ln x)'$$

y por la regla de la derivada del logaritmo neperiano, se tiene que la derivada de la función logaritmo de base a es

$$f'(x) = \frac{1}{\ln a}(\ln x)' = \frac{1}{\ln a}\frac{1}{x} = \frac{1}{x \ln a}$$

Ejemplo 6.12. Hallar la derivadas de las siguientes funciones:

a) $f(x) = 2\ln x + 3x^4$

Sean $f_1(x) = \ln x$ y $f_2(x) = 3x^4$, luego

$$(f_1(x) + f_2(x))' = f'(x) + g'(x)$$

$$f_1'(x) = 2\frac{1}{x} = \frac{2}{x}$$

$$f_2'(x) = 4x^3$$

$$f'(x) = (f_1(x) + f_2(x))' = f'(x) + g'(x) = \frac{2}{x} + 4x^3$$

b) $f(x) = 4\ln x \cdot (x^3 - 3x^2)$

Sean $f_1(x) = 4\ln x$ y $f_2(x) = (x^3 - 3x^2)$, luego

$$(f(x) \cdot g(x))' = f'(x)\,g(x) + f(x)\,g'(x)$$

$$f_1'(x) = \frac{4}{x}$$

$$f_2'(x) = 3x^2 - 6x$$

$$f'(x) = (f_1(x) \cdot f_2(x))' = f_1'(x) f_2(x) + f_1(x) f_2'(x)$$

$$f'(x) = \frac{4}{x}(x^3 - 3x^2) + 4\ln x \left(3x^2 - 6x\right) = 4x^2 - 12x + 4\ln x \left(3x^2 - 6x\right)$$

c) $f(x) = \log_2 x \cdot 3\ln x$

Sean $f_1(x) = \log_2 x$ y $f_2(x) = 3\ln x$, luego

$$(f(x) \cdot g(x))' = f'(x) g(x) + f(x) g'(x)$$

$$f_1'(x) = \frac{1}{x\ln 2}$$

$$f_2'(x) = \frac{3}{x}$$

$$f'(x) = (f_1(x) \cdot f_2(x))' = f_1'(x) f_2(x) + f_1(x) f_2'(x)$$

$$f'(x) = \frac{1}{x\ln 2} 3\ln x + \log_2 x \left(\frac{3}{x}\right)$$

y como

$$\log_2 x = \frac{\ln x}{\ln 2}$$

$$f'(x) = \frac{1}{x\ln 2} 3\ln x + \frac{\ln x}{\ln 2}\left(\frac{3}{x}\right) = \frac{6}{\ln 2}\frac{\ln x}{x}$$

■

6.4. Regla de la cadena

La **regla de la cadena** va a permitir la derivación de funciones compuestas o anidadas y es de gran importancia en el Cálculo Diferencial.

Sean f y g dos funciones derivables de forma que los valores que toma la función g para los puntos de su dominio, son parte del dominio de la función f, de forma que se puede componer la función $f(g(x))$, entonces la función compuesta es derivable y se tiene que:

$$[f(g(x))]' = \lim_{h \to 0} \frac{f(g(x+h)) - f(g(x))}{h}$$

multiplicando y dividiendo por $g(x+h) - g(x)$ se tiene

$$[f\,(g(x))]' = \lim_{h\to 0} \frac{f\,(g(x+h)) - f\,(g(x))}{g(x+h)-g(x)} \frac{g(x+h)-g(x)}{h} =$$

$$= \lim_{h\to 0} \frac{f\,(g(x+h)) - f\,(g(x))}{g(x+h)-g(x)} \lim_{h\to 0} \frac{g(x+h)-g(x)}{h} = f'(g(x))g'(x)$$

Luego se tiene que la derivada de la función compuesta es la derivada de la función f en $g(x)$ multiplicada por la derivada de la función g.

$$[f\,(g\,(x))]' = f'\,(g\,(x))\,g'\,(x)$$

Ejemplo 6.13. Hallar la derivadas de las siguientes funciones:

a) $f(x) = 2\ln 3x$

Sean $g(x) = 2\ln x$ y $h(x) = 3x$, luego

$$[g\,(h\,(x))]' = g'\,(h\,(x))\,h'\,(x)$$

$$g'(h(x)) = 2\frac{1}{h(x)} = \frac{2}{3x}$$

$$h'(x) = 3$$

$$f'(x) = [g\,(h\,(x))]' = g'\,(h\,(x))\,h'\,(x) = \frac{2}{3x}3 = \frac{2}{x}$$

b) $f(x) = 4\ln(x^2 - 2x)$

Sean $g(x) = 4\ln x$ y $h(x) = (x^2 - 2x)$, luego

$$[g\,(h\,(x))]' = g'\,(h\,(x))\,h'\,(x)$$

$$g'(h(x)) = 4\frac{1}{h(x)} = \frac{4}{(x^2-2x)}$$

$$h'(x) = 2x - 2$$

$$f'(x) = [g\,(h\,(x))]' = g'\,(h\,(x))\,h'\,(x) = \frac{4\,(2x-2)}{(x^2-2x)} = \frac{8(x-1)}{(x^2-2x)}$$

■

6.5. Derivada de la función inversa

Sea f una función derivable en un intervalo, si f admite función inversa g, entonces g es derivable en todos los puntos x tales que $f'(g(x)) \neq 0$ y se tiene que

$$g'(x) = \frac{1}{f'(g(x))}$$

que puede escribirse como

$$\left(f^{-1}\right)'(x) = \frac{1}{f'(f^{-1}(x))}$$

De lo anterior se deduce que si una función es derivable en el punto $x = a$ y se cumple que $f'(a) \neq 0$, entonces f^{-1} es derivable en $f(a)$.

De la definición de la derivada de la función inversa se deduce que las gráficas de las funciones inversas tienen pendienes recíprocas. Es decir, si la gráfíca de la función f tiene una pendiente en el punto $(a, f(a))$ que es igual a m, entonces la gráfica de la función inversa en el punto $(f(a), a)$ tiene pendiente $1/m$.

Ejemplo 6.14. Sea la función $f(x) = x^3$ y sea $f^{-1}(x) = \sqrt[3]{x}$. Hallar las derivadas de $f(x)$ y de $f^{-1}(x)$ y hallar las pendientes de la gráfica de f en el punto $(2, 8)$ y de la gráfica de f^{-1} en el punto $(8, 2)$

La derivada de la función f por la regla de las potencias es

$$f'(x) = 3x^2$$

Reescribiendo f^{-1} , se tiene

$$f^{-1}(x) = \sqrt[3]{x} = x^{1/3}$$

Y por la regla de las potencias su derivada es

$$\left(f^{-1}\right)'(x) = \frac{1}{3}x^{-2/3} = \frac{1}{3\sqrt[3]{x^2}}$$

La pendiente de la gráfica de f, es el valor de la derivada en $x = 2$

$$f'(2) = 3 \cdot 2^2 = 12$$

La pendiente de la gráfica de f^{-1}, es el valor de la derivada en $x = 8$

$$\left(f^{-1}\right)'(8) = \frac{1}{3\sqrt[3]{8^2}} = \frac{1}{12}$$

Y como se puede comprobar en la figura 6.6 las pendientes son recíprocas.

Figura 6.6: Gráfica de la inversa y su derivada

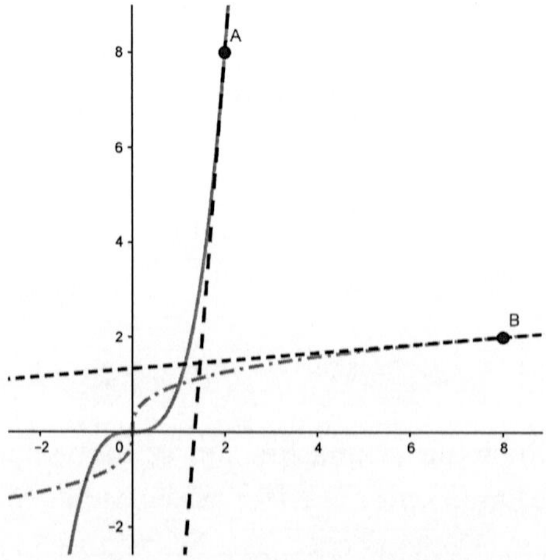

$f(x) = x^3$ y $f^{-1}(x) = \sqrt[3]{x}$

■

6.6. DERIVACIÓN LOGARÍTMICA

Se denomina **derivación logarítmica** al procedimiento por el cuál se usan logaritmos en la derivación de funciones no logarítmicas, de forma que se pueda llegar de una manera más sencilla a obtener la derivada buscada.

El proceso cuenta con los siguientes pasos:

i) Se iguala la función a y, $y = f(x)$.

ii) Se toman logaritmos neperianos a ambos lados de la igualdad

$$\ln y = \ln f(x)$$

iii) Por las propiedades de los logaritmos se simplifica el lado derecho de la igualdad, obteniendo una nueva función $g(x)$ más sencilla de derivar.

iv) Se derivan ambos lados de la igualdad

$$\frac{y'}{y} = g'(x)$$

v) Se despeja y' que es la derivada buscada en un principio

$$y' = y \cdot g'(x)$$

Ejemplo 6.15. Hallar la derivada de la función $f(x) = \frac{(x-3)^2}{\sqrt{x^2-1}}$ mediante la función logarítmica.

i) Se iguala la función a y, $y = \frac{(x-3)^2}{\sqrt{x^2-1}}$

ii) Se toman logaritmos neperianos a ambos lados de la igualdad

$$\ln y = \ln \frac{(x-3)^2}{\sqrt{x^2-1}}$$

iii) Por las propiedades de los logaritmos se simplifica el lado derecho de la igualdad, para obtener una nueva función $\ln g(x)$ que sea más simple de derivar. En particular y por la regla del logaritmo del cociente se tiene,

$$\ln y = \ln \frac{(x-3)^2}{\sqrt{x^2-1}} = \ln(x-3)^2 - \ln \sqrt{x^2-1} = \ln(x-3)^2 - \ln(x^2-1)^{1/2}$$

Y ahora por la regla de la potencia de los logaritmos

$$\ln y = \ln(x-3)^2 - \ln(x^2-3)^{1/2} = 2\ln(x-3) - \frac{1}{2}\ln(x^2-1)$$

iv) Se derivan ambos lados de la igualdad

$$\frac{y'}{y} = 2\frac{1}{x-3} - \frac{1}{2}\frac{2x}{x^2-1} = \frac{2}{x-3} - \frac{x}{x^2-1} =$$

$$= \frac{2x^2-2-x^2+3x}{(x-3)(x^2-1)} = \frac{x^2+3x-2}{(x-3)(x^2-1)}$$

v) Se despeja y' que es la derivada buscada en un principio

$$y' = y\left(\frac{x^2+3x-2}{(x-3)(x^2-1)}\right) = \frac{(x-3)^2}{\sqrt{x^2-1}}\frac{x^2+3x-2}{(x-3)(x^2-1)} =$$

$$= \frac{(x-3)\left(x^2+3x-2\right)}{\sqrt{\left(x^2-1\right)^3}}$$

■

6.6.1. Derivada de la función exponencial

Sea la función exponencial $f(x) = e^x$, para obtener su derivada se procede de la siguiente manera:

i) Se iguala la función a y, $y = e^x$

ii) Se toman logaritmos neperianos a ambos lados de la igualdad

$$\ln y = \ln e^x$$

iii) Por las propiedades de los logaritmos se simplifica el lado derecho de la igualdad, obteniendo una nueva función $g(x)$ más sencilla de derivar

$$\ln y = \ln e^x = x$$

iv) Se derivan ambos lados de la igualdad

$$\frac{y'}{y} = 1$$

v) Se despeja y' que es la derivada buscada en un principio

$$y' = y \cdot 1 = e^x \cdot 1 = e^x$$

Luego la derivada de la función exponencial es la propia función exponencial.

6.6.2. Derivada de la función exponencial de base a

Sea la función exponencial de base a $f(x) = a^x$, para obtener su derivada se realiza de la siguiente manera:

Se sabe que cualquier número se puede escribir en función de la función exponencial y del logaritmo neperiano

$$a = e^{\ln a}$$

luego se tiene

$$f(x) = a^x = \left(e^{\ln a}\right)^x = e^{x \ln a}$$

y derivando y utilizando la regla de la cadena

$$f'(x) = e^{x \ln a} \cdot \ln a = a^x \cdot \ln a$$

Luego la derivada de la función exponencial de base a es la propia función exponencial de base a multiplicada por el logaritmo neperiano de a.

Ejemplo 6.16. Hallar las derivadas de las siguientes funciones:

a) $f(x) = 2e^x + 3e^{4x}$

Sean $f_1(x) = 2e^x$ y $f_2(x) = 3e^{4x}$,

$$f_1'(x) = 2e^x$$

$$f_2'(x) = 3 \cdot e^{4x} \cdot 4 = 12e^{4x}$$

$$f'(x) = (f_1(x) + f_2(x))' = f_1'(x) + f_2'(x) = 2e^x + 12e^{4x}$$

b) $f(x) = 4e^{(x^3-3x^2)}$

Sean $g(x) = 4e$ y $h(x) = (x^3 - 3x^2)$, luego es una función compuesta, y por tanto:

$$[g(h(x))]' = g'(h(x))\, h'(x)$$

$$g'(h(x)) = 4e^{(x^3-3x^2)}$$

$$h'(x) = 3x^2 - 6x$$

$$f'(x) = [g(h(x))]' = g'(h(x))\, h'(x) = 4e^{(x^3-3x^2)}\left(3x^2 - 6x\right)$$

c) $f(x) = 5^x e^{3x}$

Sean $f_1(x) = 5^x$ y $f_2(x) = e^{3x}$, luego es un producto:

$$(f(x) \cdot g(x))' = f'(x)\, g(x) + f(x)\, g'(x)$$

$$f_1'(x) = 5^x \ln 5$$

$$f_2'(x) = 3e^{3x}$$

$$f'(x) = (f_1(x) \cdot f_2(x))' = f_1'(x)\, f_2(x) + f_1(x)\, f_2'(x)$$

$$f'(x) = 5^x \ln 5 e^{3x} + 5^x 3e^{3x} = (3 + \ln 5)5^x e^{3x}$$

■

6.7. Derivación implícita

Hasta aquí se ha estudiado la derivada de funciones explícitas. Si se tiene una función implícita, $F(x, y) = c$, y se quiere obtener su derivada se deben seguir los siguiente pasos:

i) Se halla la derivada a ambos lados de la ecuación respecto de x, utilizando la notación $\frac{dy}{dx}$.

ii) Se agrupan todos los términos de $\frac{dy}{dx}$ en la parte izquierda de la ecuación y el resto se lleva a la parte derecha.

iii) Se saca factor común a $\frac{dy}{dx}$.

iv) Se despeja $\frac{dy}{dx}$, que es la función derivada buscada.

Ejemplo 6.17. Hallar la derivada de la función $y^3 - y^2 - x^2 - x = 1$

i) Se halla la derivada a ambos lados de la ecuación respecto de x, utilizando la notación $\frac{dy}{dx}$

$$\frac{d}{dx}\left(y^3 - y^2 - x^2 - x\right) = \frac{d}{dx}(1)$$

$$3y^2\frac{dy}{dx} - 2y\frac{dy}{dx} - 2x - 1 = 0$$

ii) Se agrupan todos los términos de $\frac{dy}{dx}$ en la parte izquierda de la ecuación y el resto se lleva a la parte derecha

$$3y^2\frac{dy}{dx} - 2y\frac{dy}{dx} = 2x + 1$$

iii) Se saca factor común a $\frac{dy}{dx}$

$$\frac{dy}{dx}(3y^2 - 2y) = 2x + 1$$

iv) Se despeja $\frac{dy}{dx}$

$$\frac{dy}{dx} = \frac{2x + 1}{3y^2 - 2y}$$

■

6.8. Derivadas de funciones trigonométricas

6.8.1. Derivadas trigonométricas

6.8.1.1. Derivada de la función seno

Sea la función seno, $f(x) = \operatorname{sen} x$, para obtener su derivada a partir de la definición

$$f'(x) = \lim_{\Delta x \to 0} \frac{f(x + \Delta x) - f(x)}{\Delta x} = \lim_{\Delta x \to 0} \frac{\operatorname{sen}(x + \Delta x) - \operatorname{sen}(x)}{\Delta x}$$

Como es conocido $\operatorname{sen}(a + b) = \operatorname{sen} a \cos b + \cos a \operatorname{sen} b$, luego se tiene

$$f'(x) = \lim_{\Delta x \to 0} \frac{\operatorname{sen} x \cos \Delta x + \cos x \operatorname{sen} \Delta x - \operatorname{sen} x}{\Delta x} =$$

$$= \lim_{\Delta x \to 0} \frac{\cos x \operatorname{sen} \Delta x - \operatorname{sen} x(1 - \cos \Delta x)}{\Delta x}$$

que se puede escribir como

$$f'(x) = \lim_{\Delta x \to 0} \left(\cos x \frac{\operatorname{sen} \Delta x}{\Delta x} - \operatorname{sen} x \frac{(1 - \cos \Delta x)}{\Delta x} \right) =$$

$$= \cos x \left(\lim_{\Delta x \to 0} \frac{\operatorname{sen} \Delta x}{\Delta x} \right) - \operatorname{sen} x \left(\lim_{\Delta x \to 0} \frac{(1 - \cos \Delta x)}{\Delta x} \right)$$

y como se ha visto al estudiar los infinitésimos que

$$\lim_{\Delta x \to 0} \frac{\operatorname{sen} \Delta x}{\Delta x} = 1 \text{ y } \lim_{\Delta x \to 0} \frac{(1 - \cos \Delta x)}{\Delta x} = 0$$

entonces

$$f'(x) = \cos x \cdot 1 - \operatorname{sen} x \cdot 0 = \cos x$$

Luego la derivada de la función seno es la función coseno.

6.8.1.2. Derivada de la función coseno

Sea la función coseno, $f(x) = \cos x$, para obtener su derivada a partir de la definición

$$f'(x) = \lim_{\Delta x \to 0} \frac{f(x + \Delta x) - f(x)}{\Delta x} = \lim_{\Delta x \to 0} \frac{\cos(x + \Delta x) - \cos(x)}{\Delta x}$$

Como es conocido $\cos(a+b) = \cos a \cos b - \operatorname{sen} a \operatorname{sen} b$, luego se tiene

$$f'(x) = \lim_{\Delta x \to 0} \frac{\cos x \cos \Delta x - \operatorname{sen} x \operatorname{sen} \Delta x - \cos x}{\Delta x} =$$
$$= \lim_{\Delta x \to 0} \frac{-\operatorname{sen} x \operatorname{sen} \Delta x - \cos x(1-\cos \Delta x)}{\Delta x}$$

que se puede escribir como

$$f'(x) = \lim_{\Delta x \to 0} -\operatorname{sen} x \frac{\operatorname{sen} \Delta x}{\Delta x} - \cos x \frac{(1-\cos \Delta x)}{\Delta x} =$$
$$= -\operatorname{sen} x \left(\lim_{\Delta x \to 0} \frac{\operatorname{sen} \Delta x}{\Delta x} \right) - \cos x \left(\lim_{\Delta x \to 0} \frac{(1-\cos \Delta x)}{\Delta x} \right)$$

y como se ha visto que

$$\lim_{\Delta x \to 0} \frac{\operatorname{sen} \Delta x}{\Delta x} = 1 \text{ y } \lim_{\Delta x \to 0} \frac{(1-\cos \Delta x)}{\Delta x} = 0$$

se tiene que

$$f'(x) = -\operatorname{sen} x \cdot 1 - \cos x \cdot 0 = -\operatorname{sen} x$$

6.8.1.3. Derivada de la función tangente

Sea la función tangente, $f(x) = \tan x$, para obtener su derivada y dado que $f(x) = \dfrac{\operatorname{sen} x}{\cos x}$, a partir de la regla del cociente

$$f'(x) = \frac{\cos x \cos x - \operatorname{sen} x\,(-\operatorname{sen} x)}{\cos^2 x} = \frac{\cos^2 x + \operatorname{sen}^2 x}{\cos^2 x}$$

Esta expresión puede reescribirse de tres formas que son todas ellas válidas como solución

i) Simplificando el cociente:

$$f'(x) = \frac{\cos^2 x + \operatorname{sen}^2 x}{\cos^2 x} = \frac{\cos^2 x}{\cos^2 x} + \frac{\operatorname{sen}^2 x}{\cos^2 x} = 1 + \tan^2 x$$

ii) Como $\cos^2 x + \operatorname{sen}^2 x = 1$, entonces

$$f'(x) = \frac{\cos^2 x + \operatorname{sen}^2 x}{\cos^2 x} = \frac{1}{\cos^2 x}$$

iii) A partir de la anterior y como $\sec x = \dfrac{1}{\cos x}$, entonces

$$f'(x) = \frac{1}{\cos^2 x} = \sec^2 x$$

6.8.1.4. Derivada de la función cotangente

Sea la función cotangente, $f(x) = \cot x$, para obtener su derivada y dado que $f(x) = \dfrac{\cos x}{\operatorname{sen} x}$, a partir de la regla del cociente

$$f'(x) = \frac{-\operatorname{sen} x \operatorname{sen} x - \cos x \cos x}{\operatorname{sen}^2 x} = \frac{-\operatorname{sen}^2 x - \cos^2 x}{\operatorname{sen}^2 x}$$

Esta expresión puede reescribirse de tres formas que son todas ellas válidas como solución

i) Simplificando el cociente:

$$f'(x) = \frac{-\operatorname{sen}^2 x - \cos^2 x}{\operatorname{sen}^2 x} = \frac{-\operatorname{sen}^2 x}{\operatorname{sen}^2 x} - \frac{\cos^2 x}{\operatorname{sen}^2 x} = -1 - \cot^2 x$$

ii) Como $\cos^2 x + \operatorname{sen}^2 x = 1$, entonces

$$f'(x) = \frac{-(\operatorname{sen}^2 x + \cos^2 x)}{\operatorname{sen}^2 x} = \frac{-1}{\operatorname{sen}^2 x}$$

iii) A partir de la anterior y como $\csc x = \dfrac{1}{\operatorname{sen} x}$, entonces

$$f'(x) = \frac{-1}{\operatorname{sen}^2 x} = -\csc^2 x$$

6.8.1.5. Derivada de la función secante

Sea la función secante, $f(x) = \sec x$, para obtener su derivada y dado que $f(x) = \dfrac{1}{\cos x}$, a partir de la regla del cociente

$$f'(x) = \frac{0 \cdot \cos x - 1(-\operatorname{sen} x)}{\cos^2 x} = \frac{\operatorname{sen} x}{\cos^2 x} = \frac{\operatorname{sen} x}{\cos x}\frac{1}{\cos x} = \tan x \sec x$$

6.8.1.6. Derivada de la función cosecante

Sea la función cosecante, $f(x) = \csc x$, para obtener su derivada y dado que $f(x) = \dfrac{1}{\operatorname{sen} x}$, a partir de la regla del cociente

$$f'(x) = \frac{0 \cdot \operatorname{sen} x - 1 \cos x}{\operatorname{sen}^2 x} = \frac{-\cos x}{\operatorname{sen}^2 x} = \frac{-\cos x}{\operatorname{sen} x}\frac{1}{\operatorname{sen} x} = -\cot x \csc x$$

Ejemplo 6.18. Hallar la derivadas de las siguientes funciones:

a) $f(x) = \cos 2x + \operatorname{sen} 3x$

Sean $f_1(x) = \cos 2x$ y $f_2(x) = \operatorname{sen} 3x$,

$$f_1'(x) = -2 \operatorname{sen} 2x$$

$$f_2'(x) = 3 \cos 3x$$

$$f'(x) = (f_1(x) + f_2(x))' = f'(x) + g'(x) = -2 \operatorname{sen} 2x + 3 \cos 3x$$

b) $f(x) = \tan(\operatorname{sen} x)$

Sean $g(x) = \tan x$ y $h(x) = \operatorname{sen} x$, luego es una función compuesta, y por tanto:

$$[g(h(x))]' = g'(h(x))\, h'(x)$$

$$g'(h(x)) = \frac{1}{\cos^2(\operatorname{sen} x)}$$

$$h'(x) = \cos x$$

$$f'(x) = [g(h(x))]' = g'(h(x))\, h'(x) = \frac{\cos x}{\cos^2(\operatorname{sen} x)}$$

c) $f(x) = \cot(\ln x)$

Sean $g(x) = \cot x$ y $h(x) = \ln x$, luego es una función compuesta, y por tanto:

$$[g(h(x))]' = g'(h(x))\, h'(x)$$

$$g'(h(x)) = \frac{-1}{\operatorname{sen}^2(\ln x)}$$

$$h'(x) = \frac{1}{x}$$

$$f'(x) = [g(h(x))]' = g'(h(x))\, h'(x) = \frac{-1}{x \operatorname{sen}^2(\ln x)}$$

■

6.8.2. Derivadas de las funciones inversas trigonométricas

6.8.2.1. Derivada de la función arcoseno

Dada la función seno, $f(x) = \operatorname{sen} x$, se tiene la función inversa arcoseno $f^{-1}(x) = \operatorname{arc\,sen} x$, y se puede hallar su derivada por la derivada de la función inversa, pues se conoce que $f'(x) = \cos x$

$$\left(f^{-1}\right)'(x) = \frac{1}{f'(f^{-1}(x))} = \frac{1}{\cos(\operatorname{arc\,sen} x)}$$

Como $\cos^2 x + \operatorname{sen}^2 x = 1$, entonces $\cos x = \sqrt{1 - \operatorname{sen}^2 x}$,

$$\left(f^{-1}\right)'(x) = \frac{1}{\cos(\operatorname{arc\,sen} x)} = \frac{1}{\sqrt{1 - \operatorname{sen}^2(\operatorname{arc\,sen} x)}}$$

Y como el seno y el arcoseno son funciones inversas, se tiene que

$$\operatorname{sen}(\operatorname{arc\,sen} x) = x,$$

luego

$$\left(f^{-1}\right)'(x) = \frac{1}{\sqrt{1 - \operatorname{sen}^2(\operatorname{arc\,sen} x)}} = \frac{1}{\sqrt{1 - x^2}}$$

6.8.2.2. Derivada de la función arcocoseno

Dada la función coseno, $f(x) = \cos x$, se tiene la función inversa arcocoseno $f^{-1}(x) = \operatorname{arc\,cos} x$, y se puede hallar su derivada por la derivada de la función inversa, pues se conoce que $f'(x) = -\operatorname{sen} x$

$$\left(f^{-1}\right)'(x) = \frac{1}{f'(f^{-1}(x))} = \frac{1}{-\operatorname{sen}(\operatorname{arc\,cos} x)}$$

Como $\cos^2 x + \operatorname{sen}^2 x = 1$, entonces $\operatorname{sen} x = \sqrt{1 - \cos^2 x}$,

$$\left(f^{-1}\right)'(x) = \frac{-1}{\operatorname{sen}(\operatorname{arc\,cos} x)} = \frac{-1}{\sqrt{1 - \cos^2(\operatorname{arc\,cos} x)}}$$

Y como el coseno y el arcocoseno son funciones inversas, se tiene que $\cos(\operatorname{arc\,cos} x) = x$, luego

$$\left(f^{-1}\right)'(x) = \frac{-1}{\sqrt{1 - \cos^2(\operatorname{arc\,cos} x)}} = \frac{-1}{\sqrt{1 - x^2}}$$

6.8.2.3. Derivada de la función arcotangente

Sea la función tangente, $f(x) = \tan x$, se tiene la función inversa arcotangente $f^{-1}(x) = \arctan x$, y se puede hallar su derivada por la derivada de la función inversa, pues se conoce que $f'(x) = 1 + \tan^2 x$

$$\left(f^{-1}\right)'(x) = \frac{1}{f'(f^{-1}(x))} = \frac{1}{1 + \tan^2(\arctan x)}$$

Y como la tangente y la arcotangente son funciones inversas, se tiene que $\tan(\arctan x) = x$, luego

$$\left(f^{-1}\right)'(x) = \frac{1}{1 + \tan^2(\arctan x)} = \frac{1}{1 + x^2}$$

6.8.2.4. Derivada de la función arcocotangente

Sea la función cotangente, $f(x) = \cot x$, se tiene la función inversa arcocotangente $f^{-1}(x) = \text{arccot} x$, y se puede hallar su derivada por la derivada de la función inversa, pues se conoce que $f'(x) = -(1 + \cot^2 x)$

$$\left(f^{-1}\right)'(x) = \frac{1}{f'(f^{-1}(x))} = -\frac{1}{1 + \cot^2(\text{arccot} x)}$$

Y como la cotangente y la arcocotangente son funciones inversas, se tiene que $\cot(\text{arccot} x) = x$, luego

$$\left(f^{-1}\right)'(x) = -\frac{1}{1 + \cot^2(\text{arccot} x)} = \frac{-1}{1 + x^2}$$

6.8.2.5. Derivada de la función arcosecante

Sea la función secante, $f(x) = \sec x$, se tiene la función inversa arcosecante $f^{-1}(x) = \text{arcsec} x$, y se puede hallar su derivada por la derivada de la función inversa, pues se conoce que $f'(x) = \tan x \sec x$

$$\left(f^{-1}\right)'(x) = \frac{1}{f'(f^{-1}(x))} = \frac{1}{\tan(\text{arcsec} x)\sec(\text{arcsec} x)}$$

Como $\tan^2 x + 1 = \sec^2 x$, entonces $\tan x = \sqrt{\sec^2 x - 1}$,

$$\left(f^{-1}\right)'(x) = \frac{1}{\sec(\text{arcsec} x)\tan(\text{arcsec} x)} =$$

$$= \frac{1}{\sec(\text{arcsec}x)\sqrt{\sec^2(\text{arcsec}x) - 1}}$$

Y como la secante y la arcosecante son funciones inversas, y no está definido para valores negativos de x, se tiene por convenio que $\sec(\text{arcsec}x) = |x|$, luego

$$\left(f^{-1}\right)'(x) = \frac{1}{\sec(\text{arcsec}x)\sqrt{\sec^2(\text{arcsec}x) - 1}} = \frac{1}{|x|\sqrt{x^2 - 1}}$$

6.8.2.6. Derivada de la función arcocosecante

Sea la función cosecante, $f(x) = \csc x$, se tiene la función inversa arcocosecante $f^{-1}(x) = \text{arccsc}x$, y se puede hallar su derivada por la derivada de la función inversa, pues se conoce que $f'(x) = -\csc x \cot x$

$$\left(f^{-1}\right)'(x) = \frac{1}{f'(f^{-1}(x))} = -\frac{1}{\cot(\text{arccsc}x)\csc(\text{arccsc}x)}$$

Como $\cot^2 x + 1 = \csc^2 x$, entonces $\cot x = \sqrt{\csc^2 x - 1}$,

$$\left(f^{-1}\right)'(x) = -\frac{1}{\csc(\text{arccsc}x)\cot(\text{arcsec}x)} =$$

$$= \frac{-1}{\csc(\text{arccsc}x)\sqrt{\csc^2(\text{arccsc}x) - 1}}$$

Y como la cosecante y la arcocosecante son funciones inversas, y no está definido para valores negativos de x, se tiene por convenio que

$$\csc(\text{arccsc}x) = |x|$$

luego

$$\left(f^{-1}\right)'(x) = \frac{-1}{\csc(\text{arccsc}x)\sqrt{\csc^2(\text{arccsc}x) - 1}} = \frac{-1}{|x|\sqrt{x^2 - 1}}$$

Ejemplo 6.19. Hallar la derivadas de las siguientes funciones:

a) $f(x) = \text{arc sen}(2x + 3)$

Sean $g(x) = \text{arc sen}\, x$ y $h(x) = 2x+3$, luego es una función compuesta, y por tanto

$$g'(h(x)) = \frac{1}{\sqrt{1 - (2x + 3)^2}}$$

$$h'(x) = 2$$

$$f'(x) = [g\,(h\,(x))]' = g'\,(h\,(x))\,h'\,(x) = \frac{2}{\sqrt{1 - (2x + 3)^2}}$$

b) $f(x) = \arctan(\operatorname{sen} x)$

Sean $g(x) = \arctan x$ y $h(x) = \operatorname{sen} x$, luego es una función compuesta, y por tanto

$$[g(h(x))]' = g'(h(x))\, h'(x)$$

$$g'(h(x)) = \frac{1}{1+\operatorname{sen}^2 x}$$

$$h'(x) = \cos x$$

$$f'(x) = [g(h(x))]' = g'(h(x))\, h'(x) = \frac{\cos x}{1+\operatorname{sen}^2 x}$$

c) $f(x) = \operatorname{arc}\cos(2x^3)$

Sean $g(x) = \operatorname{arc}\cos x$ y $h(x) = 3x^2$, luego es una función compuesta, y por tanto

$$[g(h(x))]' = g'(h(x))\, h'(x)$$

$$g'(h(x)) = \frac{-1}{\sqrt{1-(2x^3)^2}}$$

$$h'(x) = 6x^2$$

$$f'(x) = [g(h(x))]' = g'(h(x))\, h'(x) = \frac{-6x^2}{\sqrt{1-4x^6}}$$

6.8.3. Derivadas de las funciones hiperbólicas

6.8.3.1. Derivada de la función seno hiperbólico

Dada la función seno hiperbólico, $f(x) = \operatorname{senh} x$, para obtener su derivada y dado que $f(x) = \dfrac{e^x - e^{-x}}{2}$, a partir de la regla de la exponencial se tiene

$$f'(x) = \frac{e^x - e^{-x}(-1)}{2} = \frac{e^x + e^{-x}}{2} = \cosh x$$

6.8.3.2. Derivada de la función coseno hiperbólico

Dada la función coseno hiperbólico, $f(x) = \cosh x$, para obtener su derivada y dado que $f(x) = \dfrac{e^x + e^{-x}}{2}$, a partir de la regla de la exponencial se tiene

$$f'(x) = \frac{e^x + e^{-x}(-1)}{2} = \frac{e^x - e^{-x}}{2} = \operatorname{senh} x$$

6.8.3.3. Derivada de la función tangente hiperbólica

Sea la función tangente, $f(x) = \tanh x$, para obtener su derivada y dado que $f(x) = \dfrac{\operatorname{senh} x}{\cosh x}$, a partir de la regla del cociente se tiene

$$f'(x) = \frac{\cosh x \cosh x - \operatorname{senh} x \operatorname{senh} x}{\cosh^2 x} = \frac{\cosh^2 x - \operatorname{senh}^2 x}{\cosh^2 x} =$$

$$= \frac{1}{\cosh^2 x} = 1 - \tanh^2 x$$

6.9. TABLA DE DERIVADAS

A continuación se presenta una tabla con la derivada de las funciones más usuales.

Función	Derivada función
$f(x)=k$	$f'(x)=0, \quad k\in\mathbb{R}$
$f(x)=x^n$	$f'(x)=nx^{n-1}$
$f(x)=e^x$	$f'(x)=e^x$
$f(x)=a^x, \quad a>0$	$f'(x)=a^x\ln a$
$f(x)=\ln x$	$f'(x)=\dfrac{1}{x}$
$f(x)=\log_a x$	$f'(x)=\dfrac{1}{x\ln a}$
$f(x)=\operatorname{sen} x$	$f'(x)=\cos x$
$f(x)=\cos x$	$f'(x)=-\operatorname{sen} x$
$f(x)=\tan x$	$f'(x)=\dfrac{1}{\cos^2 x}=\sec^2 x=1+\tan^2 x$
$f(x)=\cot x$	$f'(x)=\dfrac{-1}{\operatorname{sen}^2 x}=-\csc^2 x=-1-\cot^2 x$
$f(x)=\sec x$	$f'(x)=\tan x\sec x$
$f(x)=\csc x$	$f'(x)=-\cot x\csc x$
$f(x)=\operatorname{arcsen} x$	$f'(x)=\dfrac{1}{\sqrt{1-x^2}}$
$f(x)=\operatorname{arccos} x$	$f'(x)=\dfrac{-1}{\sqrt{1-x^2}}$
$f(x)=\arctan x$	$f'(x)=\dfrac{1}{1+x^2}$
$f(x)=\operatorname{arc\,cot} x$	$f'(x)=\dfrac{-1}{1+x^2}$
$f(x)=\operatorname{arc\,sec} x$	$f'(x)=\dfrac{1}{\lvert x\rvert\sqrt{x^2-1}}$
$f(x)=\operatorname{arc\,csc} x$	$f'(x)=\dfrac{-1}{\lvert x\rvert\sqrt{x^2-1}}$

A continuación se presenta una tabla con la derivada de las funciones compuestas:

Función compuesta	Derivada función compuesta
$f(x) = g(x) \pm h(x)$	$f'(x) = g'(x) \pm h'(x)$
$f(x) = k \cdot g(x), \quad k \in \mathbb{R}$	$f'(x) = k \cdot g'(x)$
$f(x) = g(x) \cdot h(x)$	$f'(x) = g'(x) \cdot h(x) + g(x) \cdot h'(x)$
$f(x) = \dfrac{g(x)}{h(x)}$	$f'(x) = \dfrac{g'(x) \cdot h(x) - g(x) \cdot h'(x)}{(h(x))^2}$
$f(x) = [g(x)]^n$	$f'(x) = ng'(x)\,[g(x)]^{n-1}$
$f(x) = e^{g(x)}$	$f'(x) = g'(x)\, e^{g(x)}$
$f(x) = a^{g(x)}, \quad a > 0$	$f'(x) = g'(x)\, a^{g(x)} \ln a$
$f(x) = \ln \lvert g(x) \rvert$	$f'(x) = \dfrac{g'(x)}{g(x)}$
$f(x) = \log_a g(x)$	$f'(x) = \dfrac{g'(x)}{g(x) \ln a}$
$f(x) = \operatorname{sen}(g(x))$	$f'(x) = g'(x) \cos(g(x))$
$f(x) = \cos(g(x))$	$f'(x) = -g'(x) \operatorname{sen}(gf(x))$
$f(x) = \tan(g(x))$	$f'(x) = \dfrac{g'(x)}{\cos^2 g(x)} = \left(\sec^2 g(x)\right) g'(x)$
$f(x) = \cot(g(x))$	$f'(x) = \dfrac{-g'(x)}{\operatorname{sen}^2 g(x)} = -\left(\csc^2 g(x)\right) g'(x)$
$f(x) = \sec(g(x))$	$f'(x) = (\tan g(x) \sec g(x))\, g'(x)$
$f(x) = \csc(g(x))$	$f'(x) = -(\cot g(x) \csc g(x))\, g'(x)$
$f(x) = \operatorname{arcsen}(g(x))$	$f'(x) = \dfrac{g'(x)}{\sqrt{1 - [g(x)]^2}}$
$f(x) = \operatorname{arc\,cos}(g(x))$	$f'(x) = \dfrac{-g'(x)}{\sqrt{1 - [g(x)]^2}}$
$f(x) = \arctan(g(x))$	$f'(x) = \dfrac{g'(x)}{1 + [g(x)]^2}$
$f(x) = \operatorname{arc\,cot}(g(x))$	$f'(x) = \dfrac{-g'(x)}{1 + [g(x)]^2}$
$f(x) = \operatorname{arc\,sec}(g(x))$	$f'(x) = \dfrac{g'(x)}{\lvert g(x) \rvert \sqrt{[g(x)]^2 - 1}}$
$f(x) = \operatorname{arc\,csc}(g(x))$	$f'(x) = \dfrac{-g'(x)}{\lvert g(x) \rvert \sqrt{[g(x)]^2 - 1}}$

6.10. Palabras clave

Derivabilidad
Derivación logarítmica
Derivación implícita
Derivada de la función inversa
Derivada en un punto
Derivada lateral
Derivada n-ésima
Función derivada
Pendiente
Polinomio de Taylor
Recta tangente
Reglas de derivación
Regla de la cadena
Tasa de variación

6.11. Autoevaluación

1. Si $f(x)$ es continua en (a,b) entonces

   a) $f(x)$ es derivable en (a,b).
   b) $f'(x)$ es continua en (a,b).
   c) $f(x)$ puede no ser derivable en (a,b).

2. La derivada de $f(x)$ en el punto x_0 representa

   a) La inclinación de $f'(x)$ en el punto.
   b) El crecimiento de $f'(x)$ en el punto.
   c) La tasa de varición de $f(x)$ en el punto.

3. La regla de la cadena permite obtener la derivada de $F(x) = f\left(g(x)\right)$

   a) $F'(x) = f'\left(g'\left(x\right)\right)$.
   b) $F'(x) = f'\left(x\right) g'\left(x\right)$.
   c) $F'(x) = f'\left(g\left(x\right)\right) g'\left(x\right)$.

4. Si la función $f(x)$ es derivable se sabe que

   a) $f(x)$ es continua.
   b) $f'(x)$ es continua.
   c) $f'(x)$ es derivable.

5. La derivada de $f(x) = \sqrt{x^3 + 2x^2}$ viene dada por

   a) $f'(x) = \dfrac{x\left(3x+4\right)}{2\sqrt{x^3+2x^2}}$.
   b) $f'(x) = \dfrac{\sqrt{3x^2+4x}}{2\sqrt{x^3+2x^2}}$.
   c) $f'(x) = \frac{1}{2}\left(3x^2+4x\right)$.

6. La derivada en $x_0 = 0$ de la función $f(x) = \begin{cases} x^3 & \text{si } x \geq 0 \\ \dfrac{x}{x-3} & \text{si } x < 0 \end{cases}$

   a) No existe.
   b) Vale $f'(0) = 0$.
   c) Vale $f'(0) = 3$.

7. La derivada de $f(x) = \cos\left(x^3\right)$ es

   a) $f'(x) = -3x^2 \text{sen} x^3$.
   b) $f'(x) = \text{sen}\left(3x^3\right)$.
   c) $f'(x) = -3\cos x^2$.

8. La derivación logarítmica es imprescindible para expresiones de la forma

   a) $y = \ln\left(f\left((x)\right)\right)$.
   b) $y = \left(f\left(x\right)\right)^{g(x)}$.
   c) $y = a^{\ln x}$.

9. Si $y = 4x + 3$ es la recta tangente a $f(x)$ en el punto $(0,3)$ se puede afirmar que

   a) $f'(0) = 4$.
   b) $f'(0) = 3$.
   c) $f(3) = 4$.

10. Si el precio medio de una habitación en un hotel de tres estrellas en 2016 fue de 120€ y en 2017 de 160€ se puede afirmar que la tasa de variación porcentual es

    a) $\dfrac{40}{120}100$.
    b) $\dfrac{40}{160}100$.
    c) $\dfrac{120}{160}100$.

6.12. PROBLEMAS

1. Estudiar la derivabilidad de $f(x) = |x|$ en $x = 0$.

2. Hallar las siguientes derivadas aplicando la definición de derivada en los puntos indicados,

   a) $f(x) = x^2 - 6x + 2$, en $x_0 = 0$
   b) $f(x) = \dfrac{x}{x-3}$, en $x_0 = 1$

3. Hallar las siguientes derivadas aplicando la definición de derivada en los puntos indicados,

   a) $f(x) = \begin{cases} x^3 & \text{si } x \geq 0 \\ \dfrac{x}{x-3} & \text{si } x < 0 \end{cases}$ en $x_0 = 0$

   b) $f(x) = \begin{cases} x^3 & \text{si } x \leq 0 \\ \dfrac{x}{x-3} & \text{si } x > 0 \end{cases}$ en $x_0 = 0$

4. Hallar las derivadas de las siguientes funciones dando la expresión simplificada

   a) $f(x) = x^2$

   b) $f(x) = \sqrt[3]{x}$

5. Hallar las derivadas de las siguientes funciones dando la expresión simplificada

   a) $f(x) = \dfrac{1}{\sqrt[5]{x}}$

   b) $f(x) = (x^3 - 4)^2$

6. Hallar las derivadas de las siguientes funciones dando la expresión simplificada

   a) $f(x) = \sqrt{x^3 + 2x^2}$

   b) $f(x) = \dfrac{x^3 - 3x}{x^2 + 2x}$

7. Hallar la derivada de las siguientes funciones

   a) $f(x) = (x^3 - 5)^{10}\sqrt{x^2 - 1}$

   b) $f(x) = \sqrt{\dfrac{x^5 - 3x}{7x + 4}}$

   c) $f(x) = \left(\dfrac{x + 5}{\sqrt{7x + 3}}\right)^3$

8. Hallar la derivada de las siguientes funciones

   a) $f(x) = \log_2 x$

   b) $f(x) = \log_5 x^2$

   c) $f(x) = \ln\left(\dfrac{x^2 + 1}{x + 1}\right)$

9. Hallar la derivada de las siguientes funciones

   a) $f(x) = e^{3x} + e^x$

   b) $f(x) = 2^x + 5e^{2x}$

10. Hallar la derivada de las siguientes funciones

    a) $f(x) = x^{2x+1}$

    b) $f(x) = x^2 \operatorname{sen} xy + x = 3$

Capítulo 7

Aplicaciones de la derivada

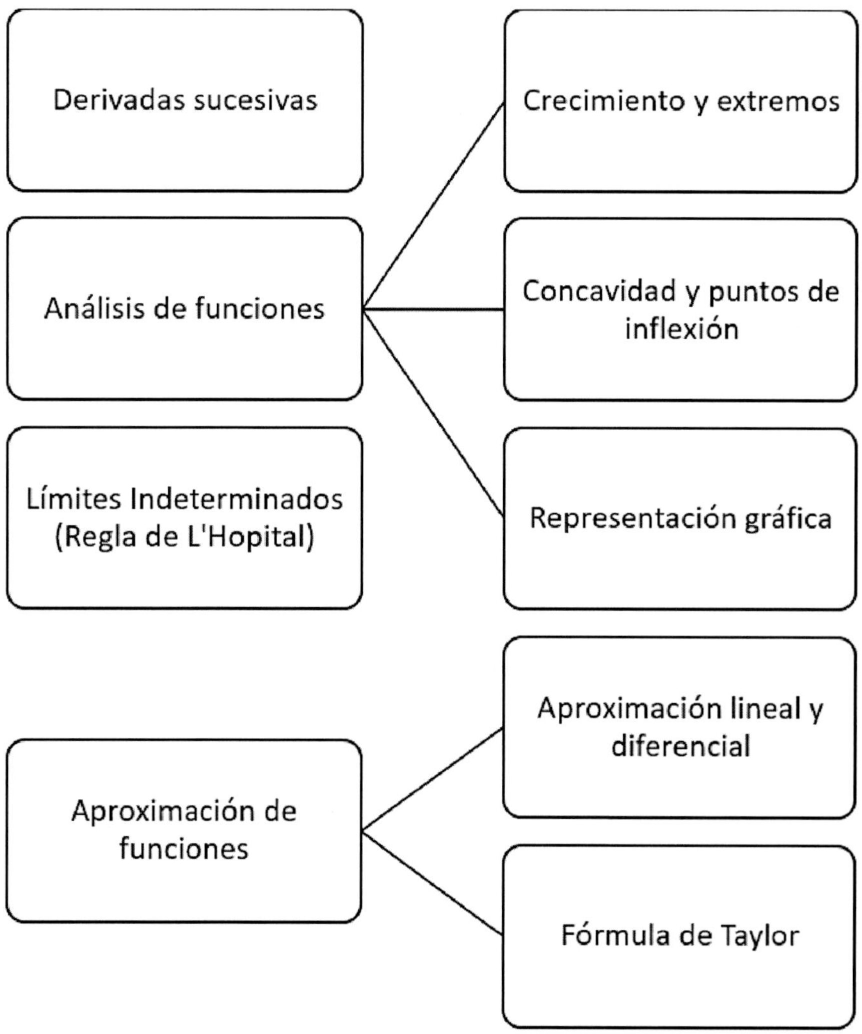

Objetivos

- Cálculo de las derivadas sucesivas de una función.
- Usar la derivada para analizar el crecimiento de una función.
- Estudio de los extremos locales y absolutos de una función.
- Utilizar las derivadas sucesivas para determinar los intervalos de concavidad y convexidad.
- Resolver problemas de optimización.
- Aprender a resolver límites que son indeterminaciones.
- Esbozar la gráfica de una función a partir del estudio de algunas de sus propiedades.
- Deducir a partir de la gráfica propiedades sobre continuidad, crecimiento, comportamiento asintótico.
- Analizar y representar gráficamente una función analizando todas sus características.
- Utilizar las derivadas sucesivas para obtener una expresión polinómica de una función.

7.1. Introducción

En este capítulo se estudian las aplicaciones de la derivada de una función.

En primer lugar se plantea como calcular las derivadas segunda, tercera, etc..., de una función.

Seguidamente se utilizarán las derivadas y las derivadas sucesivas para el estudio y análisis de las características de las funciones, tales como crecimiento y decrecimiento, extremos, concavidad y convexidad y puntos de inflexión.

Asimismo y a partir de la derivada se van a poder resolver problemas de optimización.

Con la Regla de L'Hôpital se van a resolver aquellos límites que resultaban en una indeterminación.

La resolución de todo tipo de límites alcanzado en el punto anterior, unido a las características ya estudiadas de dominio, imagen, simetría, acotación, etc... llevará a la correcta representación gráfica de una función.

A partir de las derivadas sucesivas de la función se estudia la aproximación lineal a la función y el desarrollo de una función en el entorno de un punto mediante el polinomio de Taylor.

7.2. DERIVADAS SUCESIVAS

La derivada de una función es otra función, que bajo determinadas condiciones, puede volverse a derivar. Se denomina derivada sucesiva de una función a la derivada de la derivada de la función, suponiendo que ésta es derivable.

En este contexto de derivadas sucesivas a la derivada de la función f, y que se denota por f', se le denomina **derivada primera** de f. Ahora si f' es a su vez derivable, entonces se puede derivar obteniéndose la **derivada segunda**, que se denota por f''.

A partir de la segunda derivada se denominan derivadas de orden superior.

Si la segunda derivada de f, f'', es derivable, entonces se puede derivar y se obtiene la **derivada tercera**, que se denota por f'''. Suponiendo derivable cada una de las derivadas obtenidas, a partir de la cuarta se suele denotar en vez de con primas con números romanos, así la **derivada cuarta** se denota por$f^{iv)}$, o con números naturales, $f^{(4)}$, la quinta por $f^{v)}$ y así sucesivamente. La **derivada n-ésima** de la función, o de orden n, se denota por $f^{n)}$.

Nótese que si se utilizan números para designar el orden de la derivada se han de poner entre paréntesis, o al menos con un paréntesis de apertura o de cierre, para evitar confusiones con la función elevada a una potencia, por tanto son equivalentes: $f^{iv)}$,$f^{(iv}$,$f^{(iv)}$,$f^{4)}$,$f^{(4}$,$f^{(4)}$.

Cuando se trabaja con derivadas sucesivas también es común utilizar la notación de Leibniz, que tiene un formato de cociente, donde en el numerador se pone la letra minúscula d elevado al orden de la derivada, seguida de la función a derivar, normalmente f, y en el denominador la letra minúscula d seguida de la variable sobre la que se está derivando, normalmente x, elevado igualmente al orden de la derivada.

Así la derivada primera se denota como $\frac{df}{dx}$, la derivada segunda se denota como $\frac{d^2f}{dx^2}$, la tercera como $\frac{d^3f}{dx^3}$, etc..., con esta notación es fácil expresar la derivada n-ésima de la función f como la derivada en x de la función derivada de orden n-1

$$\frac{d^n f}{dx^n} = \frac{d}{dx}\left(\frac{d^{n-1}f}{dx^{n-1}}\right)$$

Una función polinómica de grado n tiene sus n primeras derivadas no nulas, la derivada n-ésima es una constante y las derivadas de orden superior a n son 0.

Las derivadas sucesivas de funciones trigonométricas son funciones trigonométricas, y en los casos de las funciones seno y coseno se repiten al derivar cuatro veces sucesivas.

Las derivadas sucesivas de la función exponencial son siempre la función exponencial.

Ejemplo 7.1. Hallar la derivada sexta de $f(x) = x^5 + x^4 + x^3 + x^2$

$$f'(x) = 5x^4 + 4x^3 + 3x^2 + 2x$$

$$f''(x) = 20x^3 + 12x^2 + 6x + 2$$

$$f'''(x) = 60x^2 + 24x + 6$$

$$f^{iv)}(x) = 120x + 24$$

$$f^{v)}(x) = 120$$

$$f^{vi)}(x) = 0$$

■

Ejemplo 7.2. Hallar la derivada cuarta de $f(x) = \operatorname{sen}(x)$

$$f'(x) = \cos(x)$$

$$f''(x) = -\operatorname{sen}(x)$$

$$f'''(x) = -\cos(x)$$

$$f^{iv)}(x) = \operatorname{sen}(x)$$

■

Ejemplo 7.3. Hallar la derivada cuarta de $f(x) = \cos(2x)$

$$f'(x) = -2\operatorname{sen}(2x)$$
$$f''(x) = -4\cos(2x)$$
$$f'''(x) = 8\operatorname{sen}(2x)$$
$$f^{iv)}(x) = 16\cos(2x)$$

■

Ejemplo 7.4. Hallar la derivada tercera de $f(x) = e^{2x}$

$$f'(x) = 2e^{2x}$$
$$f''(x) = 4e^{2x}$$
$$f'''(x) = 8e^{2x}$$

■

7.3. Análisis de funciones

7.3.1. Crecimiento y decrecimiento de funciones

Tal y como se expuso en temaa anteriores una función es creciente en un intervalo si dados dos puntos cualesquiera a y b del intervalo tales que se cumple que $a < b$, entonces se cumple que $f(a) \leq f(b)$.

Y una función es estrictamente creciente en un intervalo si dados dos puntos cualesquiera a y b del intervalo tales que se cumple que $a < b$, entonces se cumple que $f(a) < f(b)$. Ver la figura 7.1 a).

Análogamente una función es decreciente en un intervalo si dados dos puntos cualesquiera a y b del intervalo tales que se cumple que $a < b$, entonces se cumple que $f(a) \geq f(b)$.

Y una función es estrictamente decreciente en un intervalo si dados dos puntos cualesquiera a y b del intervalo tales que se cumple que $a < b$, entonces se cumple que $f(a) > f(b)$, tal y como puede apreciarse en la figura 7.1 b).

Figura 7.1: Función creciente, decreciente

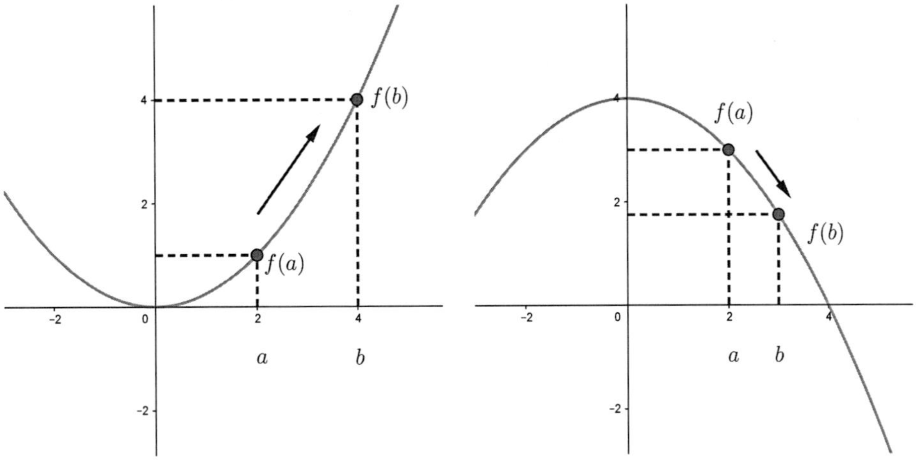

a) Función creciente en $(0, \infty)$ b) Función decreciente en $(0, \infty)$

De forma intuitiva y observando la figura 7.2 se observa que cuando la recta tangente a la función en el punto x tiene pendiente positiva la función es creciente en ese punto, y análogamente se observa que cuando la recta tangente tiene pendiente negativa la función es decreciente.

De una manera más formal y a partir de este hecho se puede llegar al siguiente criterio para decidir el comportamiento de una función respecto del crecimiento y el decrecimiento.

7.3.1.1. Criterio de crecimiento y decrecimiento de funciones.

Sean dos puntos x y $x+h$ de un intervalo, y sea f una función creciente en dicho intervalo, entonces se tiene que

$$\frac{f(x+h)-f(x)}{(x+h)-x} > 0$$

Y tomando límites se tiene que

$$f'(x) = \lim_{h \to 0} \frac{f(x+h)-f(x)}{h}$$

De donde se establece que si $f(x)$ es una función derivable en un intervalo entonces se tiene que:

Si $f'(x) \geq 0$, para cualquier punto del intervalo entonces f es creciente en el intervalo. Ver figura 7.2 a).

Si$f'(x) \leq 0$, para cualquier punto del intervalo entonces f es decreciente en el intervalo. Ver figura 7.2 b).

Figura 7.2: Tangentes a la función

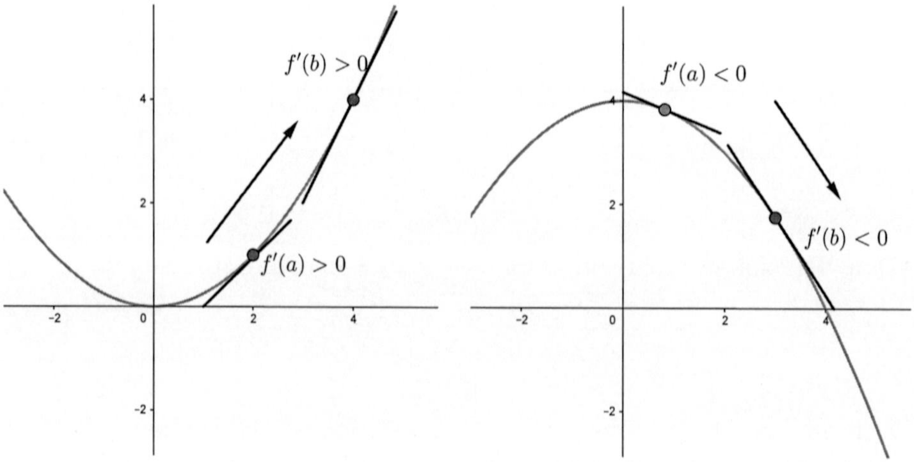

a) Pendiente positiva en $(0, \infty)$ b) Pendiente negativa en $(0, \infty)$

7.3.1.2. Método para determinar el crecimiento o decrecimiento de una función

i) Se halla la derivada de la función.

ii) Se iguala la función derivada a 0.

iii) Se establecen los distintos intervalos de estudio, a partir de las soluciones obtenidas en el punto anterior y del dominio.

iv) Se evalúa la función derivada en cada uno de los intervalos obtenidos en el paso anterior.

Ejemplo 7.5. Estudiar el crecimiento de la función

$$f(x) = \frac{x^2 - 2x + 4}{x - 2}$$

Figura 7.3: Crecimiento de la función

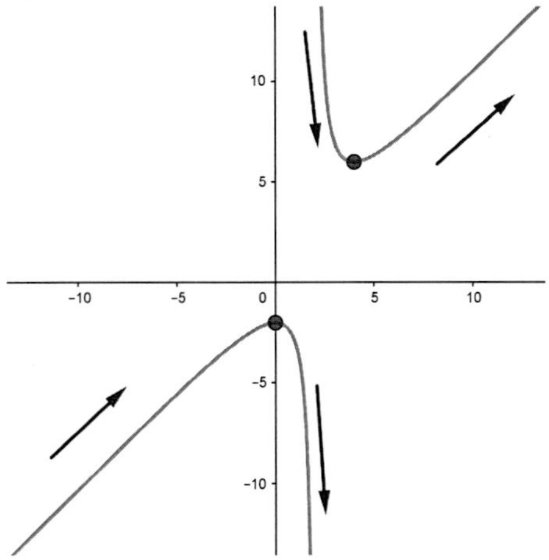

$$f(x) = \frac{x^2 - 2x + 4}{x - 2}$$

i) En primer lugar se halla la derivada de la función:

$$f'(x) = \frac{(2x-2)(x-2) - (x^2 - 2x + 4)}{(x-2)^2} = \frac{x(x-4)}{(x-2)^2}$$

ii) A continuación se iguala a 0 la primera derivada, obteniéndose los puntos $x = 0$ y $x = 4$.

iii) Se establecen los posibles intervalos de estudio, que son los determinados por los puntos hallados, 0 y 4, y los puntos donde la función no es continua, el 2.

iv) Finalmente se evalúa la derivada en cada uno de los intervalos y se aplica el criterio de crecimiento:

	$(-\infty, 0)$	$(0, 2)$	$(2, 4)$	$(4, +\infty)$
x	$-$	$+$	$+$	$+$
$(x-2)^2$	$+$	$+$	$+$	$+$
$(x-4)$	$-$	$-$	$-$	$+$
f'	$+$	$-$	$-$	$+$

Por tanto se tiene que la función es creciente en los intervalos:

$$(-\infty, 0) \cup (4, \infty)$$

y es decreciente en los intervalos

$$(0, 2) \cup (2, 4)$$

Ver figura 7.3.

■

7.3.2. Extremos absolutos de una función

Los extremos de una función en un intervalo dado son los valores máximo y/o mínimo que alcanza la función en el citado intervalo. Los extremos pueden ser absolutos o locales.

Sea f una función definida sobre un intervalo $[a, b]$ que contiene al punto c:

- Se denomina **máximo absoluto** de la función f en el intervalo a $f(c)$ si se cumple que $f(c) \geq f(x)$ para todo x perteneciente al intervalo.
- Se denomina **mínimo absoluto** de la función f en el intervalo a $f(c)$ si se cumple que $f(c) \leq f(x)$ para todo x perteneciente al intervalo.

7.3.3. Máximos y mínimos locales

Los **máximos locales** (**mínimos locales**) de una función son aquellos puntos para los que la función toma un valor mayor (menor) que el resto de valores que toma la función en el entorno cercano del punto. Los máximos y mínimos locales también se denominan **máximos** y **mínimos relativos**, o **extremos locales**. Ver figura 7.4.

Formalmente, dada una función f definida sobre un intervalo (a, b):

- Se dice que $f(c)$ es un **máximo local** o **relativo** de la función f, si existe un intervalo abierto que contiene a c y en el cual $f(c)$ es máximo.
- Se dice que$f(c)$ es un **mínimo local** o **relativo** de la función f, si existe un intervalo abierto que contiene a c y en el cual $f(c)$ es mínimo.

Figura 7.4: Máximos y mínimos locales

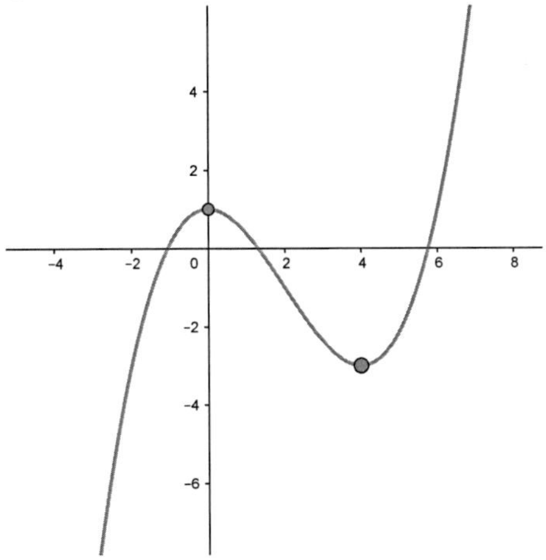

De la definición se deduce que en un intervalo dado puede haber varios máximos y mínimos locales distintos, ver figura 7.5 a), y también puede suceder que no haya ninguno, como se muestra en el apartado b) de la misma figura . Sin embargo tal y cómo se ha visto anteriormente siempre existe un máximo absoluto y un mínimo absoluto en un intervalo cerrado, como por ejemplo en el intervalo [0,4] que puede verse en el apartado c) de la figura.

Figura 7.5: Extremos locales y absolutos

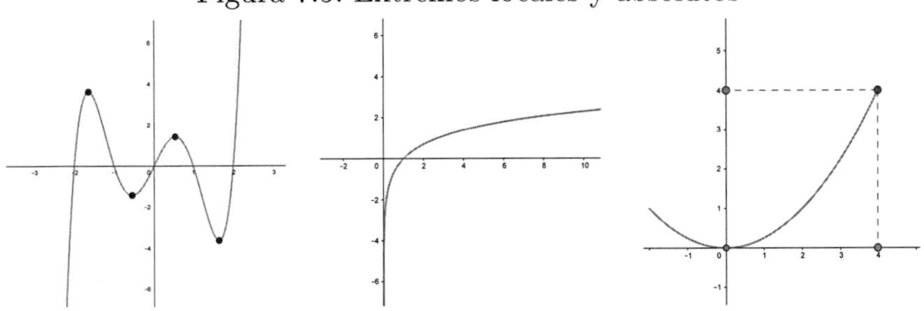

a) Extremos locales b) Sin extremos c) Extremos absolutos

7.3.4. Puntos críticos o estacionarios

Si se observa con detenimiento la gráfica de una función en los entornos de los máximos y mínimos locales, se puede ver que la gráfica pasa de creciente a decreciente en el caso de los máximos y de decreciente a creciente en el caso de los mínimos. Por tanto la derivada pasa de ser mayor que 0 a menor que 0 y viceversa.

En el caso de funciones continuas, esto implica que en algún momento la derivada ha de ser 0.

Así pues, se tiene que si f es una función definida en un punto c, y se cumple que o bien f no es derivable en el punto c o bien $f'(c) = 0$, entonces se dice que c es un **punto crítico** o **estacionario** de f.

7.3.4.1. Teorema de existencia de punto crítico

Sea f una función que tiene un máximo (mínimo) local en el punto c, entonces se puede asegurar que c es un punto crítico de la función.

Este teorema sólo indica la condición necesaria que ha de darse para la existencia de extremos relativos. Pero no indica la condición suficiente, la existencia de puntos críticos por sí sola no significa que tenga que haber un máximo o un mínimo relativo tal y como puede verse en el caso c) de la figura 7.6.

Figura 7.6: Puntos críticos

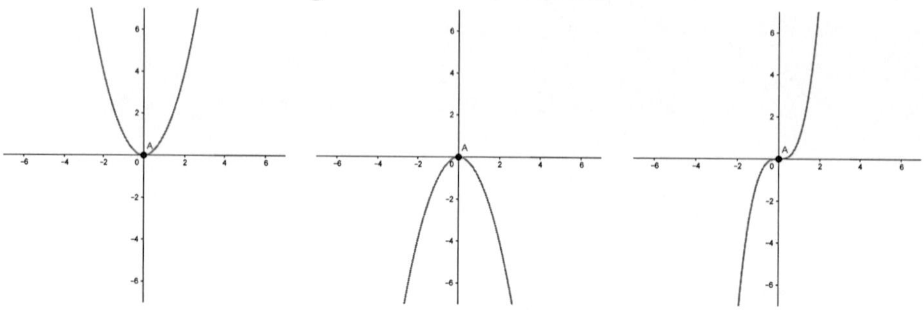

a) Mínimo b) Máximo c) Sin extremos

Los conceptos de crecimiento, decrecimiento y de extremos locales de la función se han definido sin hacer referencia alguna a la derivabilidad de la función, por tanto, pueden existir extremos relativos en puntos en que la función no sea derivable. Pero lo que si se cumple es que si la función es derivable, su derivada vale 0.

Ejemplo 7.6. Hallar los puntos críticos de la función $f(x) = -|x|$

Como es conocido la función valor absoluto no es derivable en el punto 0. Sin embargo, tal y como se puede apreciar en su gráfico en la figura 7.7 existe un máximo local en el punto (0,0).

■

Figura 7.7: Extremo en valor absoluto

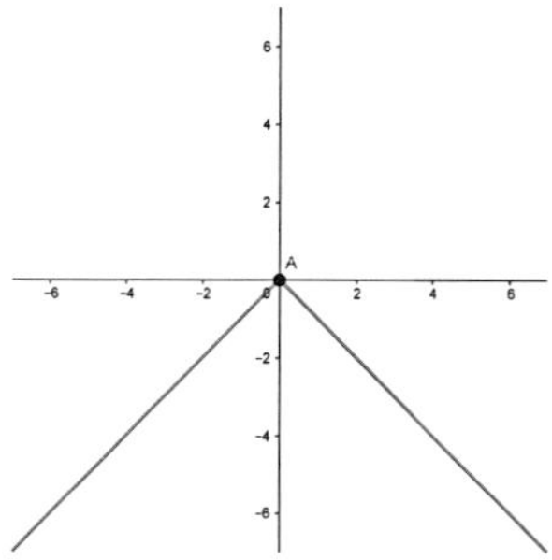

$f(x) = -|x|$

7.3.4.2. Criterio de la primera derivada

Sea f una función continua en un intervalo (a, b), y sea c un punto crítico perteneciente al intervalo. Si f es derivable en el intervalo, excepto posiblemente en c, entonces se tiene:

- Si f es creciente en (a, c) y es decreciente en el intervalo (c, b), entonces existe un máximo local en $(c, f(c))$.
- Si f es decreciente en (a, c) y es creciente en el intervalo (c,b), entonces existe un mínimo local en $(c, f(c))$.
- Si f es creciente en (a, c) y en (c, b), o decreciente en ambos, entonces no hay ni máximo local ni mínimo local en $(c, f(c))$.

7.3.4.3. Método del criterio de la primera derivada

i) Hallar la derivada de la función.

ii) Igualar la derivada a 0 y obtener los valores que serán los puntos críticos.

iii) Establecer los intervalos que quedan definidos por los puntos críticos y por los puntos de discontinuidad.

iv) Estudiar el crecimiento y el decrecimiento en cada intervalo.

v) Si hay cambio de sentido del crecimiento entre intervalos contiguos, entonces hay extremo relativo en ese punto.

Ejemplo 7.7. Estudiar los extremos locales de la función siguiente mediante el criterio de la primera derivada

$$f(x) = \frac{x^2 - 2x + 4}{x - 2}$$

En el apartado de crecimiento y decrecimiento se halló la primera derivada de esta función, así como los puntos críticos, 0 y 4.

$$f'(x) = \frac{x(x-4)}{(x-2)^2}$$

Y se establecieron los siguientes intervalos de crecimiento y decrecimiento:

La función es creciente en los intervalos $(-\infty, 0) \cup (4, \infty)$, y la función es decreciente en los intervalos: $(0, 2) \cup (2, 4)$. Ver figura 7.3.

Como la función pasa de creciente a decreciente en el punto 0, entonces hay un máximo local en el punto (0,-2).

Cómo la función pasa de decreciente a creciente en el punto 4, entonces hay un mínimo local en el punto (4,6).

■

7.3.4.4. Criterio de la segunda derivada

Sea f una función continua en un intervalo (a, b), y sea c un punto crítico perteneciente al intervalo. Si existe la segunda derivada de f en el intervalo, entonces se tiene:

- Si $f''(c) < 0$, entonces existe un máximo local en $(c, f(c))$.
- Si $f''(c) > 0$, entonces existe un mínimo local en $(c, f(c))$.
- Si $f''(c) = 0$, puede haber máximo o mínimo local o ninguno de los dos, pero el criterio no puede especificarlo.

7.3.4.5. Método del criterio de la segunda derivada

i) Hallar la derivada de la función.

ii) Igualar la derivada a 0 y obtener los valores que serán los puntos críticos.

iii) Hallar la segunda derivada

iv) Evaluar la segunda derivada para los puntos críticos y aplicar el criterio de la segunda derivada

Ejemplo 7.8. Estudiar los extremos locales de la función siguiente mediante el criterio de la segunda derivada:

$$f(x) = \frac{x^2 - 2x + 4}{x - 2}$$

En el apartado de crecimiento y decrecimiento se halló la primera derivada de esta función, así como los puntos críticos, 0 y 4

$$f'(x) = \frac{x(x-4)}{(x-2)^2}$$

A continuación se halla la segunda derivada de la función:

$$f''(x) = \frac{8}{(x-2)^3}$$

Y se evalúa la segunda derivada para los puntos críticos:

- Si $x = 0$, $f''(0) = \dfrac{8}{(0-2)^3} = -1 < 0 \Rightarrow$existe máximo en (0, -2)
- Si $x = 4$, $f''(4) = \dfrac{8}{(4-2)^3} = 1 > 0 \Rightarrow$existe mínimo en (4, 6)

Nótese que como no podía ser de otra manera los dos métodos vistos para hallar extremos locales llevan a la misma solución.

■

7.3.4.6. Método para hallar los extremos absolutos

Sea f una función continua en un intervalo cerrado, $[a, b]$, los pasos a seguir para hallar los extremos absolutos en el citado intervalo son:

i) Obtener los puntos críticos, incluyendo los puntos en que la función no es derivable.

ii) Evaluar la función en cada uno de los puntos críticos

iii) Evaluar la función en cada uno de los extremos del intervalo.

iv) El mayor de los valores obtenidos será el máximo absoluto en el intervalo, y el menor de los valores el mínimo absoluto.

7.3.5. Algunos teoremas importantes

En el capítulo sobre límites y continuidad y a partir de la definición de continuidad se obtuvieron diversos resultados muy importantes como el teorema de Bolzano, el teorema de los Valores Intermedios y el teorema de los Valores Extremos. Pues bien, ahora y añadiendo el concepto de derivabilidad se obtienen otros teoremas que también aportan resultados muy significativos al estudio de las funciones.

7.3.5.1. Teorema de Rolle

Sea f una función continua en el intervalo cerrado $[a, b]$, y derivable en el intervalo abierto (a, b). Si se tiene que el valor de la función evaluada en los extremos del intervalo es igual, es decir $f(a) = f(b)$, entonces existe al menos un valor c del intervalo (a, b) tal que $f'(c) = 0$.

De forma intuitiva se puede llegar a la demostración del teorema. Como la función es continua y derivable, y los valores de los extremos son iguales pueden ocurrir tres posibles casos:

a) La función primero es decreciente y luego creciente, es decir, la derivada es primero negativa y luego positiva, lo que implica que en algún momento ha de ser 0. Ver figura 7.8 a).

b) La función primero es creciente y luego decreciente, es decir la derivada es primero positiva y luego negativa, luego igualmente en algún momento ha de valer 0. Ver figura 7.8 b).

c) La función es constante en todo el intervalo, luego su derivada es 0. Ver figura 7.8 c).

La importancia de este teorema radica en que establece las condiciones suficientes para garantizar la existencia de extremos en el interior de un intervalo.

Figura 7.8: Teorema de Rolle

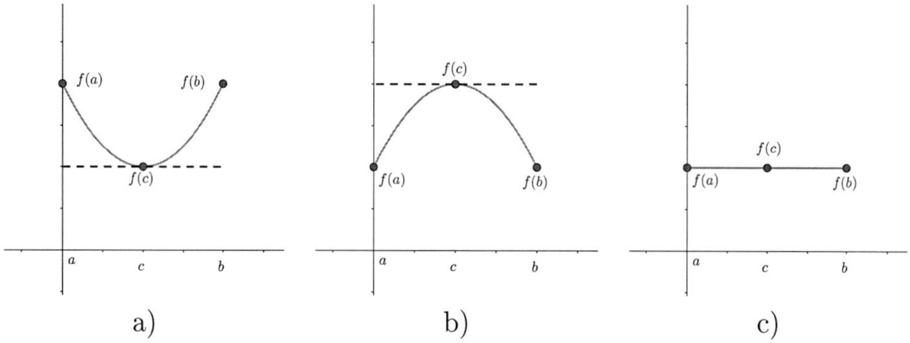

Ejemplo 7.9. Estudiar si la función $f(x) = -x^2+3x+1$ verifica el teorema de Rolle en el intervalo [0,3] y en caso afirmativo hallar el valor en que la derivada se anula.

En primer lugar se tiene que la función es continua y derivable en todo su dominio por ser una función polinómica.

En segundo lugar se verifica que se cumplen las hipótesis del teorema de Rolle:

$$f(0) = -0^2 + 3 \cdot 0 + 1 = 1$$

$$f(3) = -3^2 + 3 \cdot 3 + 1 = 1$$

Y como $f(a) = f(0) = 1 = f(3) = f(b)$ se tiene que existe al menos un punto donde la derivada se anula.

Ahora se halla la primera derivada y se halla el punto buscado:

$$f'(x) = -2x + 3 = 0 \Rightarrow x = \frac{3}{2}$$

■

7.3.5.2. Teorema del Valor Medio (de Lagrange)

Sea f una función continua en el intervalo cerrado $[a, b]$, y derivable en el intervalo abierto (a, b), entonces existe un valor c del intervalo (a, b) tal que

$$f'(c) = \frac{f(b) - f(a)}{b - a}$$

Un buen número de matemáticos consideran este teorema como el más importante del cálculo y es usado habitualmente para la demostración de otros teoremas.

Este teorema dice que existe un determinado punto en el intervalo donde la pendiente de la recta tangente es la misma que la pendiente de la recta secante que une los puntos a y b tal y como se muestra en la figura 7.9. En término de tasas de variación implica que en un determinado momento la tasa de variación instantánea es igual a la tasa de variación media.

Figura 7.9: Teorema del Valor Medio

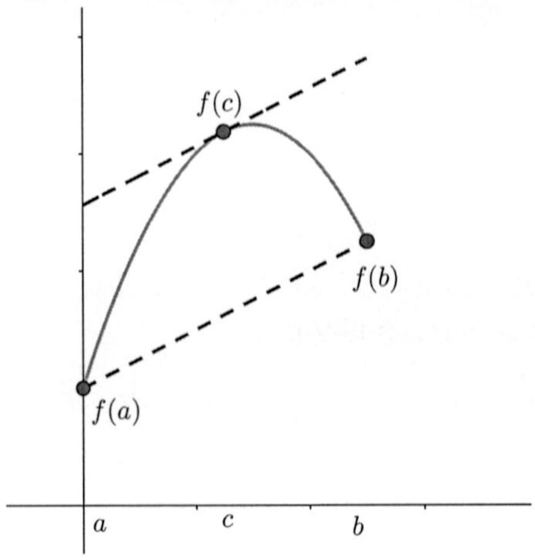

Ejemplo 7.10. Un túnel tiene una longitud de 5 km, y tiene la velocidad limitada a 80 km/h. Un coche al entrar al mismo tiene una velocidad de 75 km/h y al salir del mismo 3 minutos más tarde circula igualmente a 70 km/h. Se quiere saber si en algún momento el coche ha rebasado la velocidad máxima dentro del túnel.

En este caso se denomina $a = 0$ el momento de entrada (medido en horas), y $b = \frac{3}{60} = \frac{1}{20}$ el momento de la salida.

Por otro lado la función distancia recorrida toma los siguientes valores $d(a) = 0$ y $d(b) = 5$

La velocidad media alcanzada es la tasa de variación media

$$TM = \frac{d(b) - d(a)}{b - a} = \frac{5 - 0}{1/20 - 0} = 100\ km/h$$

Y ahora suponiendo que la función distancia recorrida es continua y derivable, lo cuál es cierto por ser una función polinómica, por el teorema del Valor Medio se puede asegurar que en un determinado momento c, la velocidad ha sido de 100km/h, luego ha rebasado el límite de velocidad permitido.

■

7.3.5.3. Teorema de Cauchy ó General del Valor Medio

Sean f y g dos funciones continuas en el intervalo cerrado $[a, b]$, y derivables en el intervalo abierto (a, b), con $g(x) \neq 0$ para todo punto del intervalo, entonces existe un valor c del intervalo (a, b) tal que

$$\frac{f'(c)}{g'(c)} = \frac{f(b) - f(a)}{g(b) - g(a)}$$

Nótese que a partir de este teorema si se hace $g(x) = x$ se obtiene el teorema del Valor Medio anterior, por ello se denomina a este como teorema General del Valor Medio porque es válido para cualquier función $g(x)$ que cumpla las condiciones exigidas.

7.3.6. Concavidad y convexidad

Hasta el momento se ha estudiado en qué momentos la función crece o decrece, y en qué momentos se alcanzan los máximos o mínimos locales, queda por estudiar cómo es la curvatura de la gráfica de la función, hacia arriba o hacia abajo.

Se dice que la gráfica de una función f es **cóncava** (o cóncava hacia arriba) en un intervalo si la gráfica de la función queda por encima de la tangente en todos los puntos del intervalo.

Se dice que la gráfica de una función f es **convexa** (o cóncava hacia abajo) en un intervalo si la gráfica de la función queda por debajo de la tangente en todos los puntos del intervalo.

Se puede observar de forma intuitiva que cuando la gráfica de la función es cóncava, según aumenta el valor de x, la tangente a la curva se va moviendo en el sentido contrario a las agujas del reloj y la pendiente de la tangente crece, es decir f' es creciente, por tanto ha de ocurrir que $f'' > 0$. Ver figura 7.10 a).

De forma análoga cuando la gráfica de la función es convexa, según aumenta el valor de x, la tangente a la curva se va moviendo en el sentido de las agujas del reloj y la pendiente de la tangente decrece, es decir f' es decreciente, por tanto ha de ocurrir que $f'' < 0$. Ver figura 7.10 b).

Figura 7.10: Concavidad y convexidad

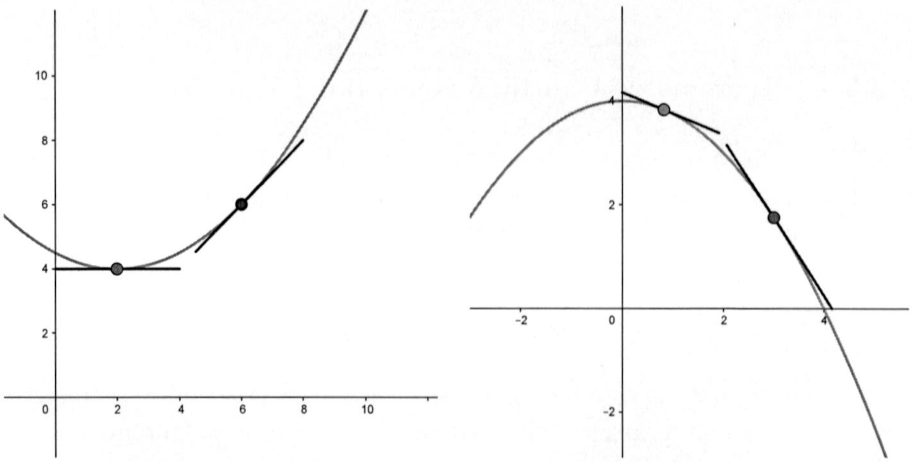

a) Función cóncava
La pendiente crece

b) Función convexa
La pendiente decrece

7.3.6.1. Criterio de concavidad

Sea f una función para la que existe segunda derivada en un intervalo (a, b), entonces se tiene:

- Si $f''(x) > 0, \forall x$ del intervalo, entonces la gráfica de la función f es cóncava en el intervalo.

- Si $f''(x) < 0, \forall x$ del intervalo, entonces la gráfica de la función f es convexa en el intervalo.

7.3.6.2. Método para estudiar la concavidad o convexidad de una función

i) Se halla la segunda derivada de la función

ii) Se iguala la segunda derivada a 0

iii) Se establecen los distintos intervalos de estudio, a partir de las soluciones obtenidas en el punto anterior y del dominio

iv) Se evalúa la derivada segunda en cada uno de los intervalos obtenidos en el paso anterior y se aplica el criterio de concavidad.

Ejemplo 7.11. Estudiar la concavidad y convexidad de $f(x) = \dfrac{x^2}{x-1}$

i) En primer lugar se hallan la primera y segunda derivada de la función:

$$f'(x) = \frac{x(x-2)}{(x-1)^2}$$

$$f''(x) = \frac{2}{(x-1)^3}$$

ii) A continuación se iguala a 0 la segunda derivada, y en este caso no hay solución alguna.

iii) Se establecen los posibles intervalos de estudio, que son los determinados por los puntos hallados y los puntos donde la función no es continua.

iv) Finalmente se evalúa la segunda derivada en cada uno de los intervalos y se aplica el criterio de concavidad:

Intervalo	$(-\infty, 1)$	$(1, \infty)$
$f''(x)$	$-$	$+$

Por tanto, ver figura 7.11 se tiene que:

- La función es cóncava en el intervalo: $(1,\infty)$

- La función es convexa en el intervalo: $(-\infty,1)$

Figura 7.11: Función cóncava y convexa

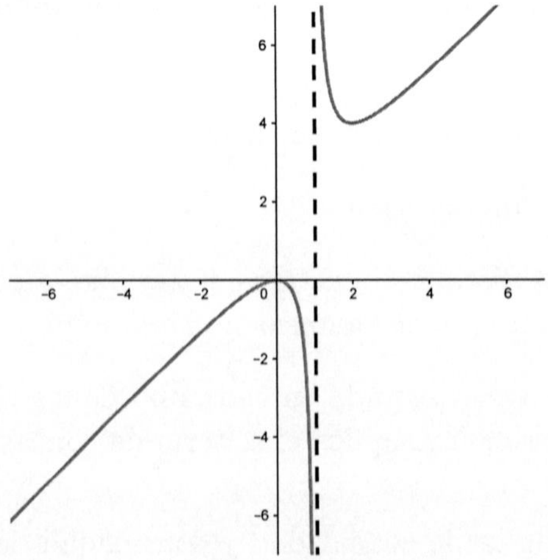

$$f(x) = \frac{x^2}{x-1}$$

■

7.3.7. Puntos de inflexión

Sea f una función continua en un intervalo (a, b), y sea c un punto del intervalo de forma que existe recta tangente en el punto $(c, f(c))$, entonces se dice que c es un **punto de inflexión** de la gráfica de la función f si existe un cambio de concavidad en ese punto, es decir, la gráfica pasa en el punto c de cóncava a convexa o viceversa.

De la definición se deduce que en los puntos de inflexión la curva cambia de concavidad. Un punto es de inflexión cuando la tangente atraviesa la curva. Por lo tanto una manera de hallar los puntos de inflexión es comprobar en que puntos la función continua pasa de cóncava a convexa.

7.3.7.1. Teorema del Punto de Inflexión

Sea f una función continua en un intervalo (a, b), y sea c un punto del intervalo. Si $(c, f(c))$ es un punto de inflexión de la gráfica de la función f, entonces se tiene que $f''(c) = 0$ o f'' no existe en el punto c.

Téngase en cuenta que el recíproco del teorema no se cumple por lo general.

7.3.7.2. Método del criterio de la segunda derivada para puntos de inflexión

i) Se halla la primera y segunda derivada de la función.

ii) Se iguala la segunda derivada a 0.

iii) Se establecen los distintos intervalos de estudio, a partir de las soluciones obtenidas en el punto anterior y del dominio.

iv) Se evalúa la derivada segunda en cada uno de los intervalos obtenidos en el paso anterior y se aplica el criterio de concavidad.

v) Si hay cambio de sentido de concavidad entre intervalos contiguos, entonces hay punto de inflexión en ese punto.

Ejemplo 7.12. Hallar los puntos de inflexión de la función: $f(x) = \dfrac{x^2}{x-1}$

i) En primer lugar se hallan la primera y segunda derivada de la función:

$$f'(x) = \frac{x(x-2)}{(x-1)^2}$$

$$f''(x) = \frac{2}{(x-1)^3}$$

ii) A continuación se iguala a 0 la segunda derivada, y en este caso no hay solución alguna. Por tanto por el teorema del punto de inflexión se puede asegurar que la función no tiene puntos de inflexión.

■

Ejemplo 7.13. Hallar los puntos de inflexión de $f(x) = x^3 - x^2 + 1$ por el método del criterio de la segunda derivada para puntos de inflexión.

i) En primer lugar se hallan la primera y segunda derivada de la función:

$$f'(x) = 3x^2 - 2x$$

$$f''(x) = 6x - 2$$

ii) A continuación se iguala a 0 la segunda derivada, y se hallan los posibles puntos de inflexión:

$$f''(x) = 0 \Rightarrow 6x - 2 = 0 \Rightarrow x = \frac{1}{3}$$

iii) Se establecen los distintos intervalos de estudio, a partir de las soluciones obtenidas en el punto anterior y del dominio.

Como es una función polinómica el dominio es $\mathbb{R}$, y la función es continua en todo su dominio, por lo tanto los intervalos de estudio son los que definen los puntos obtenidos en el paso ii), es decir $\left(-\infty, \frac{1}{3}\right)$ y $\left(\frac{1}{3}, \infty\right)$

iv) Se evalúa la derivada segunda en cada uno de los intervalos obtenidos en el paso anterior y se aplica el criterio de concavidad.

Intervalo	$\left(-\infty, \frac{1}{3}\right)$	$\left(\frac{1}{3}, \infty\right)$
$f''(x)$	$-$	$+$

Por lo tanto, la función es cóncava en $\left(\frac{1}{3}, \infty\right)$, y convexa en $\left(-\infty, \frac{1}{3}\right)$.

v) Si hay cambio de sentido de concavidad entre intervalos contiguos, entonces hay punto de inflexión en ese punto

Como la función pasa de convexa a cóncava en el punto $x = \frac{1}{3}$, ver figura 7.12, entonces existe punto de inflexión en $\left(\frac{1}{3}, \frac{25}{27}\right)$.

■

Figura 7.12: Punto de inflexión

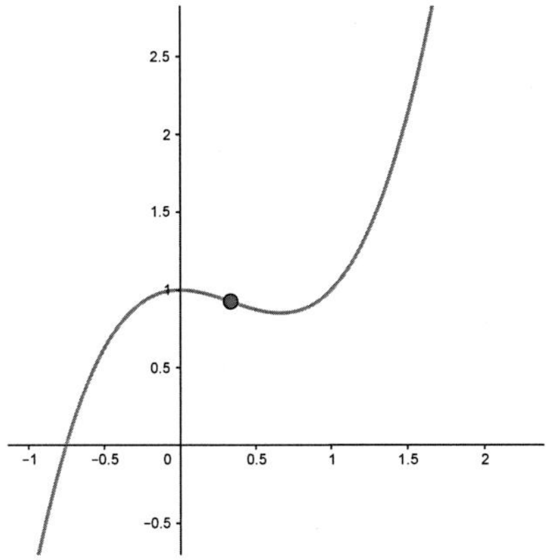

$f(x) = x^3 - x^2 + 1$

7.3.7.3. Criterio para clasificar puntos críticos con las primeras $r - 1$ derivadas nulas.

De acuerdo al criterio de la segunda derivada, si $f''(c) = 0$, puede haber máximo o mínimo local o ninguno de los dos, pero el criterio no podía decidir y por el teorema del punto de inflexión si hay punto de inflexión entonces $f''(c) = 0$.

Se puede clasificar al punto crítico $(c, f(c))$, para el que se anula la segunda derivada según sea la paridad de la derivada r en que no se anule.

- Si r es par, y la derivada r-ésima es menor que 0, hay un máximo local
- Si r es par, y la derivada r-ésima es mayor que 0, hay un mínimo local
- Si r es impar, hay un punto de inflexión.

7.3.7.4. Método del criterio de las $r-1$ derivadas para puntos de inflexión

i) Se halla la primera y segunda derivada de la función.

ii) Se iguala la segunda derivada a 0.

iii) Se halla la tercera derivada.

iv) Se evalúa la tercera derivada para los puntos obtenidos en el paso ii). Si el valor obtenido es distinto de 0, entonces es un punto crítico. Si el valor es 0 no se puede asegurar nada y se solventa por el criterio de las primeras $r-1$ derivadas nulas.

Ejemplo 7.14. Hallar los puntos de inflexión de $f(x) = x^3 - x^2 + 1$

i) Se hallan la primera y segunda derivada de la función:

$$f'(x) = 3x^2 - 2x$$

$$f''(x) = 6x - 2$$

ii) A continuación se iguala a 0 la segunda derivada y se hallan los posibles puntos de inflexión:

$$f''(x) = 0 \Rightarrow 6x - 2 = 0 \Rightarrow x = \frac{1}{3}$$

iii) Se halla la tercera derivada:

$$f'''(x) = 6$$

iv) Se evalúa la tercera derivada para los puntos obtenidos en el paso ii). Si el valor obtenido es distinto de 0, entonces existe punto de inflexión. Y como $f'''(x) \neq 0$, entonces hay punto de inflexión en el punto $\left(\frac{1}{3}, \frac{25}{27}\right)$.

■

Ejemplo 7.15. Hallar los puntos de inflexión de la función $f(x) = x^4 - 6x^2$.

i) Se hallan la primera y segunda derivada de la función:

$$f'(x) = 4x^3 - 12x$$

$$f''(x) = 12x^2 - 12$$

ii) A continuación se iguala a 0 la segunda derivada y se hallan los posibles puntos de inflexión:

$$f''(x) = 0 \Rightarrow 12x^2 - 12 = 0 \Rightarrow x = \pm 1$$

iii) Se halla la tercera derivada:

$$f'''(x) = 24x$$

iv) Se evalúa la tercera derivada para los puntos obtenidos en el paso ii). Si el valor obtenido es distinto de 0, entonces existe punto de inflexión. Ver figura 7.13.

- Para $x = -1$, entonces $f'''(-1) = 24(-1) = -24$, y como $f'''(x) \neq 0$, entonces hay punto de inflexión en el punto $(-1, -5)$.
- Para $x = 1$, entonces $f'''(1) = 24$, y como $f'''(x) \neq 0$, entonces hay punto de inflexión en el punto $(1, -5)$.

■

Figura 7.13: Función con 2 puntos de inflexión

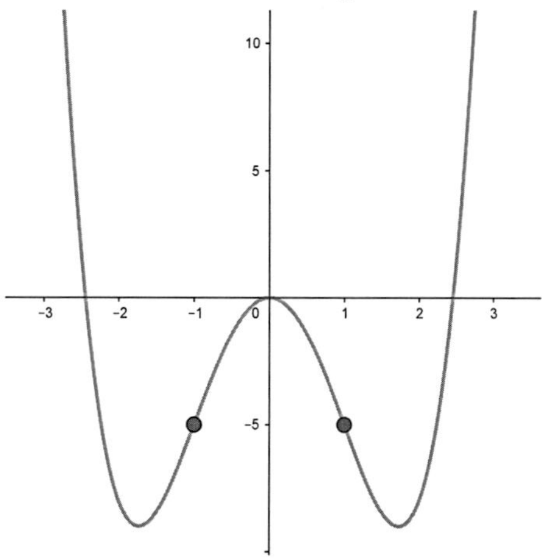

$$f(x) = x^4 - 6x^2$$

Ejemplo 7.16. Hallar los puntos de inflexión de la función $f(x) = 3x^4$

i) Se hallan la primera y segunda derivada de la función:

$$f'(x) = 12x^3$$

$$f''(x) = 36x^2$$

ii) A continuación se iguala a 0 la segunda derivada y se hallan los posibles puntos de inflexión:

$$f''(x) = 0 \Rightarrow 36x^2 = 0 \Rightarrow x = 0$$

iii) Se halla la tercera derivada:

$$f'''(x) = 72x$$

iv) Se evalúa la tercera derivada para los puntos obtenidos en el paso ii).

$$f'''(x) = 72 \cdot 0 = 0$$

Como el valor es 0 no se puede asegurar nada y se solventa por el criterio de las primeras $r - 1$ derivadas nulas.

Se hallan entonces derivadas sucesivas hasta ver el orden de la primera derivada que no se anula en el punto:

$$f^{iv)}(x) = 72$$

El orden de la derivada no nula es 4, que es par, entonces por el criterio se tiene que como $f^{iv)} > 0$, existe un mínimo en el punto (0,0). Luego no hay puntos de inflexión en la función.

■

Ejemplo 7.17. Hallar los puntos de inflexión de $f(x) = 2x^5$

i) Se hallan la primera y segunda derivada de la función:

$$f'(x) = 10x^4$$

$$f''(x) = 40x^3$$

ii) A continuación se iguala a 0 la segunda derivada y se hallan los posibles puntos de inflexión:

$$f''(x) = 0 \Rightarrow 40x^3 = 0 \Rightarrow x = 0$$

iii) Se halla la tercera derivada:

$$f'''(x) = 120x^2$$

iv) Se evalúa la tercera derivada para los puntos obtenidos en el paso ii).

$$f'''(0) = 120 \cdot (0)^2 = 0$$

Como el valor es 0 no se puede asegurar nada y se solventa por el criterio de las primeras r-1 derivadas nulas.

Se hallan entonces derivadas sucesivas y se evalúan hasta ver el orden de la primera derivada que no se anula en el punto:

$$f^{iv)}(x) = 240x$$

$$f^{iv)}(0) = 240 \cdot 0 = 0$$

$$f^{v)}(x) = 240$$

El orden de la derivada no nula es 5, que es impar, entonces por el criterio se tiene que como $f^{v)} \neq 0$, existe un punto de inflexión en el punto (0,0). Ver figura 7.14.

■

Figura 7.14: Criterio de las $r-1$ derivadas nulas

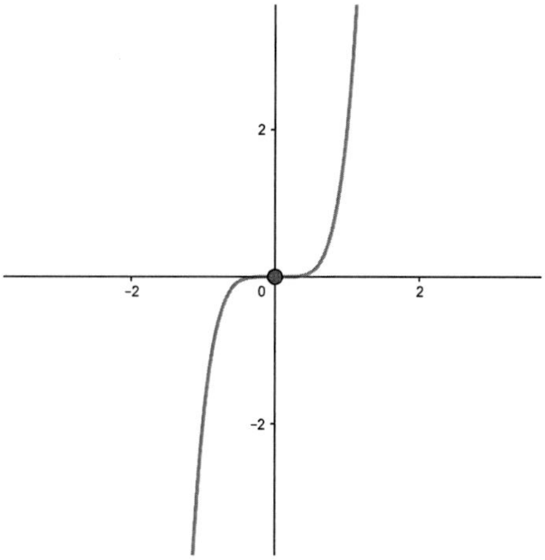

$f(x) = 2x^5$

7.4. Problemas de optimización

Una de las aplicaciones más recurrentes del cálculo diferencial es la búsqueda de los puntos en que una función alcanza sus valores máximos o mínimos, así es normal preguntarse por el beneficio máximo, la distancia mínima, el tamaño máximo, el tiempo mínimo, y en términos económicos por el beneficio máximo, el coste mínimo, la producción máxima, etc...

Los **problemas de optimización** suelen ser sencillos de resolver cuando se escriben en función de una variable, pues en ese caso sólo hay que buscar para qué valores la función alcanza su valor máximo o mínimo. Si la función es derivable y la variable independiente recorre un intervalo acotado, entonces los puntos de máximo o mínimo, o bien están en los extremos o bien son puntos críticos.

7.4.1. Método para resolver problemas de optimización

i) Escribir la ecuación primaria o principal, aquella que se quiere optimizar.

ii) Escribir las ecuaciones secundarias.

iii) Transformar la ecuación primaria en una ecuación de una única variable independiente a partir de las ecuaciones secundarias.

iv) Establecer el dominio en el que tiene sentido el problema que se está estudiando.

v) Obtener los puntos críticos, incluyendo los puntos en que la función no es derivable.

vi) Hallar los extremos absolutos de la forma vista anteriormente.

vii) Según se busque un máximo o un mínimo la solución será el extremo absoluto correspondiente.

Ejemplo 7.18. Se quiere construir una caja abierta, de base cuadrada y de volumen máximo dónde la superficie de todas las caras sea 2700 cm^2. Hallar las dimensiones de cada una de las caras.

i) En primer lugar se escribe la ecuación principal a optimizar, en este caso sería la fórmula del volumen para una caja cuadrada, es decir área de la base por la altura:

$$V = x^2 h$$

ii) El área de la base es x^2 y el área de las caras es $x \cdot h$ y la ecuación secundaria, para el total del área es:

$$x^2 + 4xh = 2700$$

iii) Hay que transformar la ecuación primaria en una ecuación de una única variable independiente a partir de las ecuaciones secundarias, para ello en la ecuación secundaria se despeja la h

$$h = \frac{2700 - x^2}{4x}$$

Y se sustituye en la ecuación primaria

$$V(x) = x^2 h = x^2 \left(\frac{2700 - x^2}{4x} \right) = \frac{x(2700 - x^2)}{4}$$

iv) A continuación se establece el dominio en que tiene sentido el problema, por ser el volumen una magnitud positiva o mayor que 0 se establece que $x \geq 0$ y por ser la base cuadrada se tiene que $x^2 \leq 2700$, de donde se obtiene que $x \leq \sqrt{2700}$. Luego los valores posibles son $0 \leq x \leq \sqrt{2700}$.

v) Seguidamente se hallan los puntos críticos de la función para con ellos obtener los posibles extremos.

$$V'(x) = \frac{2700 - 3x^2}{4} = 0$$

Igualando a cero, se obtienen los puntos críticos que son ± 30, de dónde se desecha el valor -30 por no estar dentro del dominio buscado.

vi) Se evalúa la función en los puntos críticos del dominio y en los extremos, y el mayor es el que indicará el valor buscado

$$V(0) = 0$$

$$V(\sqrt{2700}) = 0$$

$$V(30) = \frac{30(2700 - 30^2)}{4} = 13500$$

vii) Luego el valor hallado para x es 30 y a partir de ahí se obtiene el valor de h

$$h = \frac{2700 - x^2}{4x} = 15$$

■

7.5. CÁLCULO DE LÍMITES INDETERMINADOS

7.5.1. Indeterminaciones

Cómo se vio en el capítulo de límites, existen límites que en principio y con las reglas que allí se explicaron no podían calcularse pues daban lugar a algunos de los 7 tipos de indeterminaciones existentes, es decir resultados del tipo:

$$\infty - \infty,\ 0 \cdot \infty,\ \frac{0}{0},\ \frac{\infty}{\infty},\ 1^{\infty},\ 0^{0},\ \infty^{0}$$

Cómo se ha visto en algunos casos estos límites pueden ser resueltos de diversas maneras o mediante diversos métodos: cálculo con infinitésimos, factorización o división por Ruffini, etc..., pero en otros casos con los métodos conocidos hasta el momento no es posible calcularlos.

Ejemplo 7.19. Hallar el siguiente límite

$$\lim_{x \to 0} \frac{e^x - 1}{x}$$

Como se puede comprobar

$$\lim_{x \to 0} \frac{e^x - 1}{x} = \frac{0}{0}$$

Luego es un límite de la forma simbólica $\frac{0}{0}$, y con las propiedades vistas hasta el momento no se puede hallar la solución.

■

Para resolver los límites que dan lugar a estos tipos de indeterminaciones se va a utilizar la **Regla de L'Hôpital**. Sin embargo esta regla sólo se puede aplicar directamente a los casos $\frac{0}{0}$ y $\frac{\infty}{\infty}$, luego para resolver el resto de tipos habrá que transformarlos en uno de los dos tipos anteriores.

Es interesante recordar que las operaciones que se muestran en la siguiente tabla pueden calcularse directamente ofreciendo los resultados establecidos, no dando por tanto lugar a indeterminaciones.

$a \cdot 0 = 0, \forall a \in \mathbb{R}$	$\frac{a}{\infty} = 0, \forall a \in \mathbb{R}$
$0^{+\infty} = 0$	$0^{(-\infty)} = \frac{1}{0^{+\infty}} = \infty$
$a^{\infty} = \infty, \forall a \in \mathbb{R}, a > 1$	$a^{-\infty} = \frac{1}{a^{+\infty}} = 0, \forall a \in \mathbb{R}, a > 1$
$a^{\infty} = 0, \forall 0 < a < 1$	$a^{-\infty} = 0, \forall 0 < a < 1$

7.5.2. Regla de L'Hôpital

Sean $f(x)$ y $g(x)$ dos funciones derivables en un intervalo (a, b), de forma que $g(x)$ y $g'(x)$ no se anulan en ningún punto del intervalo. Si

$$\lim_{x \to a} f(x) = \lim_{x \to a} g(x) = 0$$

se está ante una indeterminación del tipo $\frac{0}{0}$. Si se tiene que existe el límite

$$\lim_{x \to a} \frac{f'(x)}{g'(x)} = L$$

entonces se cumple que

$$\lim_{x \to a} \frac{f(x)}{g(x)} = \lim_{x \to a} \frac{f'(x)}{g'(x)} = L$$

Esta regla se debe a que aplicando el Teorema del Valor Medio sobre las funciones f y g respectivamente se tiene que

$$f'(x_1) = \frac{f(x) - f(a)}{(x - a)}, x_1 \in (a, x)$$

$$g'(x_2) = \frac{g(x) - g(a)}{(x - a)}, x_2 \in (a, x)$$

de donde despejando se obtiene

$$f(x) = (x - a)f'(x_1) + f(a)$$

$$g(x) = (x - a)g'(x_2) + g(a)$$

Y al ser $f(a) = 0$,y $g(a) = 0$, se tiene

$$\frac{f(x)}{g(x)} = \frac{f'(x_1)}{g'(x_2)}$$

Como x_1 y x_2 están entre a y x, se aproximan a a cuando lo hace x, y por tanto se tiene la Regla de L'Hôpital

$$\lim_{x \to a} \frac{f(x)}{g(x)} = \lim_{x \to a} \frac{f'(x)}{g'(x)}$$

Ejemplo 7.20. Hallar el siguiente límite

$$\lim_{x \to 0} \frac{(e^x - 1)}{x}$$

En un primer momento se calcula el límite

$$\lim_{x \to 0} \frac{(e^x - 1)}{x} = \frac{0}{0}$$

Y como se obtiene una indeterminación se aplica la Regla de L'Hôpital:

$$\lim_{x \to 0} \frac{(e^x - 1)}{x} = \lim_{x \to 0} \frac{e^x}{1} = \frac{e^0}{1} = \frac{1}{1} = 1$$

■

La Regla de L'Hôpital también es aplicable cuando la indeterminación es del tipo $\frac{\infty}{\infty}$, es decir cuando

$$\lim_{x \to a} f(x) = \lim_{x \to a} g(x) = \pm\infty$$

La regla también es válida si $a = \pm\infty$.

Ejemplo 7.21. Hallar el siguiente límite

$$\lim_{x \to \infty} \frac{e^x}{x}$$

En un primer momento se calcula el límite

$$\lim_{x \to \infty} \frac{e^x}{x} = \frac{\infty}{\infty}$$

Y como se obtiene una indeterminación se aplica la Regla de L'Hôpital:

$$\lim_{x \to \infty} \frac{e^x}{x} = \lim_{x \to \infty} \frac{e^x}{1} = \infty$$

■

Por otro lado, téngase en cuenta que el que no exista el límite del cociente de las derivadas no implica que no exista el límite del cociente de funciones original

Ejemplo 7.22. Hallar el siguiente límite

$$\lim_{x\to\infty} \frac{x}{3x + \operatorname{sen} x}$$

En primer lugar se evalúa el límite y se obtiene la siguiente indeterminación:

$$\lim_{x\to\infty} \frac{x}{3x + \operatorname{sen} x} = \frac{\infty}{\infty}$$

Aplicando la Regla de L'Hôpital, siempre suponiendo que el límite del cociente de las derivadas existiera, se llegaría a

$$\lim_{x\to\infty} \frac{x}{3x + senx} = \lim_{x\to\infty} \frac{1}{3 + \cos x}$$

Cuyo resultado oscila entre 1/4 y 1/2, luego no existe el límite del cociente de las derivadas, por tanto no es aplicable la Regla.

Sin embargo, en este caso en particular se puede hallar el límite previa manipulación algebraica y aplicando infinitésimos

$$\lim_{x\to\infty} \frac{x}{3x + \operatorname{sen} x} = \lim_{x\to\infty} \frac{1}{3 + \dfrac{\operatorname{sen} x}{x}} = \frac{1}{3}$$

■

7.5.2.1. Método de aplicación de la Regla de L'Hôpital

i) Es conveniente simplificar el límite lo máximo posible con vistas a que no se complique la derivación.

ii) En caso que $f'(a) = g'(a) = 0$, aparecería una nueva indeterminación, que se podría resolver repitiendo el proceso, siempre que las funciones *f'* y *g'* sean a su vez derivables. La Regla se puede aplicar sucesivamente mientras que se mantenga la indeterminación. Lo mismo ocurre en el caso de que $f(x) = g(x) = \pm\infty$

iii) Tras cada aplicación de la Regla de L'Hôpital hay que intentar simplificar, realizar transformaciones algebraicas o aplicar infinitésimos con objeto de solucionar el límite o simplificar las nuevas derivadas.

iv) Si la indeterminación se mantiene indefinidamente, entonces la regla no es aplicable.

Ejemplo 7.23. Hallar el siguiente límite:

$$\lim_{x\to\infty} \frac{x^2}{e^x}$$

En un primer momento se calcula el límite

$$\lim_{x\to\infty} \frac{x^2}{e^x} = \frac{\infty}{\infty}$$

Y como se obtiene una indeterminación se aplica la Regla de L'Hôpital

$$\lim_{x\to\infty} \frac{x^2}{e^x} = \lim_{x\to\infty} \frac{2x}{e^x} = \frac{\infty}{\infty}$$

Y como se vuelve a obtener una indeterminación se aplica nuevamente la Regla de L'Hôpital, obteniéndose ahora por fin el límite

$$\lim_{x\to\infty} \frac{2x}{e^x} = \lim_{x\to\infty} \frac{2}{e^x} = 0$$

■

7.5.2.2. Indeterminaciones del tipo $0 \cdot \infty$

Se transforman en una indeterminación del tipo $\frac{0}{0}$ ó $\frac{\infty}{\infty}$, mediante alguna de las siguientes transformaciones

$$f(x) \cdot g(x) = \frac{f(x)}{1/g(x)}$$

$$f(x) \cdot g(x) = \frac{g(x)}{1/f(x)}$$

Ejemplo 7.24. Hallar el siguiente límite

$$\lim_{x\to 0} x \ln x$$

En un primer momento se calcula el límite

$$\lim_{x\to 0} x \ln x = 0 \cdot \infty$$

Y entonces hay que transformar la indeterminación en una del tipo $\frac{0}{0}$ ó $\frac{\infty}{\infty}$, para ello se utiliza en este caso el segundo tipo de transformación especificado anteriormente

$$\lim_{x\to 0} x\ln x = \lim_{x\to 0}\frac{\ln x}{1/x} = \frac{\infty}{\infty}$$

y como se obtiene una indeterminación se aplica la Regla de L'Hôpital

$$\lim_{x\to 0}\frac{\ln x}{1/x} = \lim_{x\to 0}\frac{1/x}{-(1/x)^2} = \lim_{x\to 0}(-x) = 0$$

■

7.5.2.3. Indeterminaciones del tipo $\infty - \infty$

Se transforman en una indeterminación del tipo $\frac{0}{0}$ ó $\frac{\infty}{\infty}$, mediante alguna operación algebraica, como por ejemplo buscando un común denominador, multiplicando y dividiendo por el conjugado, o mediante alguna de las siguientes transformaciones

$$f(x) - g(x) = f(x)\left(1 - \frac{g(x)}{f(x)}\right) = \frac{1 - \frac{g(x)}{f(x)}}{\frac{1}{f(x)}}$$

$$f(x) - g(x) = f(x)g(x)\left(\frac{1}{g(x)} - \frac{1}{f(x)}\right) = \frac{\frac{1}{g(x)} - \frac{1}{f(x)}}{\frac{1}{f(x)g(x)}}$$

Ejemplo 7.25. Hallar el siguiente límite

$$\lim_{x\to 0}\left(\frac{1}{\operatorname{sen} x} - \frac{1}{x}\right)$$

En un primer momento se calcula el límite

$$\lim_{x\to 0}\left(\frac{1}{\operatorname{sen} x} - \frac{1}{x}\right) = \infty - \infty$$

Y entonces hay que transformar la indeterminación en una del tipo $\frac{0}{0}$ ó $\frac{\infty}{\infty}$, y en este caso basta con operar

$$\lim_{x\to 0}\left(\frac{1}{\operatorname{sen} x} - \frac{1}{x}\right) = \lim_{x\to 0}\left(\frac{x - \operatorname{sen} x}{x\operatorname{sen} x}\right) = \frac{0}{0}$$

como se obtiene una indeterminación se aplica la Regla de L'Hôpital

$$\lim_{x\to 0}\left(\frac{x-\operatorname{sen}x}{x\operatorname{sen}x}\right)=\lim_{x\to 0}\left(\frac{1-\cos x}{\operatorname{sen}x+x\cos x}\right)=\frac{0}{0}$$

Y como se sigue obteniendo indeterminación se vuelve a aplicar la regla

$$\lim_{x\to 0}\left(\frac{1-\cos x}{\operatorname{sen}x+x\cos x}\right)=\lim_{x\to 0}\left(\frac{\operatorname{sen}x}{\cos x+\cos x-x\operatorname{sen}x}\right)=0$$

■

7.5.2.4. Indeterminaciones del tipo 1^{∞}, 0^0, ∞^0

Se transforman en una indeterminación del tipo $\frac{0}{0}$ ó $\frac{\infty}{\infty}$ tomando logaritmos neperianos.

Si se tiene

$$y=\lim\left(f(x)^{g(x)}\right)$$

se toman logaritmos en ambos miembros, resultando

$$\ln y=\ln\left(\lim f(x)^{g(x)}\right)=\lim\ln\left(f(x)^{g(x)}\right)=\lim g(x)\ln f(x)$$

que es un límite del tipo $0\cdot\infty$, por lo que puede resolverse según se ha especificado para los límites de este tipo.

Una vez resuelto el límite y deshaciendo los logaritmos neperianos se alcanza el resultado final que es

$$y=e^{(\lim g(x)\ln f(x))}$$

Otra manera de resolver este tipo de límites es aplicando la identidad logarítmica

$$y=e^{\ln y}$$

y sustituyendo el límite original se tiene

$$y=\lim f(x)^{g(x)}=e^{\ln\left(\lim f(x)^{g(x)}\right)}=e^{\lim\ln\left(f(x)^{g(x)}\right)}=e^{(\lim g(x)\ln f(x))}$$

resultado que coincide con el obtenido anteriormente.

Una tercera manera de resolver estas indeterminaciones, que se puede utilizar solamente en el caso 1^{∞} es la aplicación de la definición del número e

$$e=\lim_{x\to 0}(1+x)^{1/x}$$

resultando

$$y = \text{lím}\, f(x)^{g(x)} = \text{lím}(1 + f(x) - 1)^{g(x)} =$$
$$= lim(1 + f(x) - 1)^{\frac{1}{f(x)-1} g(x)(f(x)-1)} =$$
$$= e^{\text{lím}\, g(x)(f(x)-1)}$$

Ejemplo 7.26. Hallar los siguientes límites:

a) $\displaystyle\lim_{x\to\infty}\left(1+\frac{1}{x}\right)^x$

En un primer momento se calcula el límite y se comprueba que es una indeterminación de los tipos 1^∞, 0^0, ∞^0

$$y = \lim_{x\to\infty}\left(1+\frac{1}{x}\right)^x = 1^\infty$$

A continuación se toman logaritmos neperianos:

$$\ln y = \ln\left(\lim_{x\to\infty}\left(1+\frac{1}{x}\right)^x\right) = \lim_{x\to\infty}\ln\left(1+\frac{1}{x}\right)^x = \lim_{x\to\infty}\left(x\ln\left(1+\frac{1}{x}\right)\right)$$

Obteniéndose una forma indeterminada de tipo $0\cdot\infty$, entonces hay que transformar la indeterminación en una del tipo $\frac{0}{0}$ ó $\frac{\infty}{\infty}$, para ello se utiliza en este caso el primero de los tipos de transformación especificados

$$\ln y = \lim_{x\to\infty} x\ln\left(1+\frac{1}{x}\right) = \lim_{x\to\infty}\frac{\ln\left(1+\frac{1}{x}\right)}{1/x}$$

y como se obtiene una indeterminación se aplica la Regla de L'Hôpital

$$\ln y = \lim_{x\to\infty} x\ln\left(1+\frac{1}{x}\right) = \lim_{x\to\infty}\frac{\ln\left(1+\frac{1}{x}\right)}{1/x}$$

$$\ln y = \lim_{x\to\infty}\frac{\frac{1}{\left(1+\frac{1}{x}\right)}\left(\frac{-1}{x^2}\right)}{\left(\frac{-1}{x^2}\right)} = \lim_{x\to\infty}\frac{1}{\left(1+\frac{1}{x}\right)} = 1$$

Como se ha obtenido que $\ln y = 1$, deshaciendo logaritmos se tiene que el límite buscado es

$$y = e^1 = e$$

b) $\lim_{x\to 0} x^x$

En un primer momento se calcula el límite y se comprueba que es una indeterminación de los tipos 1^∞, 0^0, ∞^0

$$y = \lim_{x\to 0} x^x = 0^0$$

A continuación se toman logaritmos neperianos

$$\ln y = \ln\left(\lim_{x\to 0} x^x\right) = \lim_{x\to 0}(\ln x^x) = \lim_{x\to 0} x\ln x$$

Y como se obtiene una forma indeterminada de tipo $0\cdot\infty$, se transforma en una indeterminación del tipo $\frac{0}{0}$ ó $\frac{\infty}{\infty}$, y se aplica la regla de L'Hôpital

$$\lim_{x\to 0} x\ln x = \lim_{x\to 0}\frac{\ln x}{1/x} = \lim_{x\to 0}\frac{1/x}{\left(\frac{-1}{x^2}\right)} = \lim_{x\to 0}(-x) = 0$$

Como se ha obtenido que $\ln y = 0$, entonces deshaciendo logaritmos se tiene que el límite buscado vale

$$y = e^0 = 1$$

c) $\lim_{x\to\infty} x^{1/x}$

En un primer momento se calcula el límite y se comprueba que es una indeterminación de los tipos 1^∞, 0^0, ∞^0

$$y = \lim_{x\to\infty} x^{1/x} = \infty^0$$

A continuación se toman logaritmos neperianos

$$\ln y = \ln\left(\lim_{x\to\infty} x^{1/x}\right) = \lim_{x\to\infty}\ln x^{1/x} = \lim_{x\to\infty}\left(\frac{1}{x}\ln x\right)$$

Y se obtiene una forma indeterminada de tipo $0\cdot\infty$, se transforma en una indeterminación del tipo $\frac{0}{0}$ ó $\frac{\infty}{\infty}$, y se aplica la regla de L'Hôpital

$$\lim_{x\to\infty}\left(\frac{1}{x}\ln x\right) = \lim_{x\to\infty}\frac{\ln x}{1/\left(\frac{1}{x}\right)} = \lim_{x\to\infty}\frac{\ln x}{x} = \lim_{x\to\infty}\frac{1/x}{1} = 0$$

Como se ha obtenido que $\ln y = 0$, entonces deshaciendo logaritmos se tiene que el límite buscado vale

$$y = e^0 = 1$$

■

7.6. Análisis y representación gráfica de funciones

Hasta el momento se han estudiado diversos conceptos que han ido conformando aspectos significativos de la función. Si se unen los diversos conceptos estudiados se puede escribir un decálogo de puntos que va a permitir la realización de un análisis exhaustivo de la función y su representación gráfica.

7.6.1. Decálogo para el análisis y la representación gráfica de funciones

1.- Determinar el **dominio** y **rango** de la función

2.- Estudio de la **continuidad** de la función y de los posibles puntos de **discontinuidad**

3.- Determinar los **puntos de corte** de la función con los ejes

4.- Estudio de **simetrías** y **periodicidad** de la función

5.- Estudio de las **asíntotas** verticales, horizontales y oblicuas

6.- Estudio de la **derivabilidad** de la función y obtención de **puntos críticos**

7.- Análisis del **crecimiento** y **decrecimiento** de la función

8.- Hallar los **extremos locales**

9.- Análisis de la **concavidad**, **convexidad** y **puntos de inflexión**.

10.- **Dibujar** la gráfica

Ejemplo 7.27. Analizar y representar la función $f(x) = \dfrac{x^3}{x-1}$

1. Determinar el dominio y rango de la función.

   Como se trata de una función racional, el dominio es todo $\mathbb{R}$ excepto los puntos en que se anule el denominador. El denominador se anula en el punto $x = 1$.

   El dominio de la función es $Domf(x) = \mathbb{R}\backslash\{1\}$.

   El rango de la función es $\mathbb{R}$

2. Estudio de la continuidad de la función y de los posibles puntos de discontinuidad.

   La función es continua en todo su dominio. En $x = 1$ presenta una discontinuidad inevitable de salto infinito.

3. Determinar los puntos de corte de la función con los ejes

   a) Corte con el eje OX: $f(x) = \dfrac{x^3}{x-1} = 0 \Rightarrow x = 0 \Rightarrow$Punto (0,0)

   b) Corte con el eje OY $f(0) = \dfrac{0^3}{0-1} = 0 \Rightarrow x = 0 \Rightarrow$Punto (0,0)

4. Estudio de simetrías y periodicidad de la función

   a) ¿Es par?

   $$f(-x) = \frac{(-x)^3}{(-x)-1} \neq f(x)$$

   Luego no hay simetría respecto del eje OX

   b) ¿Es impar?

   $$-f(x) = -\frac{x^3}{x-1} \neq \frac{(-x)^3}{(-x)-1} = f(-x)$$

   Luego no hay simetría respecto del eje OY

   Como la función no es trigonométrica no se estudia la periodicidad.

5. Estudio de las asíntotas verticales, horizontales y oblicuas

   a) Asíntotas verticales:

   Como el denominador de la función se anula en el punto $x = 1$ se puede afirmar que existe asíntota vertical en $x = 1$. Y se puede comprobar mediante el límite cuando $x \to 1$:

   $$\lim_{x\to 1^-} f(x) = \lim_{x\to 1} \frac{x^3}{x-1} = -\infty$$

   $$\lim_{x\to 1^+} f(x) = \lim_{x\to 1} \frac{x^3}{x-1} = +\infty$$

   b) Asíntotas horizontales:

$y = L$ es asíntota horizontal de f si el límite de la función es L cuando $x \to \pm\infty$

$$\lim_{x\to\infty} f(x) = \lim_{x\to\infty} \frac{x^3}{x-1} = \pm\infty$$

Luego en este caso no existen asíntotas horizontales.

c) Asíntotas oblicuas:

$y = mx+n$ es asíntota oblicua si $m = \lim\limits_{x\to\infty} \dfrac{f(x)}{x} \neq 0$ y $\lim\limits_{x\to\infty} f(x) - mx = n$,

$$m = \lim_{x\to\infty} \frac{f(x)}{x} = \lim_{x\to\infty} \frac{x^3}{(x-1)\,x} = \pm\infty$$

Por tanto no hay asíntotas oblicuas.

6. Estudio de la derivabilidad de la función y obtención de puntos críticos

Se calcula la primera derivada de la función:

$$f'(x) = \frac{x^2(2x-3)}{(x-1)^2}$$

Se hallan los puntos críticos igualando la derivada a 0 y se obtienen que son $x = 0$ y $x = 3/2$

7. Análisis del crecimiento y decrecimiento de la función

Se establecen los posibles intervalos de crecimiento y decrecimiento a partir de los puntos críticos y los puntos de discontinuidad. Nótese que en esta expresión el único factor que afecta en el signo es $(2x-3)$, pues el resto de factores están elevado al cuadrado y por tanto son siempre positivos.

Intervalo	$(-\infty, 0)$	$(0, 1)$	$(1, 3/2)$	$(3/2, \infty)$
$f'(x)$	$-$	$-$	$-$	$+$

Por tanto se tiene que la función es creciente en el intervalo:

$$(3/2, \infty)$$

y es decreciente en los intervalos:

$$(-\infty, 0) \cup (0, 1) \cup (1, 3/2)$$

8. Hallar los extremos locales

   Como en el punto $3/2$ la función pasa de decreciente a creciente, por el criterio de la primera derivada se puede asegurar que hay un mínimo en el punto $(3/2, 27/4)$.

   Asimismo se pueden hallar los extremos mediante el criterio de la segunda derivada, para ello se halla la segunda derivada

$$f''(x) = \frac{2x(x^2 - 3x + 3)}{(x-1)^3}$$

   Y se evalúan los puntos críticos, 0 y $3/2$, en la segunda derivada

   - $f''(0) = 0$, el criterio no indica si es máximo o mínimo o ninguna de las dos cosas
   - $f''(3/2) > 0 \Rightarrow$ existe mínimo en $(3/2, 27/4)$

9. Análisis de la concavidad, convexidad y puntos de inflexión.

   Se establecen los posibles intervalos de concavidad y convexidad a partir de los puntos críticos y los puntos de discontinuidad, evaluando en los mismos la segunda derivada. Nótese que el factor $x^2 - 3x + 3$ no tiene raíces reales, es decir, no cambia de signo y como en $x = 0$ es positivo, podemos afirmar que ese factor siempre es positivo.

	$(-\infty, 0)$	$(0, 1)$	$(1, \frac{3}{2})$	$(\frac{3}{2}, +\infty)$
$2x$	$-$	$+$	$+$	$+$
$(x-1)^3$	$-$	$-$	$+$	$+$
$x^2 - 3x + 3$	$+$	$+$	$+$	$+$
f''	$+$	$-$	$+$	$+$

   Por tanto se tiene que los intervalos de concavidad son

$$(-\infty, 0) \cup (1, \infty)$$

   y los intervalos de convexidad:

$$(0, 1)$$

   Y como la función es continua en $x = 0$ y la gráfica pasa de cóncava a convexa, se puede asegurar que hay punto de inflexión en ese punto.

En cambio no se puede decir lo mismo del punto $x = 1$, al no ser la función continua en ese punto.

De forma analítica se puede probar la existencia del punto de inflexión haciendo la tercera derivada y comprobando que si se evalúa en el punto es distinto de cero

$$f''(0) = 0 \Rightarrow f'''(x) = \frac{-6}{(x-1)^4} < 0$$

10. Dibujar la gráfica, ver la figura 7.15.

Figura 7.15: Representación gráfica de una función

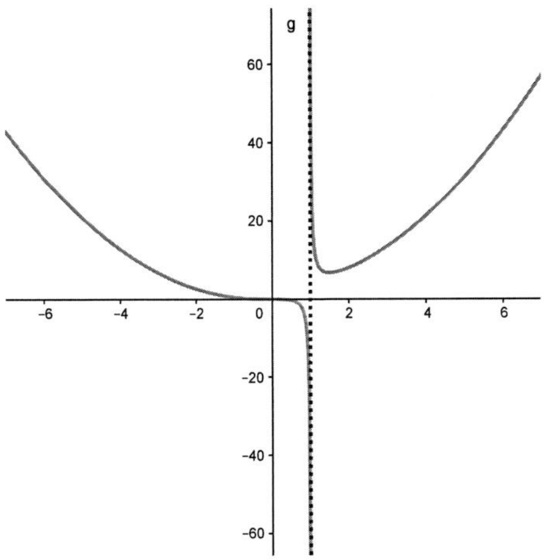

$$f(x) = \frac{x^3}{x-1}$$

■

Si bien el decálogo de pasos explicitado anteriormente es de enorme utilidad, hay que tener presente que cada función es diferente y necesitará un tratamiento diferente.

Así, por ejemplo, una función polinómica siempre está definida en $\mathbb{R}$ y su rango también está en $\mathbb{R}$ y además siempre es continua en $\mathbb{R}$, luego en esos caso no hay que estudiar la posible discontinuidad, y no tiene sentido buscar las asíntotas verticales.

7.7. Aproximación lineal y diferencial

7.7.1. Aproximación lineal de una función

En determinados casos el trabajo con ciertas funciones es complejo, es en esos casos cuando se intenta hallar una función sencilla y que en cierto sentido se aproxime a la función inicial.

Al hablar de una función sencilla, se está hablando de una función polinómica, y la más sencilla de las polinómicas es la función lineal, luego se pretende hacer una aproximación lineal a la función.

Sea f una función derivable en el punto $x = a$, como ya se ha enunciado la ecuación de la recta tangente a la gráfica de la función f en el punto $(a, f(a))$ es

$$y = f(a) + f'(a)(x - a)$$

A partir de aquí se puede optar por aproximar la función en el entorno del punto mediante su recta tangente, luego se tiene que la **aproximación lineal** de la función f en un entorno del punto $x = a$ es:

$$f(x) \simeq f(a) + f'(a)(x - a)$$

Ejemplo 7.28. Hallar la aproximación lineal de la función $f(x) = \sqrt[5]{x^2}$ en el entorno de $x = 2$.

Se halla la derivada de la función $f'(x) = \dfrac{2}{5}x^{-3/5}$.

Se evalua la función y la derivada en el punto, $f(1) = 1,\ f'(1) = \dfrac{2}{5}$.

Y por tanto la aproximación lineal de la función f en el entorno de $x = 1$ es

$$f(x) \simeq f(a) + f'(a)(x - a) = 1 + \frac{2}{5}(x - 1)$$

A partir de la aproximación lineal se puede comprobar el error cometido por la aproximación.

Así por ejemplo para $x = 1,01$, el valor de la función es $f(1,01) = 1,003988$ y el valor de la aproximación es 1,004.

■

Ejemplo 7.29. Hallar la aproximación lineal de la función $f(x) = e^x$ en el entorno de $x = 2$.

Se halla la derivada de la función $f'(x) = e^x$.

Se evalua la función y la derivada en el punto, $f(2) = e^2$, $f'(2) = e^2$.

Y por tanto la aproximación lineal de la función f en el entorno de $x = 2$ es

$$f(x) \simeq f(a) + f'(a)(x - a) = e^2 + e^2(x - 2)$$

A partir de la aproximación lineal se puede comprobar el error cometido por la aproximación.

Así por ejemplo para $x = 2,01$, el valor de la función es $f(2,01) = 7,4633$ y el valor de la aproximación es 7,4629.

■

7.7.2. Diferencial de una función

En el apartado anterior se ha realizado una aproximación lineal de la función para un entorno de un punto. A la mejor aproximación lineal de la función en un punto dado se le denomina **diferencial** de una función en un punto. La idea para ello es que a partir de la definición de derivada en un punto

$$f'(a) = \lim_{h \to 0} \frac{f(a+h) - f(a)}{h}$$

se tiene que quitando límites y aproximando

$$f'(a)\, h \simeq f(a+h) - f(a)$$

Luego el diferencial de una función $f(x)$ en un punto $x = a$, que se suele denotar como $Df(x)$, es una aplicación lineal definida de la siguiente forma

$$Df(x) = f'(x)\, h$$

Cómo la variación de x, se suele escribir como $\triangle x$ ó como dx, también se suele escribir el diferencial como

$$dy = f'(x)\, dx$$

El diferencial es proporcional a la variación en el eje OX, que viene dado por dx y el factor de proporcionalidad es la derivada en el punto, $f'(x)$. Por tanto el diferencial es el incremento de la función cuando pasa del punto x al punto $x + h$, con tasa de variación fija $f'(x)$.

El error cometido al utilizar el diferencial es $\triangle y - dy$.

Ejemplo 7.30. Dada la función $f(x) = 2\ln(x)$, calcular la función derivada de $f(x)$, y la derivada y la diferencial en el punto en $x = 2$.

La función derivada es

$$f'(x) = 2\frac{1}{x} = \frac{2}{x}$$

La derivada de $f(x)$ en el punto $x = 2$ es

$$f'(2) = 2\frac{1}{2} = 1$$

La diferencial de $f(x)$ en el punto $x = 2$ es

$$Df(2) = f'(2)\, h = 1 \cdot h = h$$

■

7.8. Fórmula de Taylor

7.8.1. Polinomio de Taylor

En ocasiones se necesita saber el comportamiento de una función $f(x)$ en un entorno de un punto $x = a$, pero no es fácil a partir de su expresión analítica. En estos casos se puede transformar la función en un polinomio de grado n si la función cumple unas condiciones mínimas de derivabilidad. En concreto, se exigirá que existan las derivadas sucesivas, $f'(x), f''(x), f'''(x), ..., f^{n)}(x)$, en el entorno del punto $x = a$ objeto de estudio. Además, el polinomio que se va a obtener vendrá expresado en potencias de $(x - a)$.

Se denomina **polinomio de Taylor** de grado n para $f(x)$ en a a la expresión:

$$P_n(x) = f(a) + f'(a)\frac{(x-a)}{1!} + f''(a)\frac{(x-a)^2}{2!} + \cdots + f^{(n)}(a)\frac{(x-a)^n}{n!}$$

Ejemplo 7.31. Dada la función $f(x) = x^4 - x^3 + x^2 - 3x + 5$, obtener el polinomio de Taylor de grado 3 en el punto $x = -1$.

En primer lugar se calculan las derivadas

$$f'(x) = 4x^3 - 3x^2 + 2x - 3$$
$$f''(x) = 12x^2 - 6x + 2$$
$$f'''(x) = 24x - 6$$

seguidamente se evalúan las derivadas en el punto, en este caso $x = -1$

$$\begin{aligned} f'(-1) &= -12 \\ f''(-1) &= 20 \\ f'''(-1) &= -30 \end{aligned}$$

a continuación se sustituyen en la expresión obteniendo

$$P_3(x) = f(-1) + f'(-1)\frac{(x+1)}{1!} + f''(-1)\frac{(x+1)^2}{2!} + f'''(-1)\frac{(x+1)^3}{3!}$$

$$P_3(x) = 11 + (-12)\frac{(x+1)}{1!} + 20\frac{(x+1)^2}{2!} + (-30)\frac{(x+1)^3}{3!}$$

para finalmente, operando y simplificando llegar a que el polinomio buscado es

$$P_3(x) = -5x^3 - 5x^2 - 7x + 4$$

■

7.8.2. Teorema de Taylor

El **teorema de Taylor** afirma que dada una función f continua y derivable $n+1$ veces en el intervalo $[a, x]$ entonces se cumple que

$$f(x) = f(a) + f'(a)\frac{(x-a)}{1!} + f''(a)\frac{(x-a)^2}{2!} + \cdots +$$

$$+ \cdots + f^{(n)}(a)\frac{(x-a)^n}{n!} + R_n(x)$$

que es la **fórmula de Taylor,** también denominado **desarrollo de Taylor** de la función f en el punto a, y donde la función $R_n(x)$ se denomina **resto** de la fórmula de Taylor y puede adoptar distintas expresiones conocidas como

- **Forma de Lagrange** del resto

  $$R_n(x) = f^{(n+1)}(\xi)\frac{(x-a)^{n+1}}{(n+1)!}$$

  para algún número $\xi \in (a, x)$.

- **Forma de Cauchy** del resto

$$R_n(x) = f^{(n+1)}(\xi)\,\frac{(x-\xi)^n\,(x-a)}{n!}$$

para algún número $\xi \in (a, x)$.

Cuando en la fórmula de Taylor de una función se cumple que

$$\lim_{n\to\infty} R_n(x) = 0$$

se dice que la expresión

$$f(x) = f(a) + f'(a)\frac{(x-a)}{1!} + f''(a)\frac{(x-a)^2}{2!} + \cdots + R_n(x)$$

es el **desarrollo en serie** de $f(x)$.

Ejemplo 7.32. Hallar la fórmula de Taylor de la función $f(x) = \ln x$, en un entorno del punto $x = 1$.

En primer lugar se calculan las derivadas sucesivas

$$\begin{aligned}
&f'(x) = \frac{1}{x}\\
&f''(x) = -\frac{1}{x^2}\\
&f'''(x) = 2\frac{1}{x^3}\\
&f^{iv)}(x) = -6\frac{1}{x^4}\\
&\ldots\ldots\ldots\ldots\ldots\ldots\ldots\\
&f^{(n)}(x) = (-1)^{n+1}(n-1)!\tfrac{1}{x^n}
\end{aligned}$$

y seguidamente se evalúan en el punto $x = 1$

$$\begin{aligned}
&f'(1) = 1\\
&f''(1) = -1\\
&f'''(1) = 2\\
&f^{iv)}(1) = -6\\
&\ldots\ldots\ldots\ldots\ldots\ldots\ldots\\
&f^{(n)}(\xi) = (-1)^{n+1}(n-1)!\tfrac{1}{\xi^4}
\end{aligned}$$

y el desarrollo de Taylor usando la expresión del resto de Lagrange será

$$f(x) = 0 + \frac{1}{1!}(x-1) + \frac{-1}{2!}(x-1)^2 + \frac{2}{3!}(x-1)^3 + \cdots + R_n(x)$$

siendo

$$R_n(x) = (-1)^{n+1}\,\frac{(n-1)!}{\xi^4}\frac{(x-1)^{n+1}}{(n+1)!}$$

Simplificando se tiene

$$f(x) = -\frac{13}{12} + \frac{3}{2}x - \frac{3}{4}x^2 + \frac{x^3}{3} + \cdots + (-1)^{n+1}\,\frac{(x-1)^{n+1}}{\xi^4\,(n+1)\,n}$$

■

7.8.3. Fórmula de McLaurin

Si la fórmula de Taylor de la función f se calcula en el punto $a = 0$ entonces toma el nombre de **fórmula o desarrollo de McLaurin**.

Ejemplo 7.33. Hallar la fórmula de McLaurin de la función

$$f(x) = \frac{1}{(x+1)^2}$$

En primer lugar se hallan las derivadas

$$\begin{aligned} f(x) &= \frac{1}{(x+1)^2} \\ f'(x) &= -\frac{2}{(x+1)^3} \\ f''(x) &= \frac{6}{(x+1)^4} \\ &\cdots\cdots\cdots\cdots\cdots \end{aligned}$$

y a continuación se evalúan en el punto $x = 0$

$$\begin{aligned} f(0) &= 1 \\ f'(0) &= -2 \\ f'(0) &= 6 \\ &\cdots\cdots\cdots\cdots\cdots \end{aligned}$$

El término general vendrá dado por

$$f^{(n)}(x) = (-1)^n\,(n+1)!\,(1+x)^{-(n+2)}$$

que al sustituir en ξ queda

$$f^{(n}(\xi) = (-1)^{n+1}\,(n+2)!\,(1+\xi)^{-(n+3)}$$

luego el desarrollo de McLaurin será

$$f(x) = 1 + \frac{-2}{1!}x + \frac{3!}{2!}x^2 + \frac{-4!}{3!}x^3 + \cdots + \frac{(-1)^n\,(n+1)!}{n!} + R_{n+1}(x)$$

$$f(x) = 1 - 2x + 3x^2 - 4x^3 + \cdots + (-1)^n\,(n+1)\,x^n + R_{n+1}(x)$$

y utilizando el resto de Lagrange se tiene

$$\begin{aligned} R_{n+1}(x) &= (-1)^{n+1}\,(1+\xi)^{-(n+3)}\,\frac{(n+2)!}{(n+1)!}x^{n+1} \\ &= (-1)^{n+1}\,\frac{(n+2)}{(1+\xi)^{(n+3)}}x^{n+1} \end{aligned}$$

■

Ejemplo 7.34. Como se ha indicado una de las funciones más utilizada en economía es la función exponencial. Hallar el desarrollo en serie de la función$f(x) = e^x$

En primer lugar se calculan las derivadas

$$\begin{aligned} &f(x) = e^x \\ &f'(x) = e^x \\ &f''(x) = e^x \\ &\cdots\cdots\cdots\cdots\cdots \\ &f^{(n}(x) = e^x \end{aligned}$$

y se evalúan en el punto $x = 0$:

$$\begin{aligned} &f(0) = 1 \\ &f'(0) = 1 \\ &f'(0) = 1 \\ &\cdots\cdots\cdots\cdots\cdots \\ &f^{(n}(\xi) = e^{\xi} \end{aligned}$$

llegando a

$$f(x) = 1 + \frac{x}{1!} + \frac{x^2}{2!} + \cdots + \frac{x^n}{n!} + \cdots$$

■

7.9. Palabras clave

Aproximación lineal	Máximos
Concavidad	Mínimos
Convexidad	Polinomio de Taylor
Crecimiento	Problemas de optimización
Decrecimiento	Punto crítico
Derivada sucesiva	Punto estacionario
Diferencial	Punto de inflexión
Extremos absolutos	Regla de L'Hôpital
Extremos relativos	Representación gráfica de funciones
Fórmula de McLaurin	Resto de Cauchy
Indeterminaciones	Resto de Lagrange

7.10. AUTOEVALUACIÓN

1. Al aplicar la regla de L'Hôpital el límite $\lim\limits_{x\to\infty} \dfrac{e^x}{x^2}$ vale
   a) 0.
   b) 1.
   c) ∞.
2. La derivada primera de una función permite conocer
   a) Los intervalos de crecimiento de $f(x)$.
   b) Los intervalos de concavidad de $f(x)$.
   c) Solo los puntos críticos de $f(x)$.
3. Se dice que $f(x)$ tiene un punto de inflexión en x_0 si
   a) $f''(x_0) = 0$ y $f'''(x_0) \neq 0$.
   b) $f''(x_0) = 0$ y $f'''(x_0) = 0$.
   c) Es suficiente con que $f'(x) = 0$.
4. La función $f(x) = 2x^3 - 12x^2 + 4$ tiene un punto de inflexión en
   a) En $x = 0$.
   b) En $x = 2$.
   c) En $x = 4$.
5. La recta tangente a $f(x) = 2x^3 - 12x^2 + 4$ en el punto de inflexión es
   a) $y = -24x + 20$.
   b) $y = -60x + 4$.
   c) No existe la tangente en un punto de inflexión.
6. La función $f(x) = \dfrac{-3x}{x-4}$ es creciente
   a) En todo su dominio.
   b) En $x > 4$.
   c) En todo $\mathbb{R}$.
7. El rectángulo de perímetro 20 que tiene área máxima viene dado por

a) $x = 10$ y $y = 10$.
b) $x = 15$ y $y = 5$.
c) $x = 5$ y $y = 15$.

8. Si $f(x)$ tiene un punto de inflexión en x_0 se puede afirmar

   a) Que $f(x)$ es creciente en un entorno de x_0.
   b) Que $f(x)$ es decreciente en un entorno de x_0.
   c) No se puede concluir nada sobre su crecimiento.

9. Los extremos de $f(x) = x^3 - 3x - 1$ se alcanzan en

   a) $x = 1$ y $x = -1$.
   b) $x = 1$.
   c) $x = 0$, $x = 1$ y $x = -1$.

10. La función $f(x) = x^3 - 6x^2 + 11x - 6$ es cóncava en el intervalo

   a) $(2, +\infty)$.
   b) $(-\infty, 2)$.
   c) $(-2, 2)$.

7.11. Problemas

1. Hallar:

   a) El polinomio de Taylor de tercer grado de $f(x) = xe^x$ en $x = 1$
   b) Obtener el desarrollo de McLaurin de $f(x) = \dfrac{1}{1-x}$

2. Obtener el desarrollo en serie de $f(x) = \cos x$ en un entorno de $x = 0$

3. Hallar los máximos y mínimos relativos de las funciones:

   a) $y = x^4 - 4x^3 - 2x^2 + 12x - 7$
   b) $y = x^4(1-x)^3$

4. Las nevadas de principios de marzo han hecho que el nivel de nieve (altura en cm.) siguiera la siguiente función

$$N(t) = -2t^2 + 48t + 360$$

   dónde t son los días transcurridos desde que comenzó a nevar.

a) ¿En qué momento la altura de nieve es mayor y que altura alcanza?

b) ¿A partir de qué momento la altura empieza a decrecer? ¿En qué momento la nieve desaparece?

5. Dada la función $f(x) = x^5 - 80x^2 + 3x$ hallar la ecuación de la recta tangente que pasa por el punto de inflexión.

6. La gráfica de velocidad de un autobús en los 6 minutos previos a un accidente quedó recogida en el tacómetro, y se ajusta bastante bien a la siguiente función,

$$V(t) = 24t - 15t^2 + 2t^3 + 100,\ 0 \leq t \leq 6$$

a) Especifique los intervalos de tiempo en que la velocidad aumentó y aquéllos en que disminuyó.

b) Dibuje la gráfica de la función, especificando, si los hay, los puntos de inflexión. ¿En qué momentos se alcanza la mayor y menor velocidad?

7. Dada $f(x) = x^3 - 6x^2 + 11x - 6$, determinar los intervalos de concavidad y convexidad.

8. Se considera la función

$$f(x) = -\frac{3x}{x-4}$$

a) Razone cuál es el dominio de definición de $f(x)$.

b) Determine los intervalos de crecimiento y de decrecimiento de $f(x)$.

c) Determine los intervalos de concavidad y convexidad de $f(x)$.

d) Dibuje la gráfica de la función

9. De una función f se conoce que la gráfica de su derivada es la parábola con vértice $(1, 1)$. Además se sabe que pasa por los puntos $(0, 0)$ y $(2, 0)$. Sin realizar cálculos, halle razonadamente:

a) Los intervalos de crecimiento y decrecimiento de f.

b) Los intervalos de concavidad y convexidad de f.

c) Extremos relativos y los puntos de inflexión de f.

10. Raúl y Diana quieren fabricarse su propio cuaderno de apuntes de matemáticas con forma rectangular, y quieren minimizar el gasto en papel. Sabiendo que los márgenes laterales son de 1 cm cada uno y el superior e inferior de 1,5 cm cada uno y que el espacio para tomar apuntes ha de ocupar $96\,cm^2$, hallar las dimensiones del cuaderno.

Capítulo 8

La integral

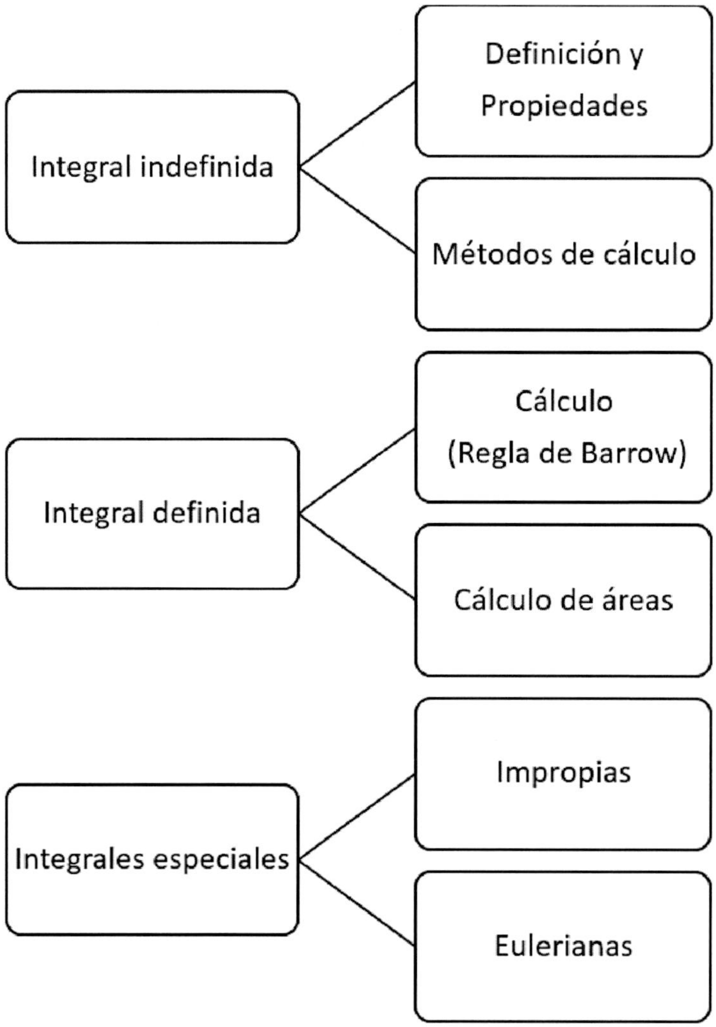

Objetivos

- Relacionar y asimilar la relación entre integral y derivada.
- Aprender el concepto de integral como resultado de suma de Riemann.
- Realizar las operaciones de integración inmediata.
- Conocer los distintos métodos de integración.
- Calcular áreas de regiones delimitadas por funciones.
- Integrales impropias.
- Integrales Eulerianas.

8.1. Introducción

La geometría básica permite hallar las áreas de regiones planas, básicamente el proceso que se sigue es que a partir de la definición del área del rectángulo se deducen fórmulas para las áreas de las diversas regiones estudiadas: triángulos, polígonos y otras regiones relacionadas con ellas.

Hallar el área de otras regiones es algo más complejo, los griegos desarrollaron el Método de Exhaución, mediante el cual fueron capaces de encontrar fórmulas para el área de regiones limitadas por funciones cónicas. El método de Exhaución consiste en ir aproximando el valor del área de una región que se encuentra entre los valores de una serie de polígonos, unos inscritos y otros circunscritos a la mencionada región. Arquímedes utilizó este método para medir la longitud de la circunferencia, obteniendo aproximaciones bastante precisas de π , y también lo utilizó para obtener fórmulas del área de elipses, del área de una región limitada por un arco de parábola, etc...

El concepto de límite, al igual que ocurre en el caso de la derivación, va a desempeñar un papel fundamental en el estudio y resolución del problema del área.

Para llegar a calcular el área se necesitan conocer las técnicas de integración, relacionadas muy directamente con las ya estudiadas de derivación. Así si a la operación diferencia se la conoce como la opuesta de la operación suma, al procedimiento de la división como la inversa de la multiplicación, a la integración se la conoce también como el proceso inverso de la derivación, de hecho en algunos textos a la integración se la denomina antiderivación.

8.2. Integral indefinida

La idea del proceso de integración, relacionado directamente con la derivación, es encontrar una función F cuya derivada sea una función f conocida.

Ejemplo 8.1. Hallar una función que al ser derivada el resultado sea la función $f(x) = 5x^4$.

Con el conocimiento adquirido en el proceso de derivación es fácil darse cuenta que la función buscada $F(x)$, podría ser algo del tipo

$$F(x) = x^5$$

pues efectivamente al hacer la derivada de la función F se tiene que

$$F'(x) = 5x^4 = f(x)$$

■

8.2.1. La primitiva

Se dice que $F(x)$ es una **primitiva** o una **antiderivada** de la función $f(x)$ si se cumple que para cada x perteneciente al dominio de $f(x)$

$$F'(x) = f(x)$$

Como es evidente, una manera sencilla de comprobar que una función F es primitiva de una función f, es derivar la función F, de forma que el resultado obtenido sea la función f.

Ejemplo 8.2. Verificar que $F(x) = \frac{1}{4}x^4 + 3x + 1$ es una primitiva de la función $f(x) = x^3 + 3$

Efectivamente, si se procede a derivar la función F se obtiene la función f:

$$F'(x) = x^3 + 3 = f(x)$$

■

Nótese que en todo momento se está diciendo una primitiva, y no la primitiva, ello es debido a que una función dada puede tener más de una primitiva.

En general una función f puede tener varias primitivas, de hecho si F es una primitiva de la función f, también lo será cualquier función construida a partir de la función F más una constante real de la forma:

$$G(x) = F(x) + C$$

pues derivando se obtiene:

$$G'(x) = F'(x) + 0 = f(x)$$

Figura 8.1: Familia de primitivas

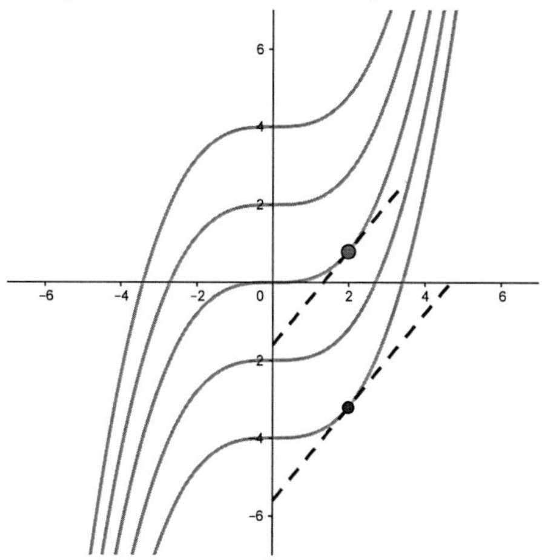

$$G(x) = F(x) + C$$

Esto da lugar a la **Propiedad Fundamental de las Primitivas**, por la cual si $F(x)$ es una primitiva de la función continua $f(x)$, entonces cualquier otra primitiva de $f(x)$ es de la forma $G(x) = F(x) + C$, $C \in \mathbb{R}$.

Geométricamente hablando que dos funciones F y G sean primitivas de la función f, implica que la pendiente de la recta tangente a la gráfica de la función F en el punto $(x, F(x))$ es la misma que la pendiente de la recta tangente a la gráfica de la función G en el punto $(x, G(x))$, pero que dos pendientes sean iguales implica que las rectas tangentes son paralelas, lo cual a su vez implica que entonces las dos gráficas de las funciones primitivas son paralelas.

Así, se puede afirmar que el conjunto de todas las primitivas de una función f dada, es una familia de curvas paralelas, ver la figura 8.1.

Se denomina **integral indefinida** de $f(x)$ a la familia de todas las primitivas de la función f y se representa como:

$$\int f(x)dx = F(x) + C$$

Y el nombre de indefinida proviene precisamente de la constante C que puede tomar cualquier valor y por tanto no está definida.

Dentro de la expresión $\int f(x)dx = F(x) + C$ a «$\int$» se le denomina **signo integral**, a $f(x)$ se le denomina **integrando**, a dx se le denomina **diferencial de integración** en el sentido que indica que x es la **variable de integración** y C es la **constante de integración**.

Ejemplo 8.3. Sean las funciones $F(x) = x^4+2x^2+4$ y $G(x) = x^4+2x^2+2$. Comprobar si son primitivas de la misma función.

Se halla la derivada de F y se tiene:

$$F'(x) = 4x^3 + 4x$$

Se halla la derivada de G y se tiene:

$$G'(x) = 4x^3 + 4x$$

y como $F'(x) = G'(x) = f(x)$ se tiene que ambas funciones F y G pertenecen a la familia de las primitivas de la función f.

■

8.2.2. Reglas de integración inmediatas

Conocidas las derivadas de ciertas funciones tal y como se expuso en el capítulo de derivación es inmediato obtener a partir de esas funciones derivadas la familia de primitivas correspondiente.

8.2.2.1. Regla de la función identidad

Sea la función identidad, $f(x) = x$, cuya derivada es $f'(x) = 1$, entonces se tiene:

$$\int 1 \cdot dx = x + C$$

8.2.2.2. Regla simple de las potencias

Sea la función $f(x) = x^n$, cuya derivada es $f'(x) = nx^{n-1}$, entonces se tiene:

$$\int x^n dx = \frac{x^{n+1}}{n+1} + C, \text{ si } n \neq -1$$

8.2.2.3. Regla del logaritmo neperiano

Sea la función $f(x) = \ln x$, cuya derivada es $f'(x) = \dfrac{1}{x}$, entonces se tiene:

$$\int \frac{1}{x} dx = \ln |x| + C$$

8.2.2.4. Regla de la función exponencial

Sea la función $f(x) = e^x$, cuya derivada es $f'(x) = e^x$, entonces se tiene:

$$\int e^x dx = e^x + C$$

Sea la función $f(x) = a^x$, cuya derivada es $f'(x) = a^x \ln a$, entonces se tiene:

$$\int a^x dx = \frac{a^x}{\ln a} + C$$

8.2.2.5. Regla de las funciones trigonométricas

Sea la función $f(x) = \operatorname{sen} x$, cuya derivada es $f'(x) = \cos x$, entonces se tiene

$$\int \cos x dx = \operatorname{sen} x + C$$

Sea la función $f(x) = \cos x$, cuya derivada es $f'(x) = -\operatorname{sen} x$, entonces se tiene

$$\int \operatorname{sen} x dx = -\cos x + C$$

Sea la función $f(x) = \tan x$, cuya derivada es $f'(x) = 1+\tan^2 x = \dfrac{1}{\cos^2 x} = \sec^2 x$, entonces se tiene

$$\int \frac{1}{\cos^2 x} dx = \int 1 + \tan^2 x dx = \int \sec^2 x dx = \tan x + C$$

Sea la función $f(x) = \cot x$, cuya derivada es $f'(x) = -1-\cot^2 x = \dfrac{-1}{\operatorname{sen}^2 x} = -\csc^2 x$, entonces se tiene

$$\int \frac{1}{\operatorname{sen}^2 x} dx = \int 1 + \cot^2 x dx = \int \csc^2 x dx = -\cot x + C$$

Sea la función $f(x) = \sec x$, cuya derivada es $f'(x) = \tan x \sec x$, entonces se tiene

$$\int \tan x \sec x dx = \sec x + C$$

Sea la función $f(x) = \csc x$, cuya derivada es $f'(x) = -\cot x \csc x$, entonces se tiene

$$\int -\cot x \csc x dx = \csc x + C$$

8.2.2.6. Regla de las funciones trigonométricas inversas

Sea la función $f(x) = \operatorname{arc\,sen} x$, cuya derivada es $f'(x) = \dfrac{1}{\sqrt{1-x^2}}$, entonces se tiene

$$\int \frac{1}{\sqrt{1-x^2}} dx = \operatorname{arc\,sen} x + C$$

Sea la función $f(x) = \arccos x$, cuya derivada es $f'(x) = \dfrac{-1}{\sqrt{1-x^2}}$, entonces se tiene

$$\int \frac{-1}{\sqrt{1-x^2}}dx = \arccos x + C$$

Sea la función $f(x) = \arctan x$, cuya derivada es $f'(x) = \dfrac{1}{1+x^2}$, entonces se tiene

$$\int \frac{1}{1+x^2}dx = \arctan x + C$$

8.2.3. Reglas algebraicas de integración

Dada la relacion existente entre derivación e integración, a partir de las reglas algebraicas de derivación se obtienen las reglas algebraicas de integración

8.2.3.1. Regla de producto por un escalar

Sea la función $f(x) = c \cdot g(x)$, cuya derivada es $f'(x) = c \cdot g'(x)$, entonces se tiene

$$\int f(x)\,dx = \int c \cdot g(x)\,dx = c\int g(x)\,dx, \quad c \in \mathbb{R}$$

8.2.3.2. Regla de la suma y de la diferencia

Sea la función $f(x) = g(x) \pm h(x)$, cuya derivada es

$$f'(x) = (g(x) \pm h(x))' = g'(x) \pm h'(x)$$

entonces se tiene:

$$\int f(x)\,dx = \int (g(x) \pm h(x))\,dx = \int g(x)\,dx \pm \int h(x)\,dx$$

8.2.4. Reglas de integración para funciones compuestas

Conocidas las derivadas de las funciones compuestas tal y como se expuso en el capítulo de derivación es inmediato obtener a partir de esas funciones compuestas derivadas la familia de primitivas correspondiente. Se enumeran algunas de ellas a continuación:

- $\int f'(x)\,[f\,(x)]^n\,dx = \dfrac{[f\,(x)]^{n+1}}{n+1} + C,$ si $n \neq -1$
- $\int \dfrac{f'\,(x)}{f\,(x)} dx = \ln|f\,(x)| + C$
- $\int f'\,(x)\,e^{f(x)}dx = e^{f(x)} + C$
- $\int f'\,(x)\,a^{f(x)}dx = \dfrac{a^{f(x)}}{\ln a} + C$
- $\int f'\,(x)\;\operatorname{sen}\,f\,(x)\,dx = -\cos f\,(x) + C$
- $\int f'\,(x)\;\cos f\,(x)\,dx = \operatorname{sen}\,f\,(x) + C$
- $\int \dfrac{f'\,(x)}{\cos^2 f\,(x)} dx = \tan f\,(x) + C$
- $\int \dfrac{f'\,(x)}{\operatorname{sen}^2 f\,(x)} dx = -\cot f\,(x) + C$
- $\int \dfrac{f'\,(x)}{1 + [f(x)]^2} dx = \arctan f\,(x) + C$
- $\int \dfrac{f'\,(x)}{\sqrt{1 - [f(x)]^2}} dx = \operatorname{arc\,sen} f\,(x) + C$

Es importante remarcar que funciones elementales sencillas no siempre tienen una primitiva.

Ejemplo 8.4. Calcular las siguientes integrales

1. $I = \int 8dx$ Se trata de una integral del tipo

$$\int kdx = kx + C$$

luego se calcula como

$$I = \int 8dx = 8x + C$$

2. $\int 6xdx$ La integral a calcular es de la forma

$$\int x^n dx = \frac{x^{n+1}}{n+1} + C, \text{ si } n \neq -1$$

luego se tiene:

$$\int 10x dx = \frac{10x^2}{2} + C = 5x^2 + C$$

3. $I = \int 10x\,(5x^2+3)^2 dx$ La integral a calcular es de la forma

$$\int f'(x)\,[f(x)]^n\,dx = \frac{[f(x)]^{n+1}}{n+1} + C, \text{si } n \neq -1$$

Sea $f(x) = 5x^2 + 3$, luego $f'(x) = 10x$ y $n = 2$. Por tanto

$$\int 10x\,(5x^2+3)^2 dx = \frac{(5x^2+3)^3}{3} + C$$

4. $I = \int \frac{10}{x} dx$ La integral a calcular es de la forma

$$\int \frac{1}{x} dx = \ln|x| + C$$

luego se tiene:

$$\int \frac{10}{x} dx = 10 \int \frac{1}{x} dx = 10 \ln|x| + C$$

5. $I = \int \frac{2x}{x^2+4} dx$ La integral a calcular es de la forma

$$\int \frac{f'(x)}{f(x)} dx = \ln|f(x)| + C$$

Sea $f(x) = x^2 + 4$, luego $f'(x) = 2x$, por tanto:

$$\int \frac{2x}{x^2+4} dx = \ln\left|x^2+4\right| + C$$

6. $I = \int 5e^x dx$ La integral a calcular es de la forma

$$\int e^x dx = e^x + C$$

por tanto

$$I = \int 5e^x dx = 5 \int e^x dx = 5e^x + C$$

7. Calcular la siguiente integral

$$I = \int 3x^2 \operatorname{sen}(x^3)dx$$

La integral a calcular es de la forma

$$\int f'(x) \operatorname{sen} f(x)dx = -\cos f(x) + C$$

con $f(x) = x^3$y $f'(x) = 3x^2$ luego

$$I = \int 3x^2 \operatorname{sen}\left(x^3\right) dx = -\cos\left(x^3\right) + C$$

■

Ejemplo 8.5. Hallar las siguiente integrales

a) $\int \tan x dx$

Como es conocido $\tan x = \dfrac{\operatorname{sen} x}{\cos x}$, por tanto se tiene

$$\int \tan x dx = \int \frac{\operatorname{sen} x}{\cos x} dx$$

y como se sabe que la derivada de $\cos x$ es $-\operatorname{sen} x$, y por la regla de integración de la función compuesta del logaritmo que es

$$\int \frac{f'(x)}{f(x)} dx = \ln |f(x)| + C$$

se tiene que

$$\int \tan x dx = \int \frac{\operatorname{sen} x}{\cos x} dx = -\int \frac{-\operatorname{sen} x}{\cos x} dx = -\ln|\cos x| + C$$

b) $\int \cot x dx$

Análogamente al caso anterior como es conocido que $\cot x = \dfrac{\cos x}{\operatorname{sen} x}$, se tiene

$$\int \cot x dx = \int \frac{\cos x}{\operatorname{sen} x} dx$$

y como se sabe que la derivada de $\operatorname{sen} x$ es $\cos x$, aplicando la regla de integración de la función compuesta del logaritmo se tiene que

$$\int \cot x dx = \int \frac{\cos x}{\operatorname{sen} x} dx = \ln|\operatorname{sen} x| + C$$

■

8.3. Métodos de Integración

8.3.1. Integración por sustitución

El método de integración por sustitución o cambio de variable es el que se utilizará cuando se encuentre un integrando que sea el resultado de la aplicación de la regla de la cadena.

En efecto si se tiene una integral como la siguiente

$$\int f(x)dx = \int g(u(x))u'(x)dx$$

entonces si se supone que G es una primitiva de g de forma que $G' = g$, de acuerdo a la regla de la cadena se tiene que

$$G(u(x))' = G'(u(x))u'(x) = g(u(x))u'(x)$$

luego se puede escribir

$$\int f(x)dx = \int g(u(x))u'(x)dx = G(u(x)) + C$$

Una vez comprobado esto, la idea de la integración por sustitución es por tanto encontrar el cambio de variable

$$\begin{aligned} u &= u(x) \\ du &= u'(x)dx \end{aligned}$$

de forma que la integral original se simplifique y se convierta en una integral casi inmediata

$$\int f(x)dx = \int g(u(x))u'(x)dx = \int g(u)du = G(u) + C$$

y deshaciendo el cambio se obtenga el resultado buscado

$$G(u) + C = G(u(x)) + C$$

8.3.2. Método para realizar la integración por sustitución

i) Escoger una sustitución $u = u(x)$ que simplifique el integrando $f(x)$

ii) Hallar $du = u'(x)dx$

iii) Escribir la integral en términos de u y du. No deben quedar x ni dx en la nueva integral

iv) Calcular la integral obtenida en el paso iii)

v) Deshacer el cambio, sustituyendo u por $u(x)$ en la primitiva $G(u)$

Ejemplo 8.6. Hallar la integral $\int (x+5)^5 dx$

Una posible solución para resolver la integral es desarrollar el integrando mediante el binomio de Newton y luego proceder a integrar término a término, pero el procedimiento resulta tedioso. Si se intenta resolver por el método de sustitución quedaría de la siguiente forma

i) Escoger una sustitución $u = u(x)$ que simplifique el integrando $f(x)$. En este caso sea $u = x + 5$

ii) Hallar $du = u'(x)dx$, luego se tiene $du = 1 \cdot dx = dx$,

iii) Escribir la integral en términos de u y du

$$\int (x+5)^5 dx = \int u^5 du$$

iv) Calcular la integral obtenida en el paso iii), por tanto y dado que se tiene un integrando en forma de potencia, basta con aplicar la regla simple de las potencias $\int x^n dx = \dfrac{x^{n+1}}{n+1} + C$, si $n \neq -1$ y queda

$$\int u^5 du = \frac{u^6}{6} + C$$

v) Deshacer el cambio, sustituyendo u por $u(x)$ en la primitiva $G(u)$ y se tiene

$$\int (x+5)^5 dx = \int u^5 du = \frac{u^6}{6} + C = \frac{(x+5)^6}{6} + C$$

Y de esta forma se ha calculado la integral solicitada.

Se comprueba si el procedimiento realizado es correcto derivando el resultado obtenido y comprobando que coincide con el integrando:

$$G'(x) = \left(\frac{(x+5)^6}{6} + C\right) = \left(\frac{6(x+5)^5}{6} + 0\right) = (x+5)^5$$

■

El método de sustitución da muy buenos resultados cuando la integral lo permite, pero hay determinados casos que no pueden resolverse por este método.

Lo importante es el paso i), es decir elegir un cambio de variable que verdaderamente simplifique el integrando, para ello se elige en la medida de lo posible a u cuya derivada $u'(x)$ esté ya en el integrando, de forma que se pueda integrar directamente la nueva expresión. Suele dar buenos resultados elegir u como el denominador de una fracción, el exponente de una función exponenecial o la expresión dentro de un radical.

Es importante no sustituir más de la cuenta, por ejemplo en el caso anterior se utilizó el cambio $u = x+5$, si se hubiera realizado el cambio $u = (x+5)^5$, entonces se habría obtenido $du = 5(x+5)^4dx$ con lo que la integral original se habría complicado.

Ejemplo 8.7. Hallar la integral

$$\int \frac{x}{x+1}dx$$

Como se ha indicado si hay una fracción se intenta elegir como u el denominador, luego se tiene:

i) $u = x + 1$

ii) $du = 1 \cdot dx = dx$

iii) Para que no queden x ni dx en la nueva integral, se sustituye también $x = u - 1$ y por tanto

$$\int \frac{x}{x+1}dx = \int \frac{u-1}{u}du = \int \left(1 - \frac{1}{u}\right) du$$

iv) Se tiene la integral de una diferencia que es la diferencia de las integrales, y estas son inmediatas

$$\int \left(1 - \frac{1}{u}\right) du = \int 1du - \int \left(\frac{1}{u}\right) du = u - \ln|u| + C$$

v) Y deshaciendo el cambio, se tiene

$$\int \left(1 - \frac{1}{u}\right) du = u - \ln|u| + C = (x+1) - \ln|x+1| + C$$

Y si se quiere comprobar

$$G'(x) = ((x+1) - \ln|x+1| + C)'$$

$$G'(x) = \left(1 - \frac{1}{x+1}\right) = \frac{x}{x+1}$$

■

Ejemplo 8.8. Hallar la integral $\int x^2 e^{(x^3-3)} dx$

Como se ha indicado si hay una función exponencial se intenta elegir como u el exponente, luego se tiene:

i) $u = x^3 - 3$

ii) $du = 3x^2 dx$

iii) Como el 3 no forma parte del integrando se multiplica y divide por 3 y sustituyendo

$$\int x^2 e^{(x^3-3)} dx = \frac{1}{3}\int e^{(x^3-3)} 3x^2 dx = \frac{1}{3}\int e^u du$$

iv) Se tiene la integral de una exponencial que es inmediata

$$\frac{1}{3}\int e^u du = \frac{1}{3}e^u + C$$

v) Y deshaciendo el cambio, se tiene

$$\frac{1}{3}e^u + C = \frac{1}{3}e^{(x^3-3)} + C$$

Y si se quiere comprobar

$$G'(x) = \left(\frac{1}{3}e^{(x^3-3)} + C\right)' = \frac{1}{3}e^{(x^3-3)} 3x^2 = x^2 e^{(x^3-3)}$$

■

Ejemplo 8.9. Hallar la integral $\int \sqrt{3x+5}dx$

Como se ha indicado si hay un radicando se intenta elegir como u la expresión que hay dentro del mismo:

i) $u = 3x + 5$

ii) $du = 3dx$

iii) Como el 3 no forma parte del integrando se multiplica y divide por 3 y sustituyendo

$$\int \sqrt{3x+5}dx = \frac{1}{3}\int \sqrt{3x+5}\cdot 3dx = \frac{1}{3}\int \sqrt{u}du$$

iv) Se tiene la integral de una potencia que aplicando la regla simple de las potencias es inmediata

$$\frac{1}{3}\int \sqrt{u}du = \frac{1}{3}\int u^{1/2}du = \frac{1}{3}\frac{u^{3/2}}{3/2} + C = \frac{2}{9}u^{3/2} + C$$

v) Y deshaciendo el cambio, se tiene

$$\frac{2}{9}u^{3/2} + C = \frac{2}{9}\sqrt{u^3} + C = \frac{2}{9}\sqrt{(3x+5)^3} + C$$

Si se quiere comprobar:

$$G'(x) = \left(\frac{2}{9}\sqrt{(3x+5)^3} + C\right)' = \left(\frac{2}{9}(3x+5)^{3/2} + C\right)' =$$

$$= \frac{2}{9}\frac{3}{2}(3x+5)^{1/2}3 = (3x+5)^{1/2}$$

■

8.3.3. Integración por partes

El método de sustitución se expuso en su momento que era el idóneo para integrar un integrando resultante de la aplicción de la regla de la cadena, si el integrando es el resultante de la derivación del producto, entonces el método idóneo es el de integración por partes.

Efectivamente sean $u = u(x)$ y $v = v(x)$, la derivación del producto es:

$$(uv)' = u'v + uv'$$

De esta expresión e integrando a ambos lados se tiene que

$$uv = \int (uv)'dx = \int (u'v + uv')dx =$$

$$= \int vu'dx + \int uv'dx = \int vdu + \int udv$$

y, por lo tanto

$$uv = \int vdu + \int udv$$

de donde

$$\int udv = uv - \int vdu$$

Esta última igualdad es conocida como la **fórmula de integración por partes**. El nombre viene de que para integrar el producto uv, se integra "por partes", una parte respecto a u y otra respecto a v.

8.3.4. Método para realizar la integración por partes

i) Escoger funciones u y v tales que $fdx = udv$

ii) Hallar $du = u'(x)dx$ y $v = \int dv$

iii) Sustituir en la fórmula de integración por partes

$$\int fdx = \int udv = uv - \int vdu$$

iv) Hallar $\int vdu$, bien por que sea inmediata, bien por el método de sustitución, bien aplicando el método por partes de nuevo.

v) Obtener el resultado final sustituyendo lo obtenido en el paso iv) en la fórmula del paso iii)

Para decidir cual va a ser la parte $u(x)$ y cual es la parte dv, y no liarse con cuál es cuál se va a seguir la regla LIATE (Larson, 2010a), de forma que se asigna a $u(x)$ la función siguiendo el orden de la palabra, donde cada letra significa:

L: funciones Logarítmicas.

I: funciones trigonométricas Inversas.

A: funciones Algebraicas (polinomios).

T: funciones Trigonométricas.

E: funciones Exponenciales.

Ejemplo 8.10. Hallar la integral $\int x^3 \ln 2x dx$

Tal y como se expone en el método de integración por partes hay que elegir u y v tales que $f dx = u dv$ y para elegir u se seguira la regla LIATE, luego se tiene

i) Escoger funciones u y v tales que $f dx = u dv$, entonces se toma

$$u = \ln 2x \quad dv = x^3 dx$$

ii) Hallar $du = u'(x)dx$ y $v = \int dv$, y se tiene

$$du = \frac{2}{2x}dx = \frac{1}{x}dx \quad v = \int x^3 dx = \frac{x^4}{4}$$

iii) Sustituir en la fórmula de integración por partes:

$$\int f dx = \int u dv = uv - \int v du$$

$$\int x^3 \ln 2x dx = \ln 2x \cdot \frac{x^4}{4} - \int \frac{x^4}{4}\frac{1}{x}dx$$

iv) Hallar $\int v du$

$$\int \frac{x^4}{4}\frac{1}{x}dx = \int \frac{x^3}{4}dx = \frac{1}{4}\frac{x^4}{4} = \frac{x^4}{16}$$

v) Obtener el resultado final sustituyendo lo obtenido en el paso iv) en la fórmula del paso iii)

$$\int x^3 \ln 2x dx = \ln 2x \cdot \frac{x^4}{4} - \int \frac{x^4}{4}\frac{1}{x}dx = \ln 2x \cdot \frac{x^4}{4} - \frac{x^4}{16} + C$$

Y simplificando se tiene finalmente

$$\int x^3 \ln 2x dx = \frac{x^4}{4}(\ln 2x - \frac{1}{4}) + C$$

■

Ejemplo 8.11. Hallar la integral $\int x \operatorname{sen} x dx$

i) Se elige

$$u = x \quad dv = \operatorname{sen} x dx$$

ii) Se hallan du y v y se tiene

$$du = dx \quad v = \int \operatorname{sen} x dx = -\cos x$$

iii) Se sustituye en la fórmula

$$\int x \operatorname{sen} x dx = -x \cos x + \int \cos x dx$$

iv) Hallar $\int v du$, que en este caso es inmediata, luego

$$\int \cos x dx = \operatorname{sen} x$$

v) Obtener el resultado final sustituyendo lo obtenido en el paso iv) en la fórmula del paso iii)

$$\int x \operatorname{sen} x dx = -x \cos x + \int \cos x dx = -x \cos x + \operatorname{sen} x + C$$

■

En algunos casos habrá que utilizar el método de integración por partes 2 o más veces.

Ejemplo 8.12. Hallar la integral $\int x^2 e^{2x} dx$

Siguiendo la regla LIATE,

i) Se elige

$$u = x^2 \quad dv = e^{2x} dx$$

ii) Y se hallan du derivando y v integrando por sustitución y se tiene

$$du = 2x dx \quad v = \int e^{2x} dx = \frac{e^{2x}}{2}$$

iii) Se sustituye en la fórmula

$$\int x^2 e^{2x} dx = x^2 \cdot \frac{e^{2x}}{2} - \int \frac{e^{2x}}{2} 2x dx = x^2 \cdot \frac{e^{2x}}{2} - \int x e^{2x} dx$$

iv) Hallar $\int v du = \int x e^{2x} dx$, que en este caso debe volverse a hallar mediante integración por partes, luego

a) Se elige

$$u = x \quad dv = e^{2x}dx$$

b) Y se hallan du y v y se tiene

$$du = dx \quad v = \int e^{2x}dx = \frac{e^{2x}}{2}$$

c) Se sustituye en la fórmula

$$\int xe^{2x}dx = x \cdot \frac{e^{2x}}{2} - \int \frac{e^{2x}}{2}dx$$

d) Se halla $\int vdu$, que ahora es inmediata

$$\int \frac{e^{2x}}{2}dx = \frac{e^{2x}}{4}$$

e) Y se obtiene el resultado de la integral

$$\int xe^{2x}dx = x \cdot \frac{e^{2x}}{2} - \frac{e^{2x}}{4} = \frac{e^{2x}}{2}\left(x - \frac{1}{2}\right)$$

v) Obtener el resultado final sustituyendo lo obtenido en el paso iv) en la fórmula del paso iii)

$$\int x^2e^{2x}dx = x^2 \cdot \frac{e^{2x}}{2} - \int \frac{e^{2x}}{2}2xdx =$$

$$= x^2 \cdot \frac{e^{2x}}{2} - \frac{e^{2x}}{2}\left(x - \frac{1}{2}\right) = \frac{e^{2x}}{2}\left(x^2 - x + \frac{1}{2}\right) + C$$

■

8.3.5. Integración de funciones racionales

Cualquier función racional se puede descomponer en fracciones simples, tal y como se mostró en los primeros capítulos, y esto hace que la integral de una función racional se pueda descomponer en integrales de esas fracciones.

Las funciones racionales son de la forma $\dfrac{P(x)}{Q(x)}$, donde $P(x)$ y $Q(x)$ son polinomios.

Para calcular integrales de expresiones de la forma $\int \dfrac{P(x)}{Q(x)}dx$ siendo P y Q polinomios en x, se realiza de la siguiente forma:

- Si grado$(P) \geq$ grado(Q), se realiza el cociente para obtener

$$\frac{P(x)}{Q(x)} = C(x) + \frac{R(x)}{Q(x)}$$

donde $C(x)$ es un polinomio (de integración inmediata) y grado$(R(x)) <$ grado$(Q(x))$

- Si grado$(P) <$ grado(Q), se realiza la descomposición en suma de fracciones simples, tal y como se vio al estudiar los polinomios.

A continuación se procede a integrar las fracciones simples a las que se ha reducido la integral. Estas pueden tener las siguientes formas:

i) $\int \frac{A}{x-a}dx = A\int \frac{1}{x-a}dx = A\ln|x-a| + C$

Ejemplo 8.13. Calcular la siguiente integral

$$\int \frac{2}{x^2-4}dx$$

La integral se puede escribir como

$$\int \frac{2}{x^2-4}dx = \int \frac{2}{(x+2)(x-2)}dx =$$

$$= \int \frac{A}{x-2} + \frac{B}{x+2}dx$$

Igualando los numeradores en

$$\frac{2}{(x+2)(x-2)} = \frac{A}{x-2} + \frac{B}{x+2}$$

$$A(x+2) + B(x-2) = 2$$

Y ahora igualando los coeficientes de los polinomios se obtiene el sistema

$$\left\{ \begin{array}{r} A+B=0 \\ 2A-2B=2 \end{array} \right.$$

Cuyas soluciones son

$$A = \frac{1}{2},\ B = -\frac{1}{2}$$

Por tanto
$$\int \frac{2}{x^2-4}dx = \int \frac{1/2}{x-2} + \frac{-1/2}{x+2}dx =$$

$$= \frac{1}{2}\ln|x-2| - \frac{1}{2}\ln|x+2| =$$

$$= \frac{1}{2}\ln\left|\frac{x-2}{x+2}\right| + k$$

■

ii) $\int \frac{B}{(x-a)^n}dx = B\int (x-a)^{-n}\,dx = B\frac{(x-a)^{-n+1}}{-n+1} + C =$

$= -\frac{B}{n-1}\frac{1}{(x-a)^{n-1}} + C$

Ejemplo 8.14. Calcular la siguiente integral
$$\int \frac{1}{x^3+2x^2+x}dx$$

La integral se puede escribir como
$$\int \frac{1}{x^3+2x^2+x}dx = \int \frac{1}{x(x+1)^2}dx =$$

$$= \int \frac{A}{x} + \frac{B}{x+1} + \frac{C}{(x+1)^2}dx$$

Igualando los numeradores en
$$\frac{1}{x(x+1)^2} = \frac{A}{x} + \frac{B}{x{+}1} + \frac{C}{(x+1)^2}$$

$$A(x+1)^2 + Bx\,(x+1) + Cx = 1$$
$$A(x^2+2x+1) + B\left(x^2+x\right) + Cx = 1$$

Y ahora igualando los coeficientes de los polinomios se obtiene el sistema
$$\begin{cases} A+B=0 \\ 2A+B+C=0 \\ A=1 \end{cases}$$

Cuyas soluciones son

$$A = 1,\ B = -1, C = -1$$

Por tanto

$$\int \frac{1}{x^3 + 2x^2 + x} dx == \int \frac{1}{x} - \frac{1}{x+1} - \frac{1}{(x+1)^2} dx =$$

$$= \int \frac{1}{x} dx - \int \frac{1}{x+1} dx - \int \frac{1}{(x+1)^2} dx =$$

$$= \ln |x| - \ln |x+1| - \frac{1}{x+1} + K = \ln \left| \frac{x}{x+1} \right| - \frac{1}{x+1} + K$$

■

iii) $\int \frac{Mx+N}{(x-a)^2 + b^2} dx = \frac{M}{2} \ln \left[(x-a)^2 + b^2 \right] + \frac{Ma+N}{b} \arctan \frac{x-a}{b} + C$

resultado que se obtiene fácilmente haciendo $x - a = bt$

Ejemplo 8.15. Calcular la siguiente integral

$$\int \frac{2}{x^2+4} dx$$

En este caso $a = 0$ y $b = 2$ es decir

$$\int \frac{2}{x^2+4} dx = \int \frac{2}{(x-0)^2 + 2^2} dx$$

Al hacer el cambio $x - a = bt$ estamos haciendo $x = 2t$ de modo que $dx = 2dt$ y sustituyendo en la integral tenenmos

$$I = \int \frac{2}{x^2+4} dx = \int \frac{4dt}{(2t)^2 + 2^2} = \int \frac{4dt}{4\,(t^2+1)}$$

$$I = \int \frac{dt}{t^2+1} = \arctan t + K$$

deshaciendo el cambio de variable nos queda

$$I = \arctan \left(\frac{x}{2} \right) + K$$

■

8.4. Integral definida

8.4.1. El área como suma

Como se ha indicado en la introducción el problema a resolver inicialmente es hallar el área de una región limitada por la curva de una gráfica, el eje OX y los límites de un intervalo dado $[a, b]$ tal y como se puede observar en la figura 8.2.

Figura 8.2: Área limitada por la curva

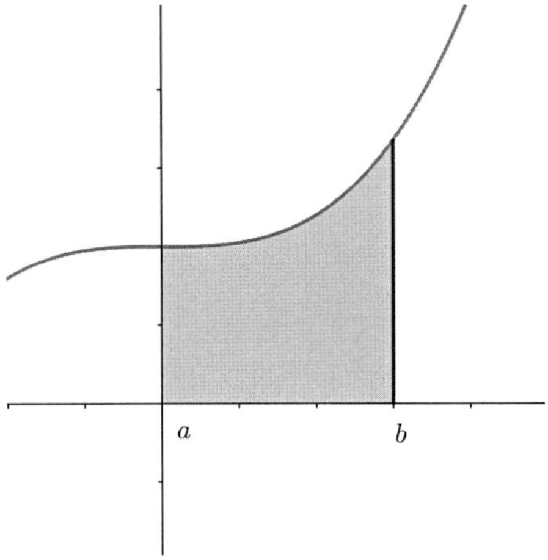

Sea por tanto f una función continua y no negativa en el intervalo $[a, b]$, y se desea calcular el área limitada por la gráfica de esa función, por el eje OX, es decir, $y = 0$, y por las rectas definidas por los límites del intervalo, es decir $x = a$ y $x = b$. Aplicando el método de exhaución se divide el intervalo $[a, b]$ en n partes iguales de amplitud $\Delta x = \dfrac{b-a}{n}$:

$$a = x_0 < x_1 < x_2 < \cdots < x_{n-1} < x_n = b, \; x_i - x_{i-1} = \Delta x$$

Una posible aproximación del valor del área buscada es la suma del área de los rectángulos que se forman con base Δx y altura el valor de la función evaluada en un punto de cada subintervalo, $f(x_i)$:

$$\text{Área} \simeq \sum_{i=1}^{n} f(x_i) \Delta x$$

La amplitud Δx será tanto más pequeña cuanto mayor sea el valor de n. Cada uno de lo subintervalos generados va a dar lugar a dos tipos de rectángulos, ambos con base Δx, y uno de ellos con el menor valor de $f(x_i)$ en el intervalo, denominados rectángulos inscritos y otro con el mayor valor de $f(x_i)$ en el intervalo, denominados rectángulos circunscritos. Ver figura 8.3.

Figura 8.3: Aproximación al área por rectángulos

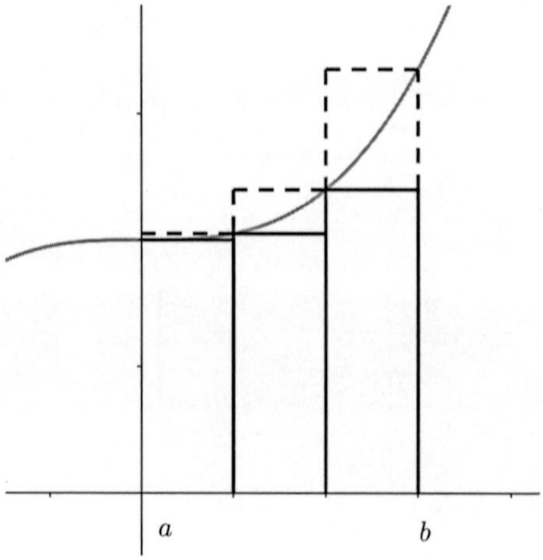

La suma de las áreas de los rectángulos inscritos se denomina suma inferior, s, y la de los rectángulos circunscritos, suma superior, S, con la particularidad de

$$s \leq \text{Área} \leq S$$

Siguiendo el método, se va dividiendo el intervalo $[a, b]$ en un número cada vez mayor de partes, de tal forma que cuando n tiende a ∞, es decir, cuando se divide el intervalo original en muchos subintervalos, entonces Δx tiende a 0, y por tanto se puede hallar con exactitud el área buscada. Se tiene así que

$$\text{Área} = \lim_{\Delta x \to 0} \sum_{i=1}^{n} f(x_i) \Delta x$$

y como la función es continua el límite siempre existe.

La aplicación del método de exhaución lleva de forma intuitiva al concepto de área como límite de sumas, que da lugar al concepto de integral en un intervalo. Y de ahí viene el símbolo de la integral, $\int$, que tiene forma de una S (de suma) alargada.

Hasta ahora se ha visto que la partición se hacía en subintervalos iguales, lo que se ha realizado por facilidad de cálculo, pero realmente esto no es necesario.

Sea f una función definida en $[a,b]$, y sea Δ una partición del intervalo dada por

$$a = x_0 < x_1 < x_2 < \cdots < x_{n-1} < x_n = b$$

donde cada Δx_i es la anchura del subintervalo $i - \textit{ésimo}$ y se elige un valor x_i en cada subintervalo, entonces se denomina **suma de Riemann** a

$$\sum_{i=1}^{n} f(x_i)\Delta x$$

Esta definición permite realizar no solo cálculos de áreas, sino también cálculos de volúmenes, longitudes de arco, etc...

8.4.2. La integral definida

Sea f una función definida en $[a,b]$, si existe el límite de la suma de Riemann sobre la partición Δ, entonces f es integrable en el intervalo y se define la **integral definida** entre a y b de la función f por

$$\int_a^b f(x)\,dx = \lim_{\Delta x \to 0} \sum_{i=1}^{n} f(x_i)\Delta x$$

Si la función es positiva, la integral coincide con el área. A los valores a y b se les denomina **límites de integración**. El resultado de hallar la integral definida es un valor numérico.

Ejemplo 8.16. Sea la función $f(x) = 5$, y se quiere hallar el valor de la integral de f en el intervalo $[2,4]$.

Se divide por ejemplo el intervalo en cuatro partes iguales,

$$\Delta x = \frac{b-a}{n} = 0,5$$

luego la longitud de cada subintervalo es 0,5 y entonces se tiene

$$\int_a^b f(x)\,dx = \int_2^4 5dx = \lim_{\Delta x \to 0} \sum_{i=1}^{n} f(x_i)\Delta x = \lim_{\Delta x \to 0} \sum_{i=1}^{4} 5 \cdot 0,5 = 10$$

■

8.4.3. Teorema Fundamental del Cálculo

Sea $f(x)$ una función continua definida en el intervalo $[a,b]$ y sea $F(x)$ una primitiva de $f(x)$, es decir, $F'(x) = f(x)$, entonces

$$\int_a^b f(x)\,dx = F(x)\Big]_a^b = F(b) - F(a)$$

Este teorema se conoce también como la **Regla de Barrow**. A partir de este resultado calcular áreas limitadas por curvas es relativamente sencillo.

Ejemplo 8.17. Hallar el área limitada por la curva $f(x) = x^2 - 1$ en el intervalo [0,2]

Aplicando el teorema fundamental del cálculo se tiene

$$\int_a^b f(x)\,dx = \int_0^2 x^2 - 1dx = \frac{x^3}{3} - x\Big]_0^2 = \left(\frac{8}{3} - 2\right) - \left(\frac{0}{3} - 0\right) = \frac{2}{3}$$

■

8.4.4. Propiedades de la integral definida

a) $\int_a^b f(x)\,dx = \int_a^c f(x)\,dx + \int_c^b f(x)\,dx$, si $a \leq c \leq b$

b) $\int_a^b f(x)\,dx = -\int_b^a f(x)\,dx$

c) $\int_a^a f(x)\,dx = 0$

d) $\int_{-a}^a f(x)dx$

- Si $f(x)$ es impar, entonces la integral es nula $\int_{-a}^a f(x)dx = 0$
- Si $f(x)$ es par, entonces se tiene $\int_{-a}^a f(x)dx = 2\int_0^a f(x)dx$

e) $\int_a^b (f(x) + g(x))\,dx = \int_a^b f(x)\,dx + \int_a^b g(x)\,dx$

f) $\int_a^b cf(x)\,dx = c\int_a^b f(x)\,dx$

g) Si $f(x) \geq 0, \forall x \in [a,b] \Rightarrow \int_a^b f(x)dx \geq 0$

h) Si $f(x) \leq g(x), \forall x \in [a,b] \Rightarrow \int_a^b f(x)\,dx \leq \int_a^b g(x)\,dx$

i) $\left|\int_a^b f(x)\,dx\right| \leq \int_a^b |f(x)|\,dx$

Además en el cálculo de la integral definida son válidos todos los métodos de integración estudiados al calcular integrales indefinidas, pero ha de tenerse en cuenta como afecta a los extremos de integración.

Ejemplo 8.18. Hallar la integral $\int_0^{\frac{1}{2}} \frac{1}{\sqrt{1-x^2}}dx$ mediante el cambio de variable $x = \operatorname{sen} t$

Si se tratara de una integral indefinida, al hacer el cambio $x = \operatorname{sen} t$, $dx = \cos t dt$, se tiene

$$\int \frac{1}{\sqrt{1-x^2}}dx = \int \frac{\cos t}{\sqrt{1-\operatorname{sen}^2 t}}dt$$

Como en este caso se trata de una integral definida, se deben transformar los extremos de integración, es decir,

$$x = 0 \longrightarrow t = \operatorname{arc\,sen} 0 = 0$$

$$x = \frac{1}{2} \longrightarrow t = \operatorname{arc\,sen} \frac{1}{2} = \frac{\pi}{6}$$

de modo que la integral definidad será, tras el cambio de variable

$$\int_0^{\frac{1}{2}} \frac{1}{\sqrt{1-x^2}}dx = \int_0^{\frac{\pi}{6}} \frac{\cos t}{\sqrt{\cos^2 t}}dt = \int_0^{\frac{\pi}{6}} dt = t\big]_0^{\frac{\pi}{6}} = \frac{\pi}{6}$$

■

8.4.5. Áreas limitadas por dos curvas

Anteriormente se ha hallado el área existente entre una curva y el eje OX limitada por un intervalo $[a, b]$. Si se quiere hallar el área que hay entre dos curvas limitadas por el intervalo, lo que se puede hacer es hallar el área delimitada por la curva que está por debajo y el eje OX, seguidamente hallar el área comprendida entre la curva que está mas arriba y el eje OX y finalmente restar el primer valor del segundo, de esta forma se tendrá el área comprendida entre una curva y la otra tal y como se puede observar en la figura 8.4.

Figura 8.4: Área limitada por 2 curvas

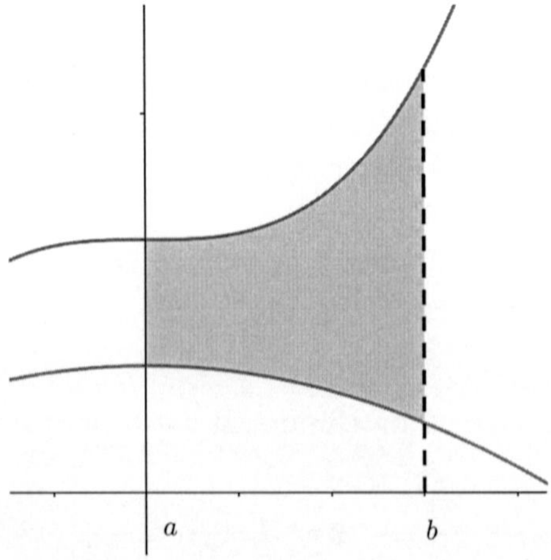

Sean f y g funciones continuas en el intervalo $[a, b]$ donde $g(x) \leq f(x)$, para $a \leq x \leq b$, el área comprendida entre las gráficas de estas curvas y las rectas verticales $x = a$ y $x = b$ es

$$\text{Área} = \int_a^b (f(x) - g(x))\, dx = \int_a^b f(x)\, dx - \int_a^b g(x)\, dx$$

Ejemplo 8.19. Hallar el área limitada por las curvas $f(x) = \dfrac{x^2}{2} + 2$ y $g(x) = \dfrac{-x}{2} + 1$ en el intervalo [0,2]

Tal y como se puede observar en la figura 8.5 se cumple que $g(x) \leq f(x)$ para todo x del intervalo $[0, 2]$,por tanto

$$Área = \int_a^b (f(x) - g(x))\, dx = \int_0^2 \left(\frac{x^2}{2} + 2\right) - \left(\frac{-x}{2} + 1\right) =$$

$$= \left(\frac{x^3}{6} + 2x\right) - \left(\frac{-x^2}{4} + x\right)\Bigg]_0^2 = \frac{x^3}{6} + \frac{x^2}{4} + x\Bigg]_0^2$$

$$= \frac{8}{6} + 4 + 1 + 2 = \frac{26}{6}$$

■

Figura 8.5: Área limitada por 2 curvas que no se cortan

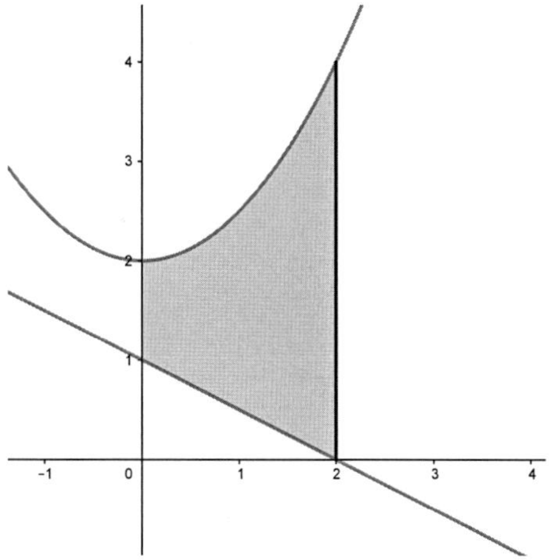

Como se ha podido comprobar en el ejemplo las curvas no se intersecan y los valores de a y b vienen dados de forma explícita. Sin embargo puede darse el caso que las curvas intersequen y entonces hay que buscar los valores donde se cortan las curvas.

En general, si las gráficas de $f(x)$ y $g(x)$ se cortan en $x = a$ y $x = b$, y se verifica que $f(x) \geq g(x)$, para $a \leq x \leq b$, el área comprendida entre las gráficas de estas curvas es:

$$\text{Área} = \int_a^b (f(x) - g(x))\, dx = \int_a^b f(x)\, dx - \int_a^b g(x)\, dx$$

Ejemplo 8.20. Hallar el área limitada por las curvas $f(x) = x^2 + 1$ y $g(x) = 2x + 1$

Tal y como se puede observar en la figura 8.6 las curvas se intersecan en dos puntos. Por tanto en primer lugar se procede a hallar los puntos de corte, para lo cual se hace

$$f(x) = g(x) \longrightarrow x^2 + 1 = 2x + 1$$

$$x^2 - 2x = 0$$

$$x(x-2) = 0 \Rightarrow \begin{cases} x = 0 \\ x = 2 \end{cases}$$

Figura 8.6: Área limitada por 2 curvas que se cortan

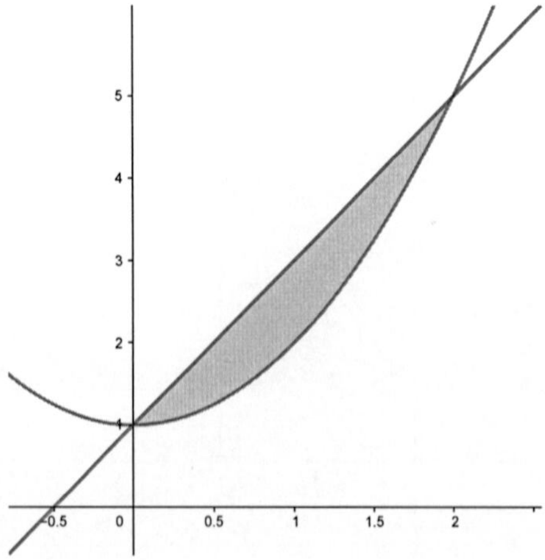

Una vez conocidos los puntos de corte ya se puede calcular la integral definida, y como en este caso $f(x) \leq g(x)$, entonces :

$$\text{Área} = \int_a^b (g(x) - f(x))\, dx = \int_0^2 (2x+1) - \left(x^2+1\right) dx =$$

$$= \left(\frac{2x^2}{2} + x\right) - \left(\frac{x^3}{3} + x\right)\Big]_0^2 = x^2 - \frac{x^3}{3}\Big]_0^2 = 4 - \frac{8}{3} = \frac{4}{3}$$

■

En algunos casos puede darse el caso que $f(x) \geq g(x)$ para $a \leq x \leq c$ y que $g(x) \geq f(x)$ para $c \leq x \leq b$ entonces se puede calcular el área de la siguiente forma:

$$\acute{A}rea = \int_a^c (f(x) - g(x))\, dx + \int_c^b (g(x) - f(x))\, dx$$

Ejemplo 8.21. Hallar el área limitada por las curvas $f(x) = -3x^3 + x^2 + 11x$ y $g(x) = x^2 - x$

Tal y como se puede observar en la figura 8.7 las curvas se intersecan en tres puntos. Por tanto en primer lugar se procede a hallar los puntos de corte:

$$-3x^3 + x^2 + 11x = x^2 - x$$

$$-3x^3 + 12x = 0$$

$$x(3x^2 - 12) = 0 \Rightarrow x = \begin{cases} 0 \\ \pm 2 \end{cases}$$

Figura 8.7: Área limitada por 2 curvas que se cortan en 3 puntos

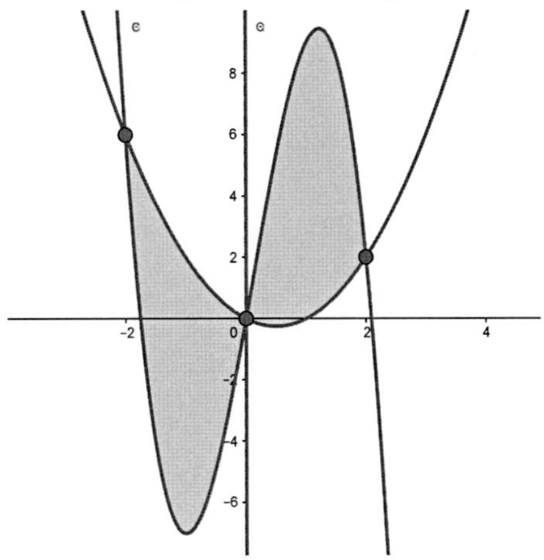

Una vez conocidos los puntos de corte ya se puede calcular la integral definida, si bien hay que tener cuidado con que función es mayor en cada intervalo. Así se tiene que en el intervalo (-2,0) $g(x) > f(x)$ y en el intervalo (0,2) se da que $f(x) > g(x)$.

$$\text{Área} = \int_a^c (g(x) - f(x))\, dx + \int_c^b (f(x) - g(x))\, dx$$

$$\text{Área} = \int_{-2}^{0} \left(x^2 - x\right) - \left(-3x^3 + x^2 + 11x\right) dx +$$

$$+ \int_0^2 \left(-3x^3 + x^2 + 11x\right) - \left(x^2 - x\right) dx =$$

$$= \int_{-2}^{0} \left(3x^3 - 12x\right) dx + \int_0^2 \left(-3x^3 + 12x\right) dx =$$

$$= \left(\frac{3x^4}{4} - 6x^2\right)\Bigg]_{-2}^{0} + \left(\frac{-3x^4}{4} + 6x^2\right)\Bigg]_0^2 =$$

$$= [(0-0)-(12-24)]+[(-12+24)-(0+0)] = 24$$

■

8.4.6. Promedio integral. Teorema del valor medio para la integral.

Se ha comprobado que el área de una región limitada por una curva está entre los rectángulos inscritos y los rectángulos circunscritos, la idea es encontrar el rectángulo intermedio entre unos y otros cuya área sea igual al área bajo la curva.

Sea $f(x)$ una función continua definida en $[a,b]$, se denomina **promedio integral** o **valor medio** de la función en el intervalo $[a,b]$ al valor

$$V = \frac{\int_a^b f(x)\,dx}{b-a}$$

8.4.6.1. Teorema del Valor Medio para la Integral.

Sea $f(x)$ una función continua definida en $[a,b]$, entonces existe un valor $c \in [a,b]$ tal que

$$\int_a^b f(x)\,dx = f(c)(b-a) = V(b-a)$$

Este teorema afirma que el área de cualquier curva es igual al área de un rectángulo cuya base es el intervalo y cuya altura es el valor medio de la función en el intervalo. Ver figura 8.8.

Figura 8.8: Teorema del valor medio para la integral

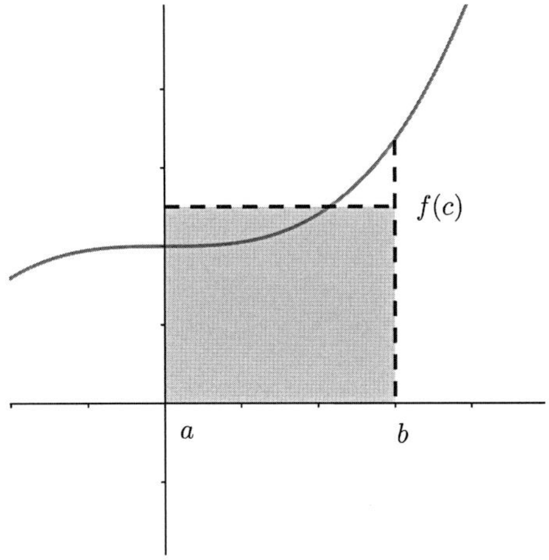

Ejemplo 8.22. Hallar el valor medio de la integral $\int_0^3 \left(\frac{x^3}{10}+4\right) dx$

$$V=\frac{\int_a^b f(x)\,dx}{b-a}=\frac{\int_0^3 \left(\frac{x^3}{10}+4\right) dx}{3-0}$$

$$V=\frac{\int_a^b f(x)\,dx}{b-a}=\frac{\left(\frac{x^4}{40}+4x\right)\Big]_0^3}{3}=\frac{\left(\frac{81}{40}+12\right)}{3}=4,675$$

■

8.4.7. Derivación bajo el signo integral

En la definición de la integral definida se ha considerado siempre el intervalo cerrado [a,b], pudiera darse el caso en que la variable de integración sea el límite superior, entonces y excepcionalmente se puede cambiar la variable de integración por t.

$$F(x)=\int_a^x f(t)\,dt$$

8.4.7.1. Segundo teorema fundamental del cálculo

Sea $f(x)$ una función continua definida en un intervalo abierto, entonces para todo valor x del intervalo se tiene

$$\frac{d}{dx}\left[\int_a^x f(t)\,dt\right] = f(x)$$

Este teorema muestra el hecho de que la derivación y la integración son operaciones inversas.

Ejemplo 8.23. Hallar $F'(x)$, sabiendo que $F(x) = \int_0^x \cos t dt$

Por la definición se tiene que

$$F'(x) = \frac{d}{dx}\left[\int_a^x f(t)\,dt\right] = f(x)$$

por tanto

$$F'(x) = \frac{d}{dx}\left[\int_0^x \cos t dt\right] = \cos x$$

El resultado se puede comprobar, haciendo primero la integral y luego derivando el resultado obtenido

$$F(x) = \int_0^x \cos t dt = \operatorname{sen} t]_0^x = \operatorname{sen} x - \operatorname{sen} 0 = \operatorname{sen} x$$

Y derivando ahora la función $F(x) = \operatorname{sen} x$ se tiene

$$F'(x) = \cos x$$

■

Además si $F(x) = \int_{h(x)}^{g(x)} f(t)\,dt$ entonces, suponiendo derivables las funciones $g(x)$ y $h(x)$ se tiene que por la regla de la cadena

$$F'(x) = f(g(x))g'(x) - f(h(x))h'(x)$$

Ejemplo 8.24. Hallar $F'(x)$, sabiendo que $F(x) = \int_0^{x^2} \cos t dt$

En este caso se tiene que aplicar la expresión de la regla de la cadena bajo el signo integral

$$F'(x) = f(g(x))g'(x) - f(h(x))h'(x)$$

luego

$$F'(x) = \cos x^2 2x - \cos 0 = 2x \cos x^2$$

El resultado se puede comprobar, haciendo primero la integral y luego derivando el resultado obtenido

$$F(x) = \int_0^{x^2} \cos t dt = \operatorname{sen} t]_0^{x^2} = \operatorname{sen} x^2 - \operatorname{sen} 0 = \operatorname{sen} x^2$$

Y derivando ahora la función $F(x) = \operatorname{sen} x^2$ se tiene

$$F'(x) = \cos x^2 \cdot 2x$$

■

8.5. Integrales Impropias

Hasta el momento se han estudiado integrales indefinidas e integrales definidas, si bien para estas últimas se ha requerido que la función fuera continua en el intervalo de integración y que este fuera cerrado, es decir $a \leq x \leq b$. La idea ahora es estudiar el valor de las integrales en intervalos no finitos lo que da lugar a las **integrales impropias** de primera especie, ver figura 8.9, y el valor de las integrales donde la función a integrar posee discontinuidades infinitas en el intervalo, que da lugar a las integrales impropias de segunda especie.

Figura 8.9: Integral impropia de primera especie

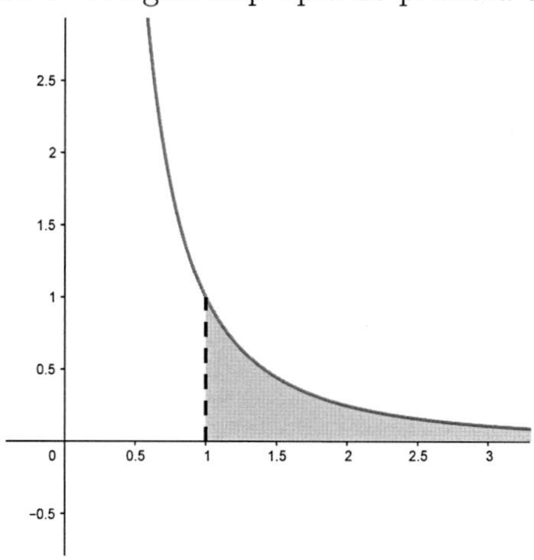

$\int_1^{\infty} \frac{1}{x^2} dx$

8.5.1. Integrales impropias de primera especie

Dentro de las integrales impropias de primera especie se pueden encontrar tres tipos:

- Sea f una función continua y acotada en $[a, \infty)$. Se define la integral impropia como

$$\int_a^{\infty} f(x)\, dx = \lim_{n \to \infty} \int_a^n f(x)\, dx$$

  Si el límite existe, se dice que la integral impropia $\int_a^{\infty} f(x)\, dx$ converge, y su valor es el del límite. En caso contrario se dice que diverge.

- Sea f una función continua y acotada en $(-\infty, b]$. Se define

$$\int_{-\infty}^{b} f(x)\, dx = \lim_{n \to -\infty} \int_n^b f(x)\, dx$$

  Si el límite existe, se dice que la integral impropia $\int_{-\infty}^{b} f(x)\, dx$ converge y su valor es el del límite. En caso contrario se dice que diverge.

- Si f es continua y acotada en $(-\infty, \infty)$ se define:

$$\int_{-\infty}^{\infty} f(x)\, dx = \int_{-\infty}^{c} f(x)\, dx + \int_c^{\infty} f(x)\, dx$$

  dónde c es un número real cualquiera. Si las dos integrales últimas convergen, se dice que la integral $\int_{-\infty}^{\infty} f(x)\, dx$ converge y su valor es la suma de ambas.

  No debe confundirse esta integral cuyo resulado, si converge, es

$$\int_{-\infty}^{\infty} f(x)\, dx = \lim_{n \to -\infty} \int_n^c f(x)\, dx + \lim_{p \to -\infty} \int_c^p f(x)\, dx$$

  con el Valor Principal de Cauchy, que puede existir incluso cuando la integral no es convergente y es

$$VPC(f) = \int_{-\infty}^{\infty} f(x)\, dx = \lim_{n \to \infty} \left(\int_{-n}^{c} f(x)\, dx + \int_c^n f(x)\, dx \right)$$

8.5.1.1. Convergencia de integrales impropias

Un tipo especial de integral impropia es

$$\int_1^{\infty} \frac{dx}{x^p}$$

que converge si $p > 1$ y diverge si $p \leq 1$.

Y a partir de ella se tiene que si $a > 0$, entonces la integral

$$\int_a^{\infty} \frac{dx}{x^p}$$

- converge si $p > 1$, y
- diverge si $p \leq 1$.

Sean ahora $f(x)$ y $g(x)$ continuas en $[a, \infty)$, tales que $0 \leq f(x) \leq g(x)$,

- Si $\int_a^{\infty} g(x)\, dx$ converge entonces $\int_a^{\infty} f(x)\, dx$ converge
- Si $\int_a^{\infty} f(x)\, dx$ diverge entonces $\int_a^{\infty} g(x)\, dx$ diverge

Ejemplo 8.25. Hallar la integral $\int_1^{\infty} x^{-2} dx$

Se está ante una integral impropia de primera especie, por tanto

$$\int_a^{\infty} f(x)\, dx = \lim_{n \to \infty} \int_a^{n} f(x)\, dx$$

$$\int_1^{\infty} \frac{1}{x^2} dx = \lim_{n \to \infty} \int_1^{n} \frac{1}{x^2} dx = \lim_{n \to \infty} \left[\frac{-1}{x} \right]_1^n = \lim_{n \to \infty} \frac{-1}{n} + 1 = 1$$

■

8.5.2. Integrales impropias de segunda especie

Dentro de las integrales impropias de segunda especie se pueden encontrar tres tipos:

- Sea f una función continua en $(a, b]$, con una discontinuidad infinita en a, es decir,

$$\lim_{c \to a^+} f(x) = \pm\infty$$

Se define la integral impropia como

$$\int_a^b f(x)\,dx = \lim_{c \to a^+} \int_c^b f(x)\,dx$$

Si el límite existe, se dice que la integral converge, y su valor es el del límite. En caso contrario se dice que diverge.

- Sea f una función continua en $[a, b)$, con una discontinuidad infinita en b, es decir,

$$\lim_{c \to b^-} f(x) = \pm\infty$$

Se define la integral impropia como

$$\int_a^b f(x)\,dx = \lim_{c \to b^-} \int_a^c f(x)\,dx$$

Si el límite existe, se dice que la integral converge, y su valor es el del límite. En caso contrario se dice que diverge.

- Sea f una función continua en $[a, b]$, excepto en algún punto $c \in (a, b)$ en el que tiene una discontinuidad infinita, se define la integral impropia como

$$\int_a^b f(x)\,dx = \int_a^c f(x)\,dx + \int_c^b f(x)\,dx$$

Y entonces:

$$\int_a^b f(x)\,dx = \lim_{\delta \to 0} \int_a^{c-\delta} f(x)\,dx + \lim_{\delta \to 0} \int_{c+\delta}^b f(x)\,dx$$

Si las dos integrales últimas convergen, se dice que la integral converge y su valor es la suma de ambas.

Claramente las integrales impropias de primera especie no pasan desapercibidas pues aparece un ∞ en uno de los límites de integración. En cambio las de segunda especie pueden pasar desapercibidas si no se tienen en cuenta los puntos de discontinuidad infinita.

Ejemplo 8.26. Hallar la integral $\int_0^4 \left(\frac{1}{\sqrt[3]{x-2}}\right) dx$

Se está ante una integral impropia de segunda especie, pues existe una discontinuidad en $x = 2$, por tanto

$$\int_a^b f(x)\,dx = \lim_{\delta\to 0} \int_a^{c-\delta} f(x)\,dx + \lim_{\delta\to 0} \int_{c+\delta}^b f(x)\,dx$$

$$\int_0^4 \frac{1}{\sqrt[3]{x-2}}dx = \lim_{\delta\to 0} \int_0^{2-\delta} \frac{1}{\sqrt[3]{x-2}}dx + \lim_{\delta\to 0} \int_{2+\delta}^4 \frac{1}{\sqrt[3]{x-2}}dx =$$

$$= \lim_{\delta\to 0} \left[\frac{3}{2}(x-2)^{2/3}\right]_0^{2-\delta} + \lim_{\delta\to 0} \left[\frac{3}{2}(x-2)^{2/3}\right]_{2+\delta}^4 =$$

$$= \lim_{\delta\to 0} \left(\frac{3}{2}(2-\delta-2)^{2/3} - \frac{3}{2}(0-2)^{2/3}\right) +$$

$$+\lim_{\delta\to 0} \left(\frac{3}{2}(4-2)^{2/3} - \frac{3}{2}(2+\delta-2)^{2/3}\right) =$$

$$= -\frac{3}{2}\sqrt[3]{4} + \frac{3}{2}\sqrt[3]{4} = 0$$

Luego la integral es convergente.

■

8.6. Integrales Eulerianas

Dos integrales con bastante trascendencia tanto en el ámbito matemático como en el económico son las funciones beta y gamma, también denominadas integrales eulerianas de primera y segunda especie respectivamente.

8.6.1. Funcion Beta

Se denomina Función Beta o Integral de Euler de primera especie, y se denota por β a la función

$$\beta(p,q)=\int_0^1 x^{p-1}(1-x)^{q-1}dx$$

La función Beta también se puede expresar en forma trigonométrica, de hecho haciendo el cambio

$$x=\operatorname{sen}^2 t \quad dx=2\operatorname{sen} t\cdot\cos t\,dt$$

los límites de integración pasan a ser 0 y $\pi/2$ y se tiene

$$\beta(p,q)=\int_0^{\pi/2}\operatorname{sen}^{2(p-1)} t(1-\operatorname{sen}^2 t)^{q-1}2\operatorname{sen} t\cdot\cos t\,dt$$

y como $1-\operatorname{sen}^2 t=\cos^2 t$, y agrupando potencias entonces se tiene la nueva expresión de la función Beta en forma trigonométrica

$$\beta(p,q)=2\int_0^{\pi/2}\operatorname{sen}^{2p-1} t\cdot\cos^{2q-1} t\,dt$$

Igualmente se puede expresar la función Beta como una integral impropia

$$\beta(p,q)=\int_0^{\infty}\frac{y^{p-1}}{(1+y)^{p+q}}dy$$

La función Beta cumple además que

$$\beta(p,q)=\beta(q,p)$$

Y si $p=(1-q)$, con p y q en el intervalo (0,1) entonces

$$\beta(p,q)=\frac{\pi}{\operatorname{sen} p\pi}=\frac{\pi}{\operatorname{sen} q\pi}$$

Ejemplo 8.27. Hallar las siguientes integrales:

a) $\beta(1,1)$

Aplicando la definición se tiene

$$\beta(1,1)=\int_0^1 x^{1-1}(1-x)^{1-1}dx=$$

$$=\int_0^1 x^0(1-x)^0dx=\int_0^1 1dx=x]_0^1=1$$

b) Hallar $\beta\left(\frac{1}{2},\frac{1}{2}\right)$

Aplicando la definición trigonométrica se tiene

$$\beta\left(\frac{1}{2},\frac{1}{2}\right) = 2\int_0^{\pi/2} \operatorname{sen}^{2\frac{1}{2}-1} t \cdot \cos^{2\frac{1}{2}-1} t\,dt =$$

$$= 2\int_0^{\pi/2} \operatorname{sen}^0 t \cdot \cos^0 t\,dt = 2\int_0^{\pi/2} 1\,dt = 2t\big]_0^{\pi/2} = \pi$$

Y si se calcula por la última expresión, dónde p y q están en el intervalo (0,1) se tiene

$$\beta\left(\frac{1}{2},\frac{1}{2}\right) = \frac{\pi}{\operatorname{sen}\frac{1}{2}\pi} = \frac{\pi}{1} = \pi$$

■

8.6.2. Función Gamma

Se denomina Función Gamma o Integral de Euler de segunda especie, y se denota por Γ a la función

$$\Gamma(p) = \int_0^{\infty} x^{p-1}e^{-x}dx$$

Esta función permite extender el concepto de producto factorial más allá de los números naturales.

Ejemplo 8.28. Hallar $\Gamma(1)$

Aplicando la definición se tiene

$$\Gamma(1) = \int_0^{\infty} e^{-x}dx = -e^{-x}\big]_0^{\infty} = -e^{-\infty} - -e^0 = 0 + 1 = 1$$

■

8.6.2.1. Relación entre las funciones Beta y Gamma

Las funciones Beta y Gamma están relacionadas por la siguiente expresión

$$\beta(p,q) = \frac{\Gamma(p)\Gamma(q)}{\Gamma(p+q)}$$

A partir de esta expresión se puede calcular la función Gamma para un número fraccionario.

Ejemplo 8.29. Hallar $\Gamma\left(\frac{1}{2}\right)$

Aplicando la relación entre las funciones Beta y Gamma se tiene

$$\beta(p,q) = \frac{\Gamma(p)\Gamma(q)}{\Gamma(p+q)}$$

$$\beta\left(\frac{1}{2},\frac{1}{2}\right) = \frac{\Gamma\left(\frac{1}{2}\right)\Gamma\left(\frac{1}{2}\right)}{\Gamma\left(\frac{1}{2}+\frac{1}{2}\right)}$$

Cómo $\beta\left(\frac{1}{2},\frac{1}{2}\right) = \pi$, y $\Gamma(1) = 1$ entonces

$$\Gamma\left(\frac{1}{2}\right)^2 = \pi \Rightarrow \Gamma\left(\frac{1}{2}\right) = \sqrt{\pi}$$

■

8.6.2.2. Fórmula de recurrencia de la función Gamma

En particular para $p = 1$ se tiene $\Gamma(1) = 1$ y se puede establecer una fórmula de recurrencia a partir de la definición, luego para $p+1$ se tiene

$$\Gamma(p+1) = \int_0^\infty x^p e^{-x} dx$$

integral que se puede resolver mediante el método de integración por partes, así

$$u = x^p \quad dv = e^{-x} dx$$

$$du = px^{p-1}dx \quad v = \int e^{-x}dx = -e^{-x}$$

Y sustituyendo se tiene

$$\Gamma(p+1) = \int_0^{\infty} x^p e^{-x} dx = -x^p e^{-x}\Big]_0^{\infty} + p\int_0^{\infty} x^{p-1}e^{-x}dx = 0 + p\Gamma(p)$$

luego se tiene la expresión de recurrencia

$$\Gamma(p+1) = p\Gamma(p)$$

Aplicando la expresión a los números naturales se tiene

$$\Gamma(2) = 1 \cdot \Gamma(1) = 1 = 1!$$

$$\Gamma(3) = 2 \cdot \Gamma(2) = 2 \cdot 1 = 2 = 2!$$

$$\Gamma(4) = 3 \cdot \Gamma(3) = 3 \cdot 2 = 6 = 3!$$

$$\ldots$$

$$\Gamma(n) = (n-1) \cdot \Gamma(n-1) = (n-1) \cdot \ldots \cdot 3 \cdot 2 = (n-1)!$$

$$\Gamma(n+1) = n \cdot \Gamma(n) = n \cdot (n-1) \cdot \ldots \cdot 3 \cdot 2 = n!$$

Y para un número fraccionario $\frac{a}{b}$ se tiene

$$\Gamma\left(\frac{a}{b}\right) = \left(\frac{a}{b} - 1\right)\Gamma\left(\frac{a}{b} - 1\right)$$

En particular como se conoce el valor de $\Gamma\left(\frac{1}{2}\right) = \sqrt{\pi}$

$$\Gamma(1,5) = 0,5 \cdot \Gamma(0,5) = 0,5\sqrt{\pi}$$

$$\Gamma(2,5) = 1,5 \cdot \Gamma(1,5) = 0,75\sqrt{\pi}$$

$$\ldots$$

La expresión de recurrencia tambien puede escribirse como

$$\Gamma(p) = \frac{\Gamma(p+1)}{p}$$

De donde se puede hallar la función Gamma para los valores 0 y 1.

$$\Gamma(1) = \frac{\Gamma(2)}{1} = 1 = 0!$$

$$\Gamma(0) = \frac{\Gamma(1)}{0} = \infty$$

Y también puede hallarse la función para los enteros negativos

$$\Gamma(-1) = \frac{\Gamma(0)}{-1} = -\infty$$

$$\Gamma(-2) = \frac{\Gamma(-1)}{-2} = +\infty$$

Por tanto y para p entero positivo se tiene

$$\Gamma(-p) = \begin{cases} +\infty & p \text{ par} \\ -\infty & p \text{ impar} \end{cases}$$

Finalmente y por esa expresión también se pueden hallar los valores fraccionarios negativos

$$\Gamma(-0,5) = \frac{\Gamma(0,5)}{-0,5} = -2\sqrt{\pi}$$

$$\Gamma(-1,5) = \frac{\Gamma(-0,5)}{-1,5} = -2\left(\frac{-2}{3}\right)\sqrt{\pi} = \frac{4}{3}\sqrt{\pi}$$

$$\ldots$$

8.6.2.3. Fórmula del complemento

Sean p y $q = 1 - p$, entonces se tiene

$$\Gamma(p)\Gamma(1-p) = \frac{\pi}{\operatorname{sen} p\pi}$$

Ejemplo 8.30. Hallar $\Gamma\left(\frac{1}{2}\right)$ por la fórmula del complemento

Aplicando la fórmula para $p = 1/2$, se tiene que $q = 1 - 1/2 = 1/2$, luego

$$\Gamma\left(\frac{1}{2}\right)\Gamma\left(\frac{1}{2}\right) = \frac{\pi}{\operatorname{sen}\left(\frac{1}{2}\right)\pi}$$

$$\Gamma^2\left(\frac{1}{2}\right) = \frac{\pi}{\operatorname{sen}\left(\frac{\pi}{2}\right)} = \pi$$

$$\Gamma\left(\frac{1}{2}\right) = \sqrt{\pi}$$

■

8.6.2.4. Integral de Gauss

Dada la **función gaussiana** $f(x) = e^{-x^2}$, se denomina **integral de Gauss** a la integral impropia de la función gaussiana

$$\int_{-\infty}^{\infty} e^{-x^2} dx$$

Esta integral no se puede resolver con los métodos estudiados. Sin embargo se va a poder hallar su valor a partir de la función Gamma, en particular para $p = 1/2$ se tiene por la definición de la función que

$$\Gamma\left(\frac{1}{2}\right) = \int_{0}^{\infty} x^{-1/2} e^{-x} dx$$

Haciendo el cambio de variable

$$x = u^2 \quad dx = 2udu$$

$$\Gamma\left(\frac{1}{2}\right) = \int_{0}^{\infty} u^{2(-1/2)} e^{-u^2} 2udu = 2\int_{0}^{\infty} u^{-1} e^{-u^2} udu = 2\int_{0}^{\infty} e^{-u^2} du$$

Y se conoce que

$$\Gamma\left(\frac{1}{2}\right) = \sqrt{\pi}$$

luego

$$2\int_{0}^{\infty} e^{-u^2} du = \sqrt{\pi}$$

Por otro lado, por simetría respecto del eje OY

$$\int_{-\infty}^{\infty} e^{-x^2} dx = 2\int_{0}^{\infty} e^{-x^2} dx$$

Y se puede concluir que el valor de la integral de Gauss es

$$\int_{-\infty}^{\infty} e^{-x^2} dx = \sqrt{\pi}$$

8.6.2.5. La campana de Gauss y su área

Se denomina campana de Gauss a la grafica de la función

$$f(x) = \frac{1}{\sigma\sqrt{2\pi}} e^{-\frac{(x-\mu)^2}{2\sigma^2}}, \sigma > 0$$

El área que se encuentra entre la campana de Gauss y el eje OX viene dado por la integral

$$\int_{-\infty}^{\infty} \frac{1}{\sigma\sqrt{2\pi}} e^{-\frac{(x-\mu)^2}{2\sigma^2}}$$

Haciendo el cambio de variable

$$\frac{x-\mu}{\sigma\sqrt{2}} = t \quad \frac{dx}{\sigma\sqrt{2}} = dt$$

se tiene

$$\int_{-\infty}^{\infty} \frac{1}{\sigma\sqrt{2\pi}} e^{-\frac{(x-\mu)^2}{2\sigma^2}} = \int_{-\infty}^{\infty} \frac{1}{\sqrt{\pi}} e^{-t^2} dt = \frac{1}{\sqrt{\pi}} \int_{-\infty}^{\infty} e^{-t^2} dt$$

Y como el valor de la integral de Gauss es $\sqrt{\pi}$, entonces se puede concluir

$$\int_{-\infty}^{\infty} \frac{1}{\sigma\sqrt{2\pi}} e^{-\frac{(x-\mu)^2}{2\sigma^2}} = \frac{1}{\sqrt{\pi}} \int_{-\infty}^{\infty} e^{-t^2} dt = \frac{1}{\sqrt{\pi}} \sqrt{\pi} = 1$$

Efectivamente el área comprendida entre la campana de Gauss, independientemente de los valores de μ y σ, y el eje OX es 1. Como es conocido la campana de Gauss representa la distribución normal de una variable aleatoria, y el área representa la probabilidad.

8.7. Palabras clave

- Área como suma
- Cambio de variable
- Función Gaussiana
- Integral
- Integral Beta
- Integral definida
- Integral Gamma
- Integral Gauss
- Integrales impropias
- Integrales inmediatas
- Integrales irracionales
- Método de Exhaución
- Método de reducción
- Método de sustitución
- Método por partes
- Primitiva
- Reducción de exponentes
- Regla de Barrow
- Terorema Fundamental del Cálculo

8.8. Autoevaluación

1. Si $f(x)$ es una función continua tal que $F'(x) = f(x)$ se puede afirmar que

   a) $F(x)$ es una primitiva de $f(x)$.
   b) $f(x)$ es una primitiva de $F(x)$.
   c) $F(x)$ es una integral de $f(x)$.

2. Si $f(x)$ es una función continua e integrable tal que $f(x) > 0$ para todos los puntos de su dominio, se puede afirmar que

   a) $\int f(x)dx > 0$.
   b) $\int f(x)dx < 0$.
   c) No se puede saber el signo de la integral.

3. La integral de $f(x) = x^2\left(x^3-1\right)^5$ es

   a) $\int x^2\left(x^3-1\right)^5 dx = \frac{x^3}{3}\frac{\left(x^3-1\right)^6}{6} + K$.
   b) $\int x^2\left(x^3-1\right)^5 dx = \frac{1}{18}\left(x^3-1\right)^6 + K$.
   c) $\int x^2\left(x^3-1\right)^5 dx = \frac{1}{18}(x-1)^6 + K$.

4. La integral $\int P(x)\cos x dx$ se resuelve por partes haciendo

   a) $u = P(x)$ y $dv = \cos x$.
   b) $u = \cos x$ y $dv = P(x)$.
   c) Las dos opciones anteriores son válidas.

5. Para calcular la integral $I = \int \dfrac{1+x}{1+\sqrt{x}}dx$ se debe hacer el cambio de variable

   a) $t = x^2$.
   b) $x = t^2$.
   c) $t = \sqrt{x}$.

6. Usando las propiedades de la integral definida se puede afirmar que

   a) $\int_{-1}^{1} x^2 dx = 2\int_0^1 x^2 dx$.
   b) $\int_{-1}^{1} x^2 dx = \int_0^1 x^2 dx$.

c) $\int_{-1}^{1} x^2dx = \int_{1}^{-1} x^2dx$.

7. Dada la función $f(x)$ continua e integrable, se puede afirmar que $\int_a^b f(x)dx$ representa el área delimitada por la función con el eje OX entre $x = a$ y $x = b$

   a) Si $f(x) > 0$ para todos los puntos de su dominio.
   b) Si $f(x) < 0$ para todos los puntos de su dominio.
   c) Con independencia del signo de $f(x)$ para todos los puntos de su dominio.

8. El valor de la integral definida $\int_0^\infty e^{-x}x^2dx$ es

   a) $I = \Gamma(3)$.
   b) $I = \beta(3)$.
   c) $I = \Gamma(2)$.

9. El valor de la integral $I = \int_{-\infty}^{\infty} \frac{dx}{1+x^2}$ es

   a) $I = 0$.
   b) $I = \pi$.
   c) $I = \infty$.

10. El área limitada por las funciones $f(x) = x^2$y $g(x) = \frac{x^3}{3}$ viene dada por

   a) $\int_0^3 x^2 - \frac{x^3}{3}dx = \frac{9}{4}$.
   b) $\int_0^3 \frac{x^3}{3} - x^2dx = \frac{9}{4}$.
   c) $\int_0^3 x^2 + \frac{x^3}{3}dx = \frac{63}{4}$.

8.9. Problemas

1. Calcular la siguiente integral

$$\int \frac{x^2 - x + 2}{x^4 - 5x^2 + 4} dx$$

2. Usar un cambio de variable para calcular la siguiente integral

$$\int \frac{e^{2x} + e^x}{e^{2x} + 1} dx$$

3. Calcular usando la integración por partes el valor de

$$\int x^2 \cos x dx$$

4. Determinar el valor de a para que se verifique

$$\int_0^a \frac{2x}{x^2 + 3} dx = \frac{1}{12}$$

5. Determinar el valor del área delimitada por la función $f(x)$, el eje OX y las rectas $x = 0$ y $x = 3$.

$$f(x) = \begin{cases} 1/x & \text{si } x < -1/2 \\ -x^2 + 3x & \text{si } -1/2 \leq x \leq 3 \\ |x + 3| & \text{si } x > 3 \end{cases}$$

6. Estudiar la convergencia de la siguiente integral

$$\int_1^\infty \frac{2dx}{x(x+2)}$$

7. Estudiar la convergencia de la siguiente integral

$$\int_0^3 \frac{dx}{(x-2)^2}$$

8. Estudiar la convergencia de la siguiente integral

$$\int_0^\infty \frac{e^{-\sqrt{x}}}{\sqrt{x}} dx$$

9. Estudiar la convergencia de la siguiente integral

$$\int_0^1 x^3 (1-x)^2 dx$$

10. Calcular el área delimitada por el círculo de ecuación $x^2 + y^2 = a^2$ en el primer cuadrante.

Solucionario a las autoevaluaciones

	T 1	T 2	T 3	T 4	T 5	T6	T 7	T 8
1	c	a	a	b	c	c	c	b
2	c	b	c	b	b	c	a	a
3	b	c	b	a	a	c	a	b
4	b	c	a	b	a	a	b	a
5	c	c	b	a	b	a	a	c
6	a	a	b	a	b	a	a	a
7	a	a,b,c	c	a	b	a	a	a
8	b	a	a	b	b	b	c	a
9	b	a,b,c	a	a	c	a	a	b
10	a	a,b,c	b	b	b	a	a	a

Bibliografía

- Apostol, T. (1988). *Calculus.* Editorial Reverté.
- Arya, J.C., Lardner, R.W. (2009) *Matemáticas aplicadas a la administracion y a la economía.* Editorial Pearson
- Borobia Vizmanos, A., Estrada López, B. (2015) *Matemáticas para ciencias ambientales: álgebra lineal y ecuaciones diferenciales.* Editorial Sanz y Torres
- Caballero Fernández, R., González Pareja, A.C., Calderón Montero,S., Rey Borrego, M. L., Galache Laza, ,T., Ruíz de la Rúa, F. (2000) *Matemáticas aplicadas a la economía y a la empresa: 434 ejercicios resueltos y comentados.* Ediciones Pirámide
- Cembranos Díaz, P., Mendoza Casas, J. (2004). *Límites y derivadas.* Editorial Anaya
- Cembranos Díaz, P., Mendoza Casas, J. (2004). *Cálculo integral.* Editorial Anaya
- Demidovich, B.P. (1980). *Problemas y ejercicios de análisis matemático.* Editorial Paraninfo
- García Llamas, M. C., Rodríguez, J., Palencia González, F.J., Díez, F., (2013). *Matemáticas de las Ciencias Sociales. Exámenes resueltos PAU UNED.* Ediciones Académicas, S.A.
- Guzmán Ozamiz, M. de. (2004) *Cómo hablar, demostrar y resolver en Matemáticas.* Editorial Anaya

- Hoffmann, L.D., Bradley, G.L., Rosen K.H. (2006). *Cálculo Aplicado para Administración, Economía* y Ciencias Sociales. Editorial McGraw-Hill

- Larson, R., Edwards, B. H. (2010). *Cálculo 1 de una variable.* Editorial McGraw-Hill

- Piskunov, N. (2005). *Cálculo diferencial e integral.* Editorial Limusa

- Ramos Méndez, E., Hernández Morales, V., Vélez Ibarola, R. (2016). *Introducción a las Matemáticas. Acceso a la Universidad.* Ediciones Académicas, S.A.

- Rodríguez Ruiz, J., Matilla García, M., García Llamas, C. (2013). *Matemáticas para los grados en Economía y Empresa. Cálculo Diferencial. Ejercicios y problemas resueltos.* Ediciones Académicas, S.A.

- Rodríguez Ruiz, J., Matilla García, M., García Llamas, M. C. (2013). *Matemáticas Aplicadas a las Ciencias Sociales.* Ediciones Académicas, S.A.

- Rodríguez Ruiz, J., Matilla García, M., García Llamas, M. C., Palencia González, F.J. (2014). *Matemáticas Aplicadas a las Ciencias Sociales. Ejercicios y problemas resueltos.* Ediciones Académicas, S.A.

- Rodríguez Salazar, S. (2007). *Matemáticas para estudiantes de Química.* Editorial Síntesis

- Spivak, M. (2012). *Calculus (3ª Ed.).* Editorial Reverté.

- Sydsaeter, K., Hammond, P.J., Carvajal, A. (2011) *Matemáticas para el análisis económico.* Pearson

- Zill, Dennis. (2015). *Cálculo de una variable.* Editorial McGraw-Hill.

Índice alfabético

V